高山大白菜生产(宝鸡市太白县)

高山甘蓝生产(宝鸡市太白县)

高山娃娃菜生产(延安市黄龙县)

高山松花菜生产(宝鸡市麟游县)

高山青花菜生产(铜川市宜君县)

高山萝卜生产(咸阳市旬邑县)

高山菜豆生产(宝鸡市凤县)

高山西葫芦生产(咸阳市彬州市)

高山结球生菜生产(宝鸡市太白县)

高山青蒜生产(宝鸡市麟游县)

高山辣椒生产(咸阳市淳化县)

高山芹菜生产(宝鸡市太白县)

胡萝卜生产(榆林市靖边县)

洋葱生产(榆林市榆阳区)

莴笋与西葫芦套种栽培模式

莴笋与鲜食玉米套种栽培模式

甘蓝与鲜食玉米套种栽培模式

结球生菜与西葫芦套种栽培模式

甘蓝与西葫芦套种栽培模式

结球生菜与鲜食玉米套种栽培模式

"大白菜—结球生菜"一膜两茬栽培模式

"甘蓝—萝卜"一膜两茬栽培模式

穴盘育苗和漂浮育苗技术在高山蔬菜生产中的应用

"施肥—旋耕—覆膜一体化"农机农艺融合在高山蔬菜生产中的应用

水肥一体化技术在高山蔬菜生产中的应用

全降解黄色诱虫板在高山蔬菜生产中的应用

小菜蛾PLT信息素光源诱捕器在高山蔬菜生产中的应用

2009年西北农林科技大学在高山蔬菜主产区太白县建立的蔬菜试验示范站

2019年地方政府和西北农林科技大学联合成立的太白高山蔬菜研究院

高山蔬菜新品种引种试验

高山蔬菜病虫害绿色防控试验

秦春1号大白菜

秦春2号大白菜

秦春3号大白菜

秦绿60大白菜

秦春娃1号娃娃菜

秦春娃2号娃娃菜

高山1号甘蓝

高山2号甘蓝

春玉4号西葫芦

春玉5号西葫芦

秦萝2号萝卜

秦萝3号萝卜

高山蔬菜绿色高效栽培技术

赵利民 赵志国 编著

西北农林科技大学出版社

图书在版编目(CIP)数据

高山蔬菜绿色高效栽培技术 / 赵利民，赵志国编著. — 杨凌：西北农林科技大学出版社，2022.6
ISBN 978-7-5683-1102-1

Ⅰ. ①高… Ⅱ. ①赵… ②赵… Ⅲ. ①高山区－蔬菜园艺 Ⅳ. ①S63

中国版本图书馆 CIP 数据核字(2022)第 078234 号

高山蔬菜绿色高效栽培技术

赵利民　赵志国　编著

出版发行	西北农林科技大学出版社
地　　址	陕西杨凌杨武路 3 号　　邮　编:712100
电　　话	总编室:029－87093105　　发行部:029－87093302
电子邮箱	press0809@163.com
印　　刷	西安金圣印务有限公司
版　　次	2022 年 6 月第 1 版
印　　次	2022 年 6 月第 1 次印刷
开　　本	787mm×1092mm　　1/16
印　　张	20.25　　插页 6
字　　数	348 千字

ISBN 978-7-5683-1102-1

定价:68.00 元

本书如有印装质量问题,请与本社联系

《高山蔬菜绿色高效栽培技术》
编写人员名单

编　著：赵利民　赵志国
参　编：（按姓氏音序排列）
　　　　程永安　郭彦君　惠麦侠　景　兵　罗钰林
　　　　谭军勇　谭明权　杨云帆　张恩慧　赵　丹

前 言

高山蔬菜是指利用高山高海拔区域可耕地夏季自然冷凉气候条件生产的天然错季节商品蔬菜。高山蔬菜作为夏季蔬菜供应的战略资源,具有天然反季节、安全优质等独特优势,有利于缓解夏秋蔬菜淡季的供需矛盾,有利于缓解城市扩展和建立长效蔬菜基地的矛盾。高山蔬菜产业经过逾30年的发展,整体态势良好,种植规模不断扩增,特色品种日趋丰富,在生态效益、经济效益、社会效益等方面取得了很大的贡献。如今,高山蔬菜产业已经成为带动山区经济持续健康发展和乡村振兴的重要支撑。

西北农林科技大学对高山蔬菜技术的研究和推广始于20世纪80年代中期,是全国从事高山越夏蔬菜科研最早的科研院所之一,先后曾有近20名技术人员从事高山蔬菜育种、栽培、植保、土肥、采后等科学研究和技术推广工作。为了发挥大学多学科人才资源优势,服务于地方主导产业发展,2009年西北农林科技大学和宝鸡市太白县人民政府联合,在高山蔬菜主产区的太白县建立了高山蔬菜试验示范站。试验站聚集了育种、栽培、植保、土肥、采后、农产品贸易等相关领域的11位中高级专业技术人员,同时吸纳了8名地方技术骨干驻站,形成了一支多学科交叉、产学研结合的研发团队,协同开展高山蔬菜绿色高效栽培技术、病虫害绿色防控技术、土壤培肥与保育技术、农机农艺融合技术及全产业链技术研究和示范推广。

为及时对近几年的研究成果与经验进行总结,我们组织人员编写了《高山蔬菜绿色高效栽培技术》一书。本书重点介绍了高山栽培的蔬菜种类、栽培季节及茬口模式、优良品种、育苗技术、高效栽培技术、主要病虫害绿色防控技术、菜田土壤培肥与保育技术以及高山蔬菜生产机械化等,旨在为高山蔬菜生产和乡村振兴提供参考。全书共分14章:第一章,高山蔬菜栽培概况;第二章,高山蔬菜育苗技术;第三章,高山白菜类蔬菜栽培技术;第四章,高山直根类蔬菜栽培技术;第五章,高山豆类蔬菜栽培技术;第六章,高山瓜类蔬菜栽培技术;第七章,高山绿叶菜类蔬菜栽培技术;第八章,高山茄果类蔬菜栽培技术;第九章,高山葱蒜类蔬菜栽培技术;第十章,高山其他类蔬菜栽培技术;第十一章,高山蔬菜高效栽培模式;第十二章,高山蔬菜病虫害绿色防控技术;第十三章,太白高山蔬菜化肥减施增效技术案例;第十四章,高山蔬菜生产机械化。其中,第一章、第九章和第十一章由赵利民编写,第二章由罗钰林、赵志国编写,第三章由张恩慧、赵利民编写,第四章由景兵编写,第五章由赵志国编写,第六章由程永安编写,第七章由惠麦侠、谭军勇编写;第八章由杨云帆编写,第十章由赵丹编写,第十二章由郭彦君编写,第十三章由赵丹、惠麦侠编写,第十四章由谭明权编写。

由于编者水平所限,不足、疏漏和错误之处在所难免,诚望广大读者批评指正。

赵利民
2022 年 6 月 19 日于杨凌

目 录

第一章 高山蔬菜栽培概况 ········· 1
- 第一节 高山蔬菜概况 ········· 1
- 第二节 高山地区自然条件与适宜栽培蔬菜种类 ········· 3
- 第三节 高山蔬菜产业现状与发展趋势 ········· 7

第二章 高山蔬菜育苗技术 ········· 16
- 第一节 营养土育苗 ········· 16
- 第二节 穴盘育苗 ········· 20
- 第三节 漂浮育苗 ········· 29

第三章 高山白菜类蔬菜栽培技术 ········· 34
- 第一节 结球甘蓝 ········· 34
- 第二节 大白菜 ········· 43
- 第三节 娃娃菜 ········· 49
- 第四节 松花菜 ········· 56
- 第五节 青花菜 ········· 61

第四章 高山直根类蔬菜栽培技术 ········· 71
- 第一节 萝卜 ········· 71
- 第二节 胡萝卜 ········· 79

第五章 高山豆类蔬菜栽培技术 85
第一节 菜　豆 85
第二节 荷兰豆 94

第六章 高山瓜类蔬菜栽培技术 99
第一节 西葫芦 99
第二节 西洋南瓜 106

第七章 高山绿叶菜类蔬菜栽培技术 112
第一节 叶用莴苣(生菜) 112
第二节 莴　笋 121
第三节 芹　菜 128

第八章 高山茄果类蔬菜栽培技术 136
第一节 辣　椒 136
第二节 番　茄 148

第九章 高山葱蒜类蔬菜栽培技术 156
第一节 洋　葱 156
第二节 青　蒜 161
第三节 大　葱 166

第十章 高山其他类蔬菜栽培技术 173
第一节 鲜食玉米 173
第二节 魔　芋 180
第三节 食用百合 188

第十一章　高山蔬菜高效栽培模式 …… 192

第一节　茬口安排 …… 192
第二节　"大白菜—结球生菜"一膜两茬高效栽培模式 …… 198
第三节　"大白菜—鲜食玉米"一膜两茬高效栽培模式 …… 200
第四节　"甘蓝—萝卜"一膜两茬高效栽培模式 …… 202
第五节　"早熟甘蓝—辣椒"一膜两茬高效栽培模式 …… 204
第六节　"莴笋—娃娃菜"一膜两茬高效栽培模式 …… 206
第七节　"西葫芦—鲜食玉米"一膜两茬高效栽培模式 …… 208
第八节　"莴笋—甘蓝"一年两熟高效栽培模式 …… 211
第九节　"马铃薯—早熟甘蓝"一年两熟高效栽培模式 …… 213
第十节　"香菜—娃娃菜"一年两熟高效栽培模式 …… 216
第十一节　"鲜食玉米套种架豆"一年两熟高效栽培模式 …… 218
第十二节　"甘蓝套种鲜食玉米"一年两熟高效栽培模式 …… 220
第十三节　"鲜食玉米套种萝卜"一年两熟高效栽培模式 …… 222
第十四节　"西芹套种鲜食玉米"一年两熟高效栽培模式 …… 223
第十五节　"早熟甘蓝—生菜—菠菜"一年三熟高效栽培模式 …… 225

第十二章　高山蔬菜病虫害绿色防控技术 …… 229

第一节　主要病害类型及绿色防控技术 …… 229
第二节　主要害虫种类及绿色防控技术 …… 248

第十三章　太白高山蔬菜化肥减施增效技术案例 …… 274

第一节　化肥减施增效研究背景和途径 …… 274
第二节　大白菜生产化肥减施增效技术案例 …… 279
第三节　甘蓝生产化肥减施增效技术案例 …… 281
第四节　结球生菜生产化肥减施增效技术案例 …… 283
第五节　甜玉米生产化肥减施增效技术案例 …… 285

第十四章 高山蔬菜生产机械化 287

第一节 高山蔬菜生产机械化概况 287
第二节 耕整地技术与机具 291
第三节 播种技术与机具 295
第四节 移栽技术与机具 298
第五节 田间管理技术与机具 300
第六节 收获技术与机具 305
第七节 采后清洗、分级技术与机具 307

主要参考文献 311

第一章 高山蔬菜栽培概况

第一节 高山蔬菜概况

一、高山蔬菜概念

利用高山高海拔区域可耕地夏季自然冷凉气候条件生产的天然错季节商品蔬菜统称为高山蔬菜。广义来讲,高山蔬菜是指高海拔地区夏季自然冷凉气候条件下生产的天然错季节蔬菜产品;狭义来讲,高山蔬菜是指利用海拔600 m以上高山的凉爽气候条件,进行春夏菜延后或秋冬菜提前栽培,采收供应期主要为7~9月,并具有一定规模的商品蔬菜。

高山蔬菜栽培理论依据是按生态学原理,利用山地不同海拔高度、山脉走向和地形地貌引起的温度、雨量、日照等因素的垂直差异,及其对蔬菜生长发育的影响来选择在不同时段种植不同种类和不同品种的蔬菜。其生产目的就是利用半高山和高山夏季的冷凉气候条件生产夏秋季上市的蔬菜,弥补平原地区夏季高温不利于一些蔬菜种类生长的不足,从而满足市场供应。

二、发展高山越夏蔬菜的意义

(一)有利于绿色无公害蔬菜生产

海拔较高的山区,极少受工业"三废"的污染,即土壤没有受垃圾、矿渣等肥料及有机磷、砷制剂农药污染,水质为山泉,大气中不含二氧化硫等有毒气体,农民施肥基本施用农家肥,以草木灰及有机肥为主。气候冷凉,传毒昆虫少,病虫发生轻,农药的施用量相应减少,有的蔬菜甚至不喷农药,为绿色无公害蔬菜的生产提供了良好的基础。例如,太白县高山生产的甘蓝、大白菜和萝卜,经检测,其有机磷、有机氯残留量大大低于国家规定指标。许多高山蔬菜还是天然的保健食品,十分有利于人民的身体健康。

(二)有利于缓解夏秋蔬菜淡季供需矛盾

伏夏高温季节,我国平原地区6~8月平均气温28℃,常持续出现35℃以上的高温以及干旱、暴雨等恶劣天气,绝大多数蔬菜不能正常生长,导致蔬菜产量低、质量差、品种少、效益低下,形成6~9月份的蔬菜供应淡季,上市品种少,数量缺,菜价陡涨;但在海拔600 m以上的高山区情况正相反,6~8月份平均气温22℃,绝对高温在35℃以下,昼夜温差大,空气相对湿度较大,土壤墒情好,即使在较长时期不下雨的干旱情况下,晚间也易凝结露、雾,蔬菜生长良好。利用山地气候带的垂直分布,因地制宜,瞄准市场,选择在海拔600~1 200 m高山地区种植茄果类(番茄、辣椒、茄子)和豆类(菜豆、食荚豌豆、菜用大豆等),在海拔600~1 500 m高山地区种植瓜类(西葫芦、南瓜、冬瓜、黄瓜等)和薯芋类(马铃薯、魔芋、生姜、山药等),在海拔800~1 800 m高山地区种植白菜类(甘蓝、大白菜、娃娃菜、花椰菜、青花菜、球茎甘蓝、抱子甘蓝、羽衣甘蓝、小白菜、菜薹、芥蓝等)、叶菜类(生菜、莴笋、芹菜、菠菜、芫荽、苦菊等)、直根类(萝卜、胡萝卜、根用芥菜、根甜菜等)、葱蒜(洋葱、青蒜、青葱)和鲜食玉米等,既可使喜温的瓜、果类蔬菜延长生长和采摘期,也可使喜冷凉的叶菜、根茎类菜提早播种,抢早上市,使夏、秋菜相互衔接或共同上市,从而大大增加了夏秋蔬菜市场的花色品种和数量,使蔬菜供应量和品种同步增加,这对于调节市场、稳定菜价起到积极的作用。各地实践证明,发展高山蔬菜是缓解夏秋淡季市场供应的最佳途径。

(三)有利于缓解城市扩展和建立长效蔬菜基地的矛盾

民以食为天,蔬菜是人民生活必不可少的副食品。确保蔬菜等主要农产品的有效供给,是农业发展的首要任务,也是各级政府的首要职责。当前,随着城镇化、城市化建设的加快,城镇居民数量在不断增加,加上交通运输业的发展,城郊商品菜地面积急剧减少,农业向第二、第三产业转移速度加快,使得蔬菜产业从业人员也相应减少,大中城市的蔬菜销售由就近供应为主转向主要依靠"大市场、大流通",使得城市商品蔬菜的供应严重短缺,价格波动较大。因而,蔬菜产区从平原地区向半山区、山区适度转移,实现生产要素的重组和优化是必然选择。充分利用山区优良的生态环境资源发展高山蔬菜,是进一步缓解城市扩展和建立长效蔬菜基地矛盾的有效途径。

(四)有利于山区农民增收致富

经济欠发达山区农民发展高效农业的要求十分迫切。山区是经济欠发达地区的集中区域,当地生产致富门路较少,靠山吃山、以农谋生仍是大多数农民的主要生产门路,特别是年纪偏大、文化素质偏低、在家务农的山区农民,更需依靠发展山区高效农业生产增收致富。发展高山蔬菜为剩余劳力找到了出路,同时提高了土地复种指数和土地利用率,是加快山区农民增收致富、实现山区乡村振兴的重要途径。

第二节 高山地区自然条件与适宜栽培蔬菜种类

一、气候特点

(一)温度

1. 海拔高度对温度的影响

高山地区由于受地形、地貌、植被、生物的影响,温度随海拔高度的升高而下降。一般海拔每升高100 m,温度下降0.5~0.6℃,海拔在500~1 200 m的高山地区温度比平原地区低3~6℃,从而使许多蔬菜在高山地区都能顺利越夏。不同地区、不同季节,垂直温度变化也各不相同。上半年,高山地区温度回暖比平原地区迟1~2个月;下半年,高山地区温度转凉又比平原地区早1~2个月;秋季高山和平原地区的温差为5~6℃,冬春季的温差为4~5℃。

高山地区与平原地区的温度差异,对蔬菜生产有着很大的影响,主要表现在:

(1)引起蔬菜生长期的变化,使上半年的蔬菜生长期推迟1~2个月,下半年的蔬菜生长期提早1~2个月,从而使高山蔬菜的采收期与平原错开。

(2)一些平原地区栽培容易引起高温障碍的果菜类和叶菜类蔬菜,在高山地区能够顺利越夏而进行长季节栽培,单季生长期比平原地区延长1~2个月,可有效提高单季产量。

(3)高山地区有效积温比平原地区减少较多,使蔬菜的全年安全生长期大大缩短。海拔过高,往往造成有效积温不足,使许多蔬菜不能正常成熟而降低产量与商品率。

2. 地形和坡向对温度的影响

山坡坡向的太阳光照射强度各不相同,从而可引起各坡地表温度的差异。在北半球一般情况下,东坡受热最早,地表升温早;但由于上午的地面蒸发量大,大量的热量消耗在蒸发上,温度不会太高;西坡受热较迟,但午后地面蒸发量小,其热量消耗也少,地表温度相对较高;南坡的太阳光照射时间明显比北坡长,地表的温度也明显高于北坡。山谷由于受周围地形的遮挡,风速小,气流交换弱,白天受太阳光照射,地面升温较快,温度比同海拔的开阔地高2℃;而夜间由于受冷空气下沉的影响,温度较低,形成较大的昼夜温差。相反,山顶与山岗地带,由于风速大,气流交换强,热量散发多,白天地表温度不会太高,夜间由于冷空气沿山坡下沉后,得到周围暖空气补充,昼夜温差较小。

不同的坡向及地形,其温度的变化也各不相同。东坡光照充足,水分丰富,通风良好,温度也不会太高,是发展山地蔬菜最理想的地方;南坡、东南坡以及坡度较缓的东北坡次之;西坡温度最高,容易引起蔬菜的高温障碍,在海拔较高的地方可选择利用;北坡温度最低,在海拔较低的地方可选择利用。

(二) 降水

1. 海拔高度对水分的影响

高山地区降水量分布有随着海拔的升高而增大的趋势,特别是7～8月更明显。高山地区的降水周年分布比平原地区均衡。夏秋之际,高山上降水次数多,降水量不大,以小阵雨为主,汛期局部雨量较大;冬春季节雨雪交加,降水也较多,全年没有明显的连阴雨和伏旱季节。

高山独特的降水分布,对蔬菜生产有着重要的意义。特别是蔬菜供应淡季的夏秋季节,在平原地区容易发生高温干旱,影响蔬菜的正常生长,而高山地区夏秋季节降水次数多,减轻了高温干旱的影响,有利于蔬菜的生长发育。

2. 山区地形对水分的影响

高山地区由于山脉走向、坡向等地形因素的不同,造成风速、风向的差异,从而导致降水量分布的差异。一般情况下,小雨天气,风速较大的山岗和迎风坡两侧,雨滴容易被风吹走,降水偏少,而风速较小的地方降水较多;雨量中等时,迎风坡上的降水量比背风坡大。山顶和山坡上部的土壤较干燥,山谷、盆地的土壤较湿润。南坡因太阳光照射较强烈,土壤水分蒸发多,较为干燥;相反,北坡则较湿润;西坡温度高,蒸发大,土壤湿度比东坡小。

根据山区不同的地形特点,安排不同的蔬菜作物。东坡和坡度较缓的北坡的土壤湿度中等,适宜于对土壤湿度要求适中的茄果类和瓜类等蔬菜栽培;谷地和盆地土壤湿度大,适宜于叶菜类和根菜类蔬菜栽培。

(三)光照

高山地区山与山之间的相互遮阴、高大树木的遮阴、活动频繁的云雾遮阴,造成高山地区的实际日照时数缩短,光照强度也相对减弱。一般情况下,高山地区5~6月份,日照时数比平原地区增加10%以上,而7~8月则减少了10%。地形对光照条件的影响较大,梁地及山顶地段的日照时间比沟地及谷地每天多1~2 h。南坡日照时数最长;东坡上午见光时间长,下午则短;西坡则相反,但西坡由于午后的大气层空气湿度小,透光率增大,光照强度增强;北坡的日照时数最短。

二、土壤特点

山地土壤随着海拔高度的不同,呈明显的垂直分布。如秦岭及其以北黄土区土壤地带性分布(图1-1)。秦岭山地的土壤垂直分布大体是:娄土(海拔600 m以下)→山地褐土(海拔600~820 m)→山地淋溶褐土(海拔800~1 300 m)→山地棕壤(1 300~2 500 m)→山地暗棕壤(2 400~3 100 m)→山地草甸森林土(3 000~3 400 m)→亚高山草甸土(3 300~3 676 m);秦岭以北黄土区土壤的地带性分布大体是:褐土(渭北山地)→黑垆土(北山以北至长城沿线)。

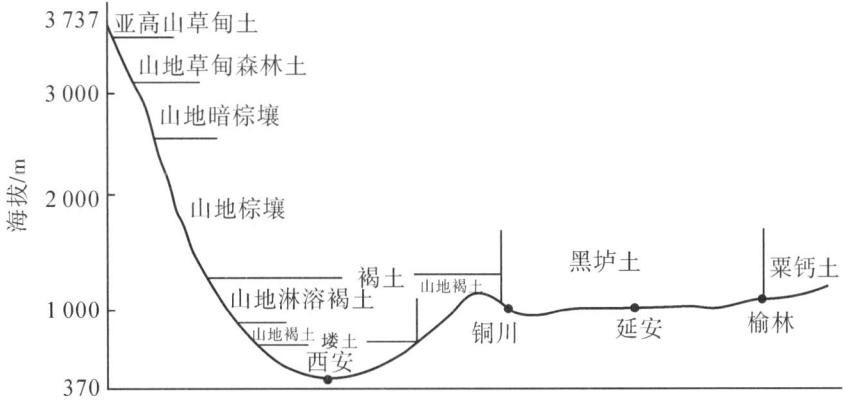

图1-1 秦岭及其以北黄土区土壤地带性分布

高山地区热量丰富、光照强、雨量充沛、生物富集、生物累积量大、生命活动强烈、有机质含量高,土壤疏松、湿润、质地均匀、肥沃,适宜大部分蔬菜作物的生长。

三、环境特点

高山地区的环境特点：一是海拔高低变异大，地形复杂多样，时空差异大，区域性强，易于发展立体农业种植；二是群峰耸立，空气清新，沟壑纵横，山水环绕，水质清澈，气候凉爽，境内大气、水质、土壤没有"三废"污染。山区这种蓝天、碧水和净土的优良生态资源，为绿色无公害蔬菜生产提供了得天独厚的生态环境。

四、适宜栽培的蔬菜种类

高山蔬菜产业始于20世纪80年代，经过30多年的发展，生产规模逐年扩大，优势主产区已基本形成，栽培品种日益丰富。21世纪以前，陕西高山蔬菜主要以马铃薯、甘蓝、大白菜、菜豆、萝卜等蔬菜为主。随着新品种的引进，品种更新换代加快，花色品种日趋丰富，良种覆盖率显著提高，目前，已经扩大到包括白菜类、直根类、豆类、瓜类、绿叶菜类、茄果类、葱蒜类、薯芋类、多年生蔬菜、菜玉米等10多个种类80多个蔬菜品种（表1-1），达到了蔬菜种类多样化和品种特色化。

表1-1 高山地区适宜种植的蔬菜种类

生物学分类	蔬菜名称
白菜类	大白菜、娃娃菜、小白菜、菜薹（菜心）、结球甘蓝、花椰菜、青花菜、球茎甘蓝、抱子甘蓝、芥蓝、叶用芥菜等
直根类	萝卜、胡萝卜、根用芥菜、大头菜（芥疙瘩）、芜菁（蔓菁、窝儿蔓）、芜菁甘蓝（洋疙瘩）、根芹菜、美洲防风、牛蒡、婆罗门参、根甜菜（火焰菜、红菜头）、辣根等
豆类	菜豆、荷兰豆、刀豆、扁豆、蚕豆、菜用大豆等
瓜类	西葫芦、南瓜、笋瓜、黄瓜、冬瓜、丝瓜、苦瓜、瓠瓜、佛手瓜等
绿叶菜类	叶用莴苣（生菜）、莴笋、芹菜、油麦菜、菠菜、香菜（芫荽）、苦菊、茴香、茼蒿、苋菜、落葵、冬寒菜、荠菜、叶用甜菜、紫背天葵、菊花脑、苦荬菜等
茄果类	辣椒、番茄、茄子等

续表

生物学分类	蔬菜名称
葱蒜类	洋葱、青蒜、大葱、韭菜、细香葱等
薯芋类	马铃薯、魔芋、生姜、山药、菊芋(洋生姜)、豆薯、草石蚕等
多年生蔬菜	香椿、食用百合、芦笋(石刁柏)、金针菜(黄花菜)、竹笋、食用大黄等
其他类	鲜食玉米(甜玉米、糯玉米)、黄秋葵、苴蓿菜、朝鲜蓟等

五、高山越夏蔬菜产品特点

高山地区夏季气候凉爽,长冬无夏,春秋相连,昼夜温差大(昼夜温差 13~17℃),有利于蔬菜作物生长的物质积累;冬季休闲,蔬菜生产病虫害发生少;空气清新,水质纯净,无工业污染,空气、土壤和水污染少。高山独特的地理环境和气候条件,有利于保水、保肥和蔬菜有机物的累积,自然禀赋独具绿色、环保、原生态的现代农业基因,生长出来的蔬菜绿色天然,商品性好,品质新鲜,营养丰富,可溶性固形物高,口感甜、嫩、香、脆。

第三节 高山蔬菜产业现状与发展趋势

一、高山蔬菜产业现状

在全球气候变暖背景下,世界各地都在利用高海拔地区自然冷凉气候条件解决低海拔地区热季鲜菜供应问题。我国幅员辽阔,山地面积占陆地面积的三分之二,地势西高东低,由于具体地理地貌和气候特征的差异,我国高山蔬菜产业现已形成了以中部长江流域高山蔬菜,北部坝上、河西走廊、黄土高原冷凉蔬菜和西部云贵、青藏高原夏秋蔬菜的三大分布格局。

中部长江流域主要为高山蔬菜,以十字花科、茄果类、豆类蔬菜为主,主要供应南部、中部、东部市场。地区海拔 600~2 600 m,年降水量 1 100~1 800 mm,平均日照<10 h。

北部坝上、河西走廊、黄土高原主要为冷凉蔬菜,以十字花科、叶菜类蔬菜为主,主要供应华北及其以南市场,地区海拔 1 400~2 600 m,年降水量 300~

600 mm，平均日照＞10 h。

西部云贵、青藏高原主要为夏秋蔬菜，以十字花科、叶菜类、茄果类蔬菜为主，供应中部、东南部市场。地区海拔1 200～4 400 mm，年降水量800～1 200 mm，日照9～10 h。

此外，近年来高纬度的东北地区(含黑龙江、吉林和辽宁三省以及内蒙古东部四盟)在策略性调减玉米等大田旱作作物的同时，也尝试利用东北夏季冷凉气候资源和相对充足的北方水资源和土地资源，在满足本区域鲜菜供应的同时，瞄准南方市场需求适度发展夏季蔬菜，开展"北菜南运"，这也是对高山蔬菜市场供应的有益补充。

二、高山蔬菜产业面临的问题

(一) 主要种植种类、品种相对单一，茬口相对集中

目前高山蔬菜种植种类大多是甘蓝、大白菜、萝卜等，还有少量番茄、辣椒，其他精细品种的种植比例过小，不能满足淡季市场的多样化需求。由于品种和茬口过于集中，生产效益风险随面积的不断扩大而增大，少量品种的相对集中上市给销售带来压力，间断性的"菜贱伤农"现象时有发生。要解决该问题，一方面需要加强中介协会组织对各地高山蔬菜的生产和供应进行总体规划和协同布局；另一方面需要进一步研发高山蔬菜种类、品种、茬口多样化技术，加强高山特色蔬菜植物资源的开发利用。

(二) 缺乏针对高山特殊生态的科学栽培管理技术规范，高山蔬菜增效潜力未得到充分发挥

高山地区地理地貌和小气候相对特殊，主要表现为温度和湿度日较差大，坡耕地单向淋溶现象严重，异地供应运输距离较远等特点，要求种植品种抗病、抗逆性强，耐贮运、耐抽薹，商品性好。栽培措施上要求绿色生态，最大限度扬长避短，发挥高山蔬菜的高品质优势。但由于在实际生产中大多数种植户仍沿用平原地区品种和技术，导致基地高度连作，加之偏施化肥等使土壤肥力下降，连作性病虫害发生日益增多，进而造成生产成本不断升高而产量、品质和效益不断下滑的趋势，使得高山蔬菜的生产效率下降。为此，要重点研究高山蔬菜病虫害发生规律和绿色防控技术措施，研发高山蔬菜高效茬口模式和绿色生态的配套栽培技术规范，培养高山蔬菜专用品种以满足生产需求，从而扭转高端品种依赖进口的局面。

(三)采后处理技术滞后,制约了高山蔬菜的市场半径和品种多样化选择

尽管很多高山蔬菜产地开始普及采后商品化整理和产地预冷,但高山蔬菜的销售季节正值高温季节,缺乏有效的冷链系统和有针对性的采后处理技术。一般高山鲜菜的运销不超过 2 000 km,许多在高山可以种植的精细蔬菜由于贮运条件的限制而不能生产,使高山蔬菜的市场潜力得不到充分拓展。这就需要分门别类地研发高山、高原地区主要蔬菜的产地采后处理和贮运技术规范,建立健全高山蔬菜冷链生鲜物流技术和装备体系。

(四)生态问题显现,影响高山蔬菜产业可持续发展

我国高山地区夏季冷凉气候资源以及高山土壤和水资源等十分珍稀,但一些生产基地在生产发展中却仅看重眼前的经济利益而忽视生态保护,加之有关配套管理政策与科学栽培管理规范的建立相对滞后,使高山蔬菜生产中的诸多生态问题初见端倪。由于高山可耕地资源有限,且高山地区自身生态相对脆弱,需要研发如高山避雨、高山聚雨微灌等高山水资源利用技术、高山土壤保育技术,制定科学合理的生态型高山蔬菜基地选择与管理办法,进行有效的保护性开发,这对引导该产业的可持续健康发展至关重要。

(五)机械化应用率低,劳动力缺乏,管理粗放,信息化程度不高,品质和品牌优势降低

高山地区地广人稀,劳动力不足,加之大部分地区以传统耕作为主,标准化生产技术水平低,机械化程度不高,生产劳动力成本大幅度提高,高山蔬菜的品牌效应没有得到充分发挥,高山蔬菜产品"优质不优价"。需要总结山区农民的智慧,研发适合高山、高原耕种的中小型机械,研发山区蔬菜优质、轻简化栽培技术和模式,提高高山蔬菜生产和流通的信息化水平。

三、高山蔬菜产业发展途径

(一)推进产业融合发展和产业化经营

高山蔬菜产业带来的整个蔬菜供应链价值优势明显,对保障蔬菜安全方面起到了更大的保障作用。下一步要实现产业的可持续发展,需要整个产业链各环节

不断更新和完善产业发展战略,保持产业竞争优势。重点是要坚持组织化、规模化、市场化方向,优化产业布局和产业结构。因地制宜打造"一村一品"专业村,促进生产端精耕细作。坚持园区化、专业化、集约化发展方向,按照"大产业+新主体+新平台"发展模式和"科技+种植+加工+流通"全产业链发展思路,支持引导各类专业化经营主体发展农产品加工业,提高采后加工水平,打造高山蔬菜产品多层次、多环节转化增值的精深加工全产业链,做大做优高山绿色无公害蔬菜产业,不断提高质量效益和竞争力,带动农民增收和乡村振兴。

(二)环境友好型基地建设和标准化品牌建设

高山蔬菜基地建设以保护生态环境为基点,保护生产区生态环境,严格控制污染源。利用先进的绿色标准化生产技术,增加科技投入,优化栽培条件,培育环保型蔬菜,倡导生物防治和物理预防相结合,减少农药化肥使用量,杜绝农药残留超标蔬菜上市,提升蔬菜产品质量。完善物流体系建设,树立品牌意识,建立地方品牌,提升产品附加值。

(三)品种、耕作制度和管理优化

选择综合农艺性状良好,综合抗病性强的名优品种,提升产品多样化,满足市场多样化需求。合理实施套作、轮作和间作,改善蔬菜产地的环境条件,提高土壤质量,增强抗性,降低病虫害危害程度。推广有机肥部分替代化肥、测土配方施肥、土壤生物修复酸性土壤整治等技术。

(四)推进产业化建设,培育多渠道销售模式

探索实施"科研+公司+基地+农户"多种合作模式,促进农业企业和农户共同发展。推进订单农业和市场信息对接,降低农户生产风险。建立以科研与生产结合、初加工和深加工结合、销售和市场一体化的有机体。

(五)加强标准化技术与服务体系建设

高山蔬菜优良的品质、恰当的上市期和特定的种植区域预示着该产业广阔的市场前景,但高山蔬菜产业要实现高质量发展,还有赖于标准化技术与服务体系的建设,有赖于科技、行业和政府三方面支撑体系的进一步完善。

1. 科技支撑体系

高山蔬菜产业的技术水平还不高,要将科研、推广与生产、市场高度结合,在

主产区建立高山蔬菜试验站,跟踪高山蔬菜产业前沿,面对生产实际问题,培育高山蔬菜新品种,探索生态型高效栽培新模式,提高高山蔬菜生产效率,并制定一套行之有效的高山蔬菜标准化技术规范,包括高山蔬菜生产基地管理与生态型保护技术规范、高山绿色食品蔬菜生产技术规程、高山蔬菜采后处理与贮运技术规程、高山蔬菜产品质量标准等。

2. 行业中介服务体系

高山蔬菜的发展涉及生产、加工、流通、技术推广和市场信息服务等诸多方面,要积极组建高山蔬菜行业协会,将蔬菜生产大户、营销大户、技术人员、行业管理人员联系到一起,通过协会引导菜农把蔬菜产业由个体经营联络成联合经营,协调生产、加工、销售等环节,共同维护市场秩序,规避市场风险;扶持参与高山蔬菜产销一体化的农业龙头企业,形成品牌,使之成为联系基地农户和市场的桥梁,通过企业建基地、下订单,把千家万户的小生产者组织起来,提高蔬菜生产规模和组织化程度,推进高山蔬菜产业化进程。

3. 政府支撑体系

政府有效的宏观调控是高山蔬菜发展壮大的必要条件,政府宏观管理与行业组织自律性的微观管理相结合,是保障该产业健康发展的前提,政府可通过制定优惠政策和给予必要的投入进行宏观调控和引导(对质量控制、新品种培育、重大技术障碍的技术攻关等给予一定投入)、行业立法(用法律法规保护高山蔬菜生产经营者和消费者的合法权益)以及对中介机构确认授权(授权一些独立的非营利中介组织对高山蔬菜产业各环节进行规范而有序的管理)。

四、高山蔬菜产业可持续健康发展关键技术

(一)生态高效栽培技术

生态农业是把农业作为一个开放的生态、经济、技术复合人工系统,遵循自然规律和经济规律,运用生态学原理、系统工程方法和现代科学技术,因地制宜地规划、组织和进行农业生产。山区农业要实现由粗放经营向集约经营转变,必须处理好经济发展与环境保护的关系。

(二)绿色健康栽培技术

绿色食品是指经专门机构认定,许可使用绿色食品标志的无污染的安全、优质、营养食品。高山蔬菜是我国发展夏季绿色食品蔬菜的理想产地,充分利用高

山"天然冷库"的自然气候条件及优质生态环境,发展绿色食品蔬菜具有得天独厚的有利条件。一方面,高山可耕地远离城市,山高人稀,空气清新,水质清澈,无"三废"污染,土壤疏松,土层深厚,有机质含量高,酸碱度适中,适宜各类蔬菜作物的生长,农作物生长自然隔离条件好,农药使用量小,是一方未被污染的净土,只要加以保护和利用,为城乡居民提供优质的绿色蔬菜切实可行。另一方面,高山蔬菜还具有品质优势,因高山地区昼夜温差大,利于蔬菜作物生长发育和物质积累,所以高山蔬菜商品性好、营养丰富、可溶性固形物含量高。当然,作为绿色无公害蔬菜生产的一般技术措施,如合理轮作倒茬、测土配方施肥、病虫害的无害化综合防治等措施在高山蔬菜生产中照样实用,但高山蔬菜的绿色无公害生产尤其要加强以下技术环节。

1. 微蓄微灌应用

由于特殊的地貌特征决定了高山地区可供灌溉水资源相当有限,所以巧妙利用山地间歇性雨水和自然高度落差来进行高山微蓄微灌十分重要。其方法是在田块上坡处建造一定大小容积的蓄水池,水池与下坡田块的高差在 5～20 m,利用自然高差产生水压,用塑料输水管把水输送到田间,通过安装在田间的出水均匀性良好的滴灌管把水均匀、准确地输送到植株根部,形成自流灌溉,可有效解决山区雨水不均和用电不便的问题,集灌溉、施肥、节水、省工等多种功效于一体。

2. 土壤连作障碍的缓解

(1)种植模式和种植制度的优化

植物间存在相互的化感作用,合理利用轮作、间作和套作有益于提高有益土壤微生物的多样性,促进有益微生物的拮抗作用,促进有机质的分解,改善土壤质量,保持健康的土壤环境,减轻植物病害,提高作物产量,对连作障碍的缓解提供了有效的解决措施。许多葱蒜类的根系分泌物能对多种细菌、真菌起到抑制作用,生产中利用葱蒜类、禾本科、豆科植物与十字花科蔬菜、果菜类蔬菜轮作,提高土壤微生物和酶活性,可缓解十字花科蔬菜和茄果类蔬菜的连作障碍。

(2)农艺措施的强化管理

从农艺措施上减弱连作障碍发生的条件和诱因,根据土壤的供肥能力、pH 值和蔬菜的需肥特点,合理地确定肥料种类及用量。有机质和堆肥对镰刀菌、腐霉、疫霉和丝核菌等病原菌有很强的抑制作用。土壤深翻和增施充分腐熟的有机肥和生物肥,可以有效处理毒素积累,实现保墒功能,能有效调控土壤养分并改善土壤质量,增加氮素吸收利用效率,维持土壤氮库动态平衡。作物采收结束后,要根据茬口安排清理田间植株残体,避免病菌的蔓延和自毒物质的积累。

（3）土壤的改良和修复

抑病土具有独特的微生物结构种群,如荧光假单胞菌,通过禾本科等作物诱导自然土壤对病害的抑制作用,是一种修复途径。植物对盐渍土土壤微生物活性和生物量存在正向影响,和未种植植物的盐渍化土壤相比,植物根系及其分泌物能降低土壤代谢熵值和盐分效应,缓解盐分对土壤微生物活性的影响,改善土壤微生物的性质和功能。因此,种植对土壤盐渍化现象有缓解作用的植物,是连作障碍缓解的一个突破口。生物炭因吸附特性作为其中一种土壤改良剂,依赖其对自毒物质的吸附,能改善土壤活性,提高植物对营养元素的利用效率,促进作物生长。利用石灰氮、膨润土、粉煤灰等天然矿物改良剂可调节土壤 pH 和养分平衡,改良土壤结构。利用菌糠、甲壳素、壳聚糖、豆科绿肥可改善土壤的物理性质和团粒结构,提高土壤的通气性,增加土壤肥力,调解微生物区系平衡和丰富度,提高作物产量。

（4）种植品种的优选优化

选用高抗重茬和抗病虫害的优良品种,如抗根肿病和黑腐病的十字花科蔬菜品种。通过对种子的科学处理和包衣等措施,切断病虫害侵染流行环节,也可以减轻连作的危害。利用不同种植物根系对土壤病原菌和自毒物质的抗原不同性,选用种内和不同种野生材料作为嫁接砧木进行茄果类蔬菜嫁接,可减少茄果类蔬菜根系自毒物质肉桂酸和香草醛的分泌及在根际土壤中的积累,缓解肉桂酸和香草醛的胁迫,提高自身抗氧化保护系统和膜系统的稳定性,提高自身代谢活性。

（5）化学、物理与生物技术的综合运用

利用化学他感原理和抗性原理,通过接种根际有益微生物,引入拮抗菌,或抗自毒微生物,增加土壤有益微生物群落的多样性和提高土壤微生物群落结构的稳定性,降低连作障碍,减轻植物病害。

①根际生态修复剂的应用。根际生态修复剂主要成分为芽孢杆菌、放线菌、真菌等有益微生物。高山蔬菜田块存在不同程度的坡度,长年的单向淋溶使高山土壤生态极其脆弱,有机质、酸碱度、微量元素等土壤肥力因子水平下降,以及高度连作带来的土传病原菌不断累积,使菜地容易出现综合肥力降低、作物抗逆性下降、病虫危害加重。使用根际生态修复剂 400 倍液浸种催芽,400~600 倍液催芽、灌根、穴施或叶面喷雾方式接种,能保护作物根部和叶部不受病菌侵染,防止植物病害的发生和蔓延,进而促进作物增产增收。

②土传病害拮抗生防菌的应用。荧光假单胞菌土传病害拮抗生防菌是一种有益菌,能抑制引起枯萎病的镰刀菌的活性。大型芽孢杆菌、阴沟肠杆菌、毕赤酵

母和乙醇念珠菌对番茄和辣椒青枯病的病原菌有拮抗作用。丛枝菌根真菌（AMF）是大多数植物根际微生物的主要组成成分，在疫霉、腐霉、阿诺菌、丝核菌、黄萎病、镰刀菌、大孔菌等引起的植物病害中起着重要作用，通过竞争植物病原物、产生抗生素、诱导水解酶、增强 PR 蛋白、诱导植物外分泌蛋白和刺激防御相关酶等多种机制来降低病害，促进植物的养分吸收。

③生物诱抗剂的应用。生物诱抗剂应用对植物抗性的改善和土壤微生物群的丰富有一定作用。枯草芽孢杆菌 EXF-1 对大白菜根肿病的防效达 65.07%，且增加了大白菜的根际芽孢菌数量和根际真菌数量，促进微生物对糖类的利用，起到了调控根际微生态、改变土壤微生物群落功能多样性的作用。

④蚯蚓生物有机肥的应用。蚯蚓生物有机肥能诱发作物的免疫功能，重新建立土壤微生物的多样性，起到生物解除连作障碍的作用，提高蚯蚓的数量或接种威廉环毛蚓和赤子爱胜蚓也有改善土壤养分失调、改善土壤生态环境、降解植物化感物质、抑制尖孢镰刀菌和促进作物生长的作用。

（三）标准化采后处理技术

高山蔬菜采后处理的技术水平直接影响高山蔬菜的种植品种多样性的选择、产品的市场销售半径和产品的增值潜力。

1. 采后处理

高山蔬菜采后处理是针对其含水量高、容易失鲜和腐烂变质的特点，为保持和改进蔬菜产品质量，使其从农产品转化成商品所采取的一系列技术措施，包括采收、挑选、清洁、整理、分级、包装、预冷、贮藏、保鲜、运输、销售等连锁过程。现有高山蔬菜的采后处理工艺主要是常规技术，大多只经过"采收→散热→简单包装→冷库→运输→销售"等简单处理，多以原菜、粗菜初级产品上市，影响产品保质期和货架期。新型的采后处理技术应用，如采用辐射保鲜技术、气调保鲜技术、临界低温高湿保鲜技术、涂膜保鲜等先进技术替代传统的采后处理方法。目前已开发出高山蔬菜新产品，如高山鲜食菜、干净菜、冻干菜等，为市场提供新鲜、营养、方便、卫生、悦目、可口、种类丰富的高山蔬菜产品。

2. 冷链系统

在新鲜果蔬的加工、贮运、销售过程中，控制适宜的温度，使之处于休眠期，降低其呼吸强度，减缓其新陈代谢，以达到延长新鲜果蔬保鲜期的目的。操作要点：鲜菜采收→整理、分级、包装→4 h 内 0~5℃真空预冷→冷库贮藏→0~5℃冷藏运输→0~5℃冷藏销售→消费者购买后置于 0~10℃冰箱中保存至食用。但现有大部分企业贮运条件有限,高山蔬菜多以"普通卡车+棉被",或"卡车+棉被+冰块"的方式运输,极少有冷藏车运输。产品到达销售地掀开棉被后,其货架期仅48 h左右。由于冷链体系的不健全,不仅制约了高山蔬菜产品的销售半径,也影响到产品的优质优价、采后增值。

第二章 高山蔬菜育苗技术

第一节 营养土育苗

一、育苗设施

营养土育苗多用于白菜类、茄果类、瓜类、豆类、绿叶菜类等蔬菜。常用的育苗设施有塑料小棚、塑料大棚、温室及阳畦等。

二、营养土配制与消毒

营养土是培育壮苗的基础,优良的营养土应具备以下条件:一是应含有丰富的有机质和适量的营养元素,二是应疏松透气,三是pH为6.5~7.0,四是没有病菌、虫卵和杂草种子。这四个条件概括起来就是"肥""松""中""净"四个字。

营养土一般选用粮田或菜田耕层土壤和充分腐熟的优质有机肥及少量化肥混合配制而成。田土和有机肥分别过筛后,按照大体各一半的比例混合均匀,最后再加入适量化肥,通常加入$1~2$ kg/m³过磷酸钙,慎用氮素化肥。配制所需的耕层土壤以种过粮食作物或葱蒜类蔬菜的表层土为好,因为这种土壤病菌少;有机肥必须经过发酵达到充分腐熟才能使用。

营养土可分为播种床土和分苗床土。播种床土特别要求疏松透气,以利于幼苗出土和分苗起苗时不伤根。该土对肥沃程度要求不高,配制时常加入一些通透性好的材料如细炉渣等,在苗床内的铺垫厚度较薄,约6~8 cm。分苗床土应保证有充足的营养和定植时不散坨,在苗床内的铺垫厚度较厚,约10~12 cm。

田土和有机肥中难免携带有病原菌、虫卵、杂草种子,因此应对营养土进行消毒处理。常用的消毒方法如下:

1. 福尔马林熏蒸消毒

一般用50~100倍液的福尔马林喷洒床土,用10~15 kg/m³喷洒溶液,拌匀后堆置,用薄膜密封 1~2 d,然后揭开薄膜待药味挥发后再使用。

2. 药液消毒

用代森锌或多菌灵 200~400 倍液消毒,床面用 10 g/m² 原药,配成 2~4 kg 药液喷洒即可。

3. 太阳能消毒

夏季高温季节,把育苗土堆起来,使含水量在 80% 以上,再用透光好的塑料薄膜盖堆。暴晒 15 d 左右即有良好的消毒效果。

三、种子处理与精细播种

(一)种子处理

1. 晒种

晒种是利用阳光晾晒种子。播前晒种,应选择阳光充足的晴好天气,将蔬菜种子均匀地摊在席子上,厚度以 3~5 cm 为宜。白天经常翻动,夜晚收起,一般连晒 1~2 d 即可。

2. 浸种

浸种是把种子浸泡在一定温度的水中,使种子在短时间内吸足发芽所需要的水量。浸种所用容器和水必须干净、无油污,时间为 3~24 h,但因种子和季节不同,时间有较大差异。根据浸种的水温及作用不同,分以下几种:一是常温浸种。用 20~30℃ 的清水浸泡种子,适用于种皮薄、吸水快、易发芽的种子。二是温烫浸种。用 55℃ 的热水浸泡种子,常用"两开一凉"勾兑即可。浸种时要不断搅拌,随水温逐渐下降至常温,继续进行浸种。适用于种皮薄、吸水快、易带病菌的种子。三是高温浸种。将充分干燥的种子投入 75~80℃ 的热水中,快速用 2 个容器反复倾倒使水温降至 55℃ 左右,再转入温汤浸种。适用于种皮厚而坚硬、吸水困难的种子。

3. 催芽

催芽是将浸种后播种前的种子置于适宜条件下,促进种子快速发芽的过程。种子催芽后待播时间不能太长,若遇其他因素不能及时播种时,应将种子放在 5~10℃ 低温条件下短时保湿待播。常规催芽的方法是:把浸种后的种子冲洗干净,捞出甩去多余水分,用干净湿纱布或湿毛巾包好,置于适宜温度、湿度和通气条件下催芽,每天翻动种子 2~3 次,用清水淘洗种子 1~2 次,除去种子上的黏液。当大部分种子钻尖露白时,停止催芽,及时播种。变温催芽的方法是:把将要催芽的种子,每天分别在28~30℃和16~18℃条件下,放置12~18 h和6~12 h,直至出芽。

(二)精细播种

选在天气晴暖的中午播种为宜,播后最好有5~7 d的晴天,这样出苗快而整齐。

撒播:先将苗床浇透底水,待水完全下渗后先在床面上撒一层0.5 cm厚的细土,然后将催好芽的种子均匀地撒到苗床上,小粒种子多用撒播。

点播:苗床浇透水,待水完全下渗后,按一定的行株距把种子播入苗床中,播后覆土。大粒种子多用点播。

(三)护根措施

为了避免移栽时伤根,常采取一些护根措施,有营养土块育苗、容器育苗、纸钵育苗、粪罐育苗等。这里主要介绍营养土块和容器育苗中的塑料钵。

1. 营养土块

置营养土于苗床里,踩实整平,然后浇透水,待水渗下后,根据育苗的蔬菜种类用划刀横向、纵向切割成小方块,约6~10 cm见方。缝隙以细土弥严,小方块中央用圆木棍插一个深1 cm的小坑等待播种。

2. 塑料育苗钵

塑料育苗钵各种规格的都有,而且可以多次使用,价格又不高,逐步代替了其他育苗容器。塑料育苗钵具体规格见表2-1。

表2-1 塑料育苗钵规格及参考价格

上口×高(cm×cm)	参考价(元/个)	整件袋装数量(个)
5×5	0.03	5 000
5×7	0.04	4 000
5×8	0.045	4 000
8×9	0.035~0.05	2 500;5 000
8×9	0.045	2 500
9×9	0.045~0.055	2 500;4 000
10×10	0.055	4 000
10×10	0.052~0.065	2 000

四、苗期管理

(一)发芽期管理

出土前管理重点是温度和湿度。在低温季节主要是增温和保温,高温季节主要是降温和保湿。一般喜温菜苗以28℃左右为宜,耐寒菜苗以22℃左右为宜。出土后温度宜降低,如喜温菜苗白天15~20℃、夜间12~16℃,耐寒菜苗白天8~12℃、夜间5~6℃;降温,特别是降低夜间温度,可控制幼苗徒长而促进子叶肥大。

在幼芽刚刚顶土时,撒盖少许较干燥的营养土,可起到弥缝保墒、减少病害发生及减轻"戴帽"(出苗后子叶被种皮夹住)的作用。

出土后在低温季节还应尽量改善光照条件,争取光照;较强的光照不仅是子叶光合作用所必需的,而且能抑制下胚轴的伸长生长,即使遇下雪天,也要在中午气温上升后揭去草帘,让幼苗见光。

(二)幼苗期管理

管理重点是保证适宜温度和良好的光照,以求光合产物的合成最大化。果菜类进入花芽分化以后,温度对其数量和质量影响很大,应精心管理。

幼苗期要重视补水、补肥,特别是在生长后期。补水时低温季节应在晴天上午进行,要尽量浇大水,减少浇水次数,不要小水常浇以防止板结;补肥一般以叶面喷肥为主,多为0.1%尿素和0.1%磷酸二氢钾。

定植前5~7 d应对秧苗进行低温、干旱等锻炼,使菜苗适应定植后的外部环境。

五、育苗时常见问题及原因

(一)烂种或出苗不齐

烂种一方面与种子质量有关,种子未成熟、贮藏过程中霉变、浸种时烫伤均可造成烂种;另一方面,播种后低温高湿或施用未充分腐熟的有机肥,致使种子出土时间长,长期处于缺氧条件,从而发生烂种。出苗不齐是由于种子质量差、底水不均、床温不均、有机肥未充分腐熟、化肥施用过量等原因造成的。

(二)"戴帽"出土

土温过低、覆土太薄或太干,使种皮受压不够或种皮干燥发硬不易脱落。另外,瓜类种子直插播种,也易"戴帽"出土。为防止"戴帽"出土,播种时应均匀覆土,保证播种后有适宜的土温。幼苗刚出土时,如床土过干,可喷少量水保持床土湿润,发现有覆土太薄的地方,可补撒一层湿润细土。发现"戴帽"出土者,可先喷水使种皮变软,再人工脱去种皮。

(三)沤根

幼苗不发新根,根呈锈色,病苗极易从土中拔出。沤根主要是由于苗床土温长期低于12℃,加之浇水过量或遇连阴天,光照不足,致使幼苗根系在低温、过湿、缺氧状态下发育不良,从而造成沤根。为此应提高土壤温度(土温尽量保持在16℃以上),播种时一次打足底水,出苗过程中适当控水,严防床面过湿。

(四)徒长苗

徒长苗茎细长,叶薄色淡,须根少而细弱,抗逆性较差,定植后缓苗慢,不易获得早熟高产。幼苗徒长是光照不足、夜温过高、水分和氮肥过多等原因造成的,可通过增加光照、保持适当的昼夜温差、适度给水、适量播种、及时分苗等管理措施来防止。

(五)老化苗

又称"僵苗""小老苗"。老化苗茎细弱、发硬,叶小发黑,根少色暗。老化苗定植后发棵缓慢,易早衰。老化苗是苗床长期水分不足或温度过低,或激素处理不当等原因造成的。育苗时应注意防止长时间温度过低、过度缺水和不按要求使用激素。

第二节 穴盘育苗

一、育苗材料与设施设备

(一)穴盘

1. 穴盘选择

穴盘是育苗的重要载体,为外形规格一致、多个穴孔连为一体的盘片。按材料不同分为聚乙烯塑料穴盘和聚苯泡沫穴盘两种,其孔形状有方形和圆形,孔穴数量不一。生产上应根据不同蔬菜种类和生理苗龄的需要选择适宜的育苗盘。目前,常选用的塑料穴盘为长54.4 cm、宽27.9 cm、高3.5~5.5 cm,孔径为4.0 cm×4.0 cm、3.0 cm×3.0 cm等,孔深度视孔大小而异。按照孔数量不同,穴盘分为50孔、72孔、108孔、128孔、288孔等多种。

不同规格的穴盘对秧苗生长及适宜苗龄等影响很大。育苗孔大(每盘孔穴数少),有利于秧苗生长,但基质用量大、生产成本高;而育苗孔小(每盘孔穴数多),则穴盘苗对基质中的湿度、养分、氧气、pH等的变化敏感,同时使得秧苗对光线和养分的竞争更加剧烈,不利于种苗生长,但相对基质用量少,生产成本较低。因而,育苗生产中应根据蔬菜种类、秧苗大小、不同季节生长速度、苗龄长短等因素来选择适当的穴盘,并与播种机、移栽机等相配,以兼顾生产效能与秧苗质量。应根据不同蔬菜种类及其苗龄的要求选择不同孔穴数量的穴盘(表2-2)。

表2-2 不同蔬菜种类及其苗龄要求的穴盘规格

蔬菜种类	穴盘规格/孔	日历苗龄/d	生理苗龄/叶片数
甘蓝、花椰菜、青花菜	108~128	35~45	5~6
大白菜、娃娃菜	108~128	25~30	4~5
生菜、莴笋	108~128	30~35	4~5
芹菜	128~288	50~60	5~6
辣椒	72~108	55~65	8~9
番茄	72~108	50~60	5~6
菜豆	72~108	15~20	2叶1心
西葫芦、南瓜	50~72	15~20	3~4
洋葱	108~128	45~50	3~4

2.穴盘消毒

重复使用时,必须对穴盘进行挑选、清洗、消毒。消毒时可用多菌灵500倍液浸泡12 h或用高锰酸钾1 000倍液浸泡30 min;也可用福尔马林(40%甲醛溶液)、漂白粉溶液,并在使用前洗净晾干。

(二)育苗基质

1.质量要求

基质质量是穴盘育苗成功与否的关键因素之一,由于穴盘育苗时每株种苗的根系拥有独立的生长空间,且生长空间(介质容量)远小于传统的育苗方式,有限的育苗基质降低了对水分和养分的缓冲能力,也限制了根系的生长空间。因此,根系的生长环境与传统苗床生长环境有很大的差异,对基质的质量要求较高,不宜采用一般的土壤,而必须以人工调制的介质(基质)来育苗。良好的育苗基质应具有以下特性:

(1)保肥保水能力强

保肥性好,能供应育苗过程中秧苗(包括根系)生长发育所需养分,并避免养分流失;而保水性强,可以避免基质水分快速蒸发、干燥,使秧苗(包括根系)能够有充足的水分供应,减少浇水次数。

(2)具有良好的通透性,基质不易分解

通透性好可以使秧苗根系发育良好,避免因缺氧萎根;不易分解的基质,有利于根系穿透,并能支撑秧苗;而过于疏松的基质,植株容易倒伏,基质及养分也容易分解流失。

(3)适宜的酸碱度(pH)

秧苗的生长需要适宜且相对稳定的pH。随着秧苗的生长、补充水分时对基质的冲刷,基质的pH会发生一定的变化,变化过大将影响秧苗的正常生长,因此基质须具有良好的缓冲能力。

(4)适宜而相对稳定的电导率(EC值)

为保证秧苗营养,基质中需要有一定的矿质营养,并能够在一定时间内保持相对稳定的EC值,如EC值过高(养分浓度过大),对出苗率有较大的影响,而EC值过低则易缺肥。

2. 基质配比

目前用于穴盘育苗的基质材料主要是草炭、蛭石和珍珠岩,其比例大多为50%草炭、25%蛭石、25%珍珠岩。一般来说,草炭pH 5.0~5.5,养分含量较高,亲水性较好,在基质中主要起持水、透气、保肥的作用。蛭石比重小,透气性强,具有较强的保水能力和较高的钾含量,且隔热保温效果好。根据蛭石粒径大小分为多种类型,蔬菜育苗一般选用粒径为2~3 mm的蛭石。草炭与蛭石的配比为2:1或3:1,播种后的覆盖材料可全部为蛭石。珍珠岩经高温发泡制成,pH 7.0~7.5,保水和盐基代换能力弱,其作用主要是能增加其透气性,减少基质水分含量。蔬菜育苗中用量一般只加入10%左右,夏季育苗中可不添加。此外,育苗基质还可就地取材,利用农业生产中的一些废弃物,如食用菌生产废弃物、竹木加工废弃物、玉米秸秆等,将这些废弃物充分腐熟发酵,再与常用基质成分按一定比例配合,既节约成本又可避免面源污染,从而实现资源的循环再利用。

3.基质消毒

包装良好的商品育苗基质一般不需要消毒。如自配基质,或购买的商品育苗基质存放时间较长、存放场地潮湿不清洁,可能滋生病菌时,在使用前应采用福尔马林等化学药剂或多菌灵等杀菌剂进行消毒处理。

4.基质用量估算

根据穴盘型号规格不同而不同。一般大孔的每盘基质用量大些,72孔穴盘每盘装满需要3 L左右基质,基质装盘数量约300个/m^3。

目前,育苗基质多选用市售的蔬菜育苗专用商品基质。

(三)播种机械

播种机械包括手持管式播种机、板式播种机、针式精量播种机、滚筒式播种机、"游龙"播种机等。目前以手持管式播种机和滚筒式播种机为主。

(四)育苗棚架及覆盖材料

采用穴盘育苗技术培育壮苗,必须根据育苗季节的环境条件变化及不同蔬菜种类、秧苗生长发育阶段对环境条件的要求给予相应的光、温、水、气、肥等管理,因而需要较好的设施设备,如大棚设施、播种机等,以满足秧苗所需的光照、温度、基质电导率(Electrical Conductivity,EC)和pH等,促进秧苗的正常生长,同时提高播种、育苗效率。

高山蔬菜育苗应根据季节、气候条件的不同,选择地势开阔、背风向阳、光照充足、交通便利、排灌方便、通风良好、地势平整、周边无任何污染的塑料大棚和日光温室等保护设施进行育苗。早春正值晚霜和低温季节,应配备增温、补光、防虫等设施;夏秋育苗应配备防风、防雨、防虫和降温等设施。

二、装盘、播种

(一)基质预湿与装盘

为便于装盘,应先将基质加水调节湿度至最大持水量的60%~70%(用手捏挤有少量水渗出,放下不散坨)。一般国产育苗基质每50 L加水3~4 kg,进口基质要稍多些,堆置2~3 h,使水分分布均匀,但仍保持松散状态,不产生结块。把预湿好的基质装满育苗盘,用刮板从穴盘的一方刮向另一方,保证四角和盘边的孔穴全部装满基质,同时使各个格室能清晰可见,切忌用力压紧,以免破坏基质的物理性状,造成基质中空气和可吸收水的含量减少。

(二)压穴

可用压穴模板在装好育苗基质的穴盘表面的每个穴孔上压出直径 1～1.5 cm、下凹约 1 cm 的圆形播种穴;也可将装好基质的育苗穴盘(孔穴数相同)上下重叠 4～5 盘,上面放一只空盘,用力均匀下压,让每个穴孔内的育苗基质下陷 0.5～1.0 cm。

(三)播种、覆盖与浇水

待种子破白即可播种。每穴孔播 1 粒种子,瓜类等品种的种子要平放。为防止少量种子不发芽或不出苗,可以适当多播几盘作补苗备用。白菜、甘蓝等小粒种子可采用机械播种,提高工作效率。播后盘面用育苗基质或蛭石覆面,刮去多余的基质使基质与穴盘格室相平。第 1 次浇水要充分浇透(忌大水浇灌,以免将种子冲出穴盘),以穴盘底孔出现渗水为宜,或采用浸湿法,将播种后的穴盘轻轻放在水池上(不能用外力压穴盘),使穴盘基质吸收水分,待穴盘表面基质湿润,但尚未被水浸没时将穴盘取出,沥干水分后摆放在苗床中出苗。

三、苗期管理

(一)出苗、补苗

采用催芽室出苗。将播入种子的育苗穴盘放入催芽室,控温控湿,待 60% 的种子出苗时把育苗穴盘移至苗床上进行出苗管理。不采用催芽室出苗的,直接把育苗穴盘摆放在苗床上,低温季节在育苗穴盘表面盖一层地膜保温保湿,高温季节在育苗穴盘表面覆盖 2～3 层遮阳网降温保湿,待 30% 的种子出苗后,及时揭去盘面覆盖物,适当通风降湿。在子叶展开至 2 片真叶时,及时进行补缺补弱,保证每穴 1 株健壮苗。

(二)苗期管理

1. 子叶期

子叶期是幼苗最易徒长"拔脖"的时期。适当降低夜温是控制徒长的有效措施,喜温果菜和喜凉蔬菜的夜温分别降至 12～15℃ 和 9～10℃,昼温分别保持 25～26℃ 和 20℃,尽量多见光也是防止幼茎徒长的有效措施。

2. 小苗期

管理原则是"促、控结合",适当提高夜温,促进叶面积扩大和基本同化器官的健壮生长。喜温果菜昼夜分别保持 20~22℃ 和 15~17℃,喜凉蔬菜昼夜分别保持 20~22℃ 和 10~12℃。随外界气温上升分别加大放风量。如穴盘基质湿度充足,则不必浇水;如穴盘基质较干,可选晴天 1 次喷透水后再保墒,切忌水量过大。经常保持棚膜清洁、光照充足,适当早揭晚盖覆盖物,延长小苗受光时间,促进光合产物的积累。

3. 成苗期

果菜类开始花芽分化,是决定秧苗质量的重要时期,应加强温度和光照的管理,及时降低夜温,以防徒长,降低茄果类花芽分化的节位,增加瓜类雌花分化。喜温果菜白天适宜温度在 25℃ 左右,夜间适宜温度在 12~14℃;喜凉蔬菜白天适宜温度在 20℃ 左右,夜间适宜温度在 8~10℃。但长时期连续夜温过低,如番茄低于 10℃ 时易出现畸形果,甘蓝、芹菜等在温度低于 4~5℃ 时,易发生未熟抽薹的现象。在幼苗成苗期,光照好、苗距大,幼苗不易徒长,可适当少通风;封隙后,应加强通风,同时经常清洁透明覆盖物,尽量增加光照强度。

(三) 成苗与秧苗出圃

1. 壮苗特征

壮苗表现为苗龄正常适当偏小,秧苗生长整齐,大小一致,茎秆节间粗短壮实,叶片大而肥厚,叶色正常,根系密集色鲜白,根毛浓密,根系裹满育苗基质,形成结实根坨,无病虫害,无徒长。

2. 苗龄

适宜的苗龄,依蔬菜的种类、品种、生产要求、育苗条件而不同。一般耐移栽的蔬菜,宜采用大规格型号的穴盘育苗,可适当延长苗龄,进行大苗定植;不耐移栽的蔬菜,宜采用小规格的穴盘育苗,以适当缩短苗龄为宜。穴盘苗因秧苗生长空间有限,一般宜控制苗龄,以防秧苗老化、徒长。

3. 秧苗出圃

为使秧苗定植到大田后能适应栽培场所的环境条件,加速缓苗生长,增强抗逆性,应在秧苗出圃前 1 周左右进行炼苗。适当控制浇水,以幼苗不萎蔫不滞长为度,并加强棚内通风、透光和降温,以增强幼苗对大田环境的适应性。注意炼苗不能过度,避免形成"老化苗"和"花打顶苗"。出圃前要提前浇透水,有利于秧苗定植时从穴盘中拔出而不会出现散坨现象,也可避免搬运时缺水、散坨或伤根。

四、穴盘育苗常见问题及预防措施

(一)不发芽

1. 产生原因

(1)水分过多,导致基质缺氧,种子腐烂。

(2)种子萌动后缺水,导致胚根死亡。

(3)基质 EC 值与 pH 不当。

(4)种子被老鼠吃掉。

(5)上次拆包后未播完的种子储存不当。

2. 预防措施

(1)选择合格可靠的基质,根据种子发芽条件的要求供给适宜的水分。

(2)一般纯草炭的 pH 只有 3.4~4.4,不能直接使用。因此,若购买的不是已经配制的育苗草炭,则必须自己调节 pH 和 EC 值。一般调节 pH 至 5.5~5.8,EC 值 0.75 mS/cm。

(3)瓜类的育苗,应特别注意防鼠。

(4)种子应保存在低温干燥的地方,尤其是干燥条件,比低温更为重要。一般情况在适温下保存,如干燥条件好,也可以保存较长时间。

(二)发芽率低

1. 产生原因

(1)水分过多或基质黏性重,引起基质氧气不足。

(2)水分较少或基质沙性重,发芽水分不足。

(3)发芽温度过高。

(4)发芽温度过低。

(5)施用基肥过多,引起盐分为害。

(6)基质 pH 不合适。

2. 预防措施

(1)选择合格可靠的基质,根据种子发芽条件的要求供给适宜的水分。

(2)选择保水性好的基质,根据种子发芽条件的要求供给适宜的水分。

(3)保证在适宜的温度下发芽。

(4)适当使用肥料,严格控制 EC 值。

(5)调节 pH 至适宜的范围。

(三)成苗率低

1. 产生原因

(1)病害引起。

(2)浇水过多,基质过湿,引起沤根死亡。

(3)移出催芽室后湿度不够,引起"戴帽"(种壳未掉)。

(4)虫害引起。

(5)肥害、药害引起。

2. 预防措施

(1)基质消毒,种子处理,加强苗期病害预防,经常观察,注意防治。

(2)注意浇水,干湿交替。

(3)保持合适的湿度。

(4)加强虫害防治。

(5)按照使用说明,合理使用化肥和农药。

(四)老化苗

1. 产生原因

(1)早春育苗,温度低。

(2)生长调节剂使用不当。

(3)缺肥引起。

(4)经常缺水引起。

(5)喷药时施药工具中含有矮壮素等残留。

2. 预防措施

(1)根据蔬菜种类,苗床保持适宜的温度。

(2)合理使用生长调节剂。

(3)根据幼苗生长情况,合理施肥。

(4)注意浇水,保持合适的湿度。

(5)打过矮壮素后仔细清洗喷药工具。

(6)使用专用喷药工具。

(五)徒长

1. 产生原因

(1)氮肥过多。

(2)幼苗拥挤引起。

(3)光照不足引起。

(4)水分过多、过湿引起。

(5)温差小,温度过高引起。

2.预防措施

(1)根据蔬菜种类,做到平衡施肥。

(2)选择合适的穴盘规格。

(3)连阴雨天气应注意尽可能加强光照,并结合温度、水分供应以控制徒长。

(4)合理控制苗床水分和湿度。

(5)实行大温差管理,降低苗床温度。

(六)顶芽死亡

1.产生原因

(1)虫害,如蓟马危害。

(2)缺硼引起。

2.预防措施

(1)及时防治害虫危害。

(2)增施硼肥。

(七)叶色失常

1.产生原因

(1)缺氮引起的叶色偏淡。

(2)缺钾会引起下部叶片黄化,易出现病斑,叶尖枯死,下部叶片脱落。

(3)缺铁会引起新叶黄化。

(4)pH 不适引起叶片黄化。

2.预防措施

(1)根据蔬菜种类,做到平衡施肥。

(2)施用叶面肥增施全营养微量元素肥料。

(3)浇水时注意 pH 的调节。

(八)早花

1.产生原因

环境恶劣,缺肥、缺水、苗龄过长等。

2.预防措施

提供适宜的环境条件,根据需要适当施肥、及时浇水,注意播种期的计划,保证适宜的苗龄。

第三节 漂浮育苗

一、育苗准备

(一)育苗场地选择

育苗棚应选择在背风向阳、交通便利、靠近生产基地的地方建设。

(二)育苗棚建造

可根据育苗盘及育苗场地大小进行建造。育苗棚结构为钢管骨架,规格一般为长50 m、宽8 m、高2.6~3.0 m,棚膜选用厚度为0.12 mm的聚乙烯防雾无滴薄膜。两侧靠地处设置卷膜通风装置,通风口高度0.8~1.0 m;大棚两端设出入门,门与通风口加设防虫尼龙网;大棚走向与主要风向一致,减少风害影响;大棚骨架材料可选用厚壁钢管或在中间加一道立柱。

(三)漂浮池建造

1.漂浮池规格

池长6 m、宽1.3 m、深0.3 m。从大棚一端排起,池长的方向与大棚的长度方向一致,纵向排列6排,排与排之间距离为1 m,每排平行排列4个池子,相邻池间距为0.7 m。

2.漂浮池建造

漂浮池子可用水泥砂砖砌成厚120 mm的墙,也可用壁厚2 mm、边长30 mm的方钢管焊成框架型。池内平展铺上厚0.2 mm的黑、白两色的双面尼龙防水布,一直铺到池子外沿底部固定。在大棚的另一端留出空地,作为放置穴盘、基质搅拌填装、播种、催芽等操作的场地。

(四)漂浮盘选择

漂浮盘选用聚苯乙烯制成的泡沫穴盘,漂浮盘大小60 cm × 38.5 cm ×

5.0 cm。目前有78孔、108孔、128孔、165孔、198孔和200孔等规格,且均可重复使用。

(五)育苗基质选择

育苗基质从专业的生产厂家购买,质量标准为:基质粒径1~5 mm,孔隙度70%~95%,容重0.15~0.35 g/cm³,pH 5.5~6.5,有机质含量≥20%,腐殖酸含量≥15%,电导率≤800 μS/cm,水分含量30%~50%,铁离子含量<1 000 mg/kg,锰离子含量<100 mg/kg。

(六)营养液配制

配制营养液的水最好选用井水,自来水要静置1~2 d后方可使用。pH要求稳定在6.0~7.0,EC值控制在1.2~1.8 mS/cm范围内。配制营养液的肥料可选用育苗专用肥,也可直接使用水溶性复合肥。一般营养肥在出苗后加入,否则会延迟出苗进程及影响幼苗质量。

二、育苗

(一)消毒

播种前应对育苗棚、漂浮池和漂浮盘进行消毒。育苗棚和漂浮池可采用0.1%~0.5%的高锰酸钾溶液喷洒消毒,24 h后进行通风。漂浮盘可采用0.1%~0.5%的高锰酸钾液浸泡苗盘4 h,或用1%~2%的福尔马林液喷湿苗盘后用塑料薄膜覆盖24 h,或用10%漂白液浸泡10~20 min后用清水洗净晾干。

(二)装盘

基质装盘前,在地上铺一层干净薄膜,以防带入病菌。将基质倒在干净薄膜上,对基质进行加水加药处理,可防止基质过干掉落水池或基质带菌。具体方法是:根据基质含水量适当加入清洁的井水,翻拌均匀,使含水量为50%~60%,以手握成团距地面1 m左右落地散开为宜;另外,为防止基质带菌,可在加水的同时,每300 L基质加入100 g枯草芽孢杆菌XF-1或每300 L基质加入50 g多菌灵等杀菌剂,共同翻拌均匀后堆闷3 h左右备用。

将基质铺满全部孔穴后用手轻拍盘侧3次,再铺上基质,用刮板刮去盘面上多余的基质。不能干装,不能空穴。

(三) 播种

播种深度为 0.5~1.0 cm。每穴播 1 粒种子,播种完毕后,覆盖一层基质。将漂浮盘按照 10 个一起垒起,置放 2~4 d,待种子进行催芽。播种方法见"第二节 穴盘育苗"。

(四) 漂浮盘入池

待种子萌动露芽后,及时将漂浮盘轻轻放入漂浮池中。放入时要排放整齐,盘与盘之间不能留空隙,以防止长期日晒而滋生绿藻。漂浮盘入池后的次日,要及时检查,发现穴孔内基质表面松散、干燥、发白的,应及时处理,以确保基质吸水充足均衡。

三、苗期管理

(一) 查苗、补苗

当幼苗长出真叶后,开始间苗、补苗,拔去小苗、弱苗,保证每穴 1 苗。

(二) 温湿度管理

温湿度控制是苗期管理的关键。温度过高容易造成徒长苗,而温度过低则又不利于幼苗生长。温度偏高时,要及时打开育苗棚两端薄膜,通风换气。夏秋高温季节可通过遮阳网、湿帘等降温设施降温;温度偏低时,可通过覆盖薄膜或保温毯进行多层保温。湿度一般不宜过大,经常通风换气,以保证空气流通。

(三) 营养液管理

不同蔬菜种类及发育阶段对肥料的需求量不同。在实际生产中,应根据幼苗的长势、种类、发育阶段等追施不同浓度的复合肥。施肥时应先将肥料溶于水后,再均匀倒入水池中。实际生产中,可根据幼苗叶片的颜色判断是否应该施肥。若叶片颜色呈淡绿或黄绿色,表明氮素浓度过低,要增加肥料浓度;若叶片颜色呈深绿或墨绿色,表明氮素浓度过高,不应施肥。

(四) 苗期病虫害防治

漂浮育苗只要在播种前进行严格消毒和规范管理,一般很少发生病虫害。一且发现病株应及时拔除,并根据为害病原进行喷药防治。育苗过程中,一般春季易发生猝倒病、疫病和灰霉病,夏秋季节容易发生病毒病及害虫危害等。可针对不同季节提前预防。

(五)炼苗

适当炼苗,不仅可提高移栽成活率,而且有利于增强秧苗的抗逆性。一般在秧苗移栽前1周,通过增加通风和控水控肥进行炼苗。

四、后期管理

漂浮育苗生产所必需的物资,如育苗盘、池膜、塑料小棚和大棚等均可以重复使用。育苗完成后,应认真做好育苗物资的清洗、消毒、存放等管理工作,以保证物资重复利用,节约开支。具体工作主要包括以下4个方面。

(1)及时将育苗盘上残留的基质和残根清洗干净,包好后于避光处存放。

(2)将池膜及小棚上的盖膜、防虫网上的灰尘洗净,晾干后于避光处存放。

(3)将遮阳网、钢架或架杆等收集后,存放到固定位置。

(4)及时防治物资贮藏点的鼠类,防止育苗物资受到损坏。

五、蔬菜漂浮育苗过程产生绿藻的原因及预防措施

蔬菜漂浮育苗,是目前正在试验推广的一种较为先进的育苗技术,与传统育苗方法相比,漂浮式育苗具有技术简单、操作规范、可控性强、无杂草与土传性病害,且出苗整齐一致、生长健壮、栽植成活率高等优点。但在育苗时池水营养液中、育苗基质表面有时会滋生绿藻,轻者影响幼苗萌芽生长,严重者则可导致幼苗黄化、死苗。

(一)池水中出现绿藻

1. 产生原因

漂浮盘规格大小不一致或者育苗池建造时长、宽与浮盘尺寸不配套导致漂浮盘漂放入池后盘间有大量裸露的空隙,阳光照射到池水营养液中容易产生绿藻。

2. 预防措施

(1)选用规格大小一致的漂浮盘。

(2)在建池时应按照漂浮盘的规格大小确定育苗池的宽度与长度。

(3)漂浮盘漂放入池时要排放整齐,以避免出现大量间隙。

(4)在池水中加入适量(0.025%以下)的硫酸铜,反复搅匀后再放入漂浮盘可防止滋生绿藻。对已滋生绿藻的池水可将漂浮盘捞起彻底换水,或泼洒硫酸铜溶液、灭藻灵溶液杀死绿藻后再将漂浮盘放入池水中。

(二)漂浮盘内基质表面滋生绿藻

1. 产生原因

(1)使用旧漂浮盘育苗时漂浮盘清洗不干净、消毒不彻底。

(2)基质中磷肥用量或杂质过大。

(3)播种盖籽时漂浮盘表面的基质没刮干净。

(4)育苗棚内长期处于弱光、高湿环境对滋生绿藻有利。

2. 预防措施

(1)用旧漂浮盘育苗,使用前一定要清洗干净并用高锰酸钾或漂白粉消毒,也可在阳光下暴晒消毒。

(2)严格控制基质中氮磷比,比例在1:0.5为宜,严禁杂质落入池水。

(3)播种覆盖后一定要将漂浮盘表面的基质刮净,使每个孔穴的上沿露出。

(4)阴雨天和晴天的早晚要拉开遮阳网,同时打开两侧棚膜,加强光照与通风,降低棚内空气湿度。

(5)对已滋生绿藻的漂浮盘,可将其从池水中捞出,滤掉部分水分,以降低基质湿度;打破表层板结,以增加基质通透性,促苗根系下扎。待基质表面发白、青苔死亡后再漂放入池。

第三章　高山白菜类蔬菜栽培技术

第一节　结球甘蓝

一、品种选择

选择早中熟、抗病、丰产、稳产、抗逆性强、耐裂球、耐运输、商品性好的品种。

1. 中甘 15

中国农科院蔬菜花卉研究所选育。早熟,定植到采收 55 d 左右。植株开展度 42~45 cm,外叶 14~16 片,叶色浅绿,叶面蜡粉较少。叶球圆球形,紧实度为 0.60~0.62,中心柱长度低于球高的一半,单球重 1.0 kg 左右,冬性较强,不易未熟抽薹。叶质脆嫩,品质优良。每亩(1 亩约 667m²)产量 3 000 kg 左右。

2. 中甘 21 号

中国农科院蔬菜花卉研究所选育。早熟,定植到采收 55 d。株型半直立,株高 26 cm,开展度 43.8 cm,外叶 15.6 片,倒卵圆形,绿色,叶面蜡粉少,叶缘有轻波纹,无缺刻。叶球圆球形,球色绿,单球重 1.0~1.5 kg,叶球紧实,不易裂球,球高 14.8 cm,宽 14.5 cm,中心柱长 6.3 cm。耐先期抽薹,球内颜色浅黄,质地脆嫩,每亩产量 3 800~4 000 kg。

3. 中甘 828

中国农科院蔬菜花卉研究所选育。早熟,定植到采收 55~60 d。整齐度高,叶球绿,叶质脆嫩,品质优良。圆球形,耐裂性强。耐先期未熟抽薹,抗枯萎病。单球重约 1.0 kg,每亩产量 4 500 kg 左右。

4. 超越

北京华耐农业发展有限公司经销。早熟,定植到采收 50 d 左右。株型半开展,开展度 44.6~45 cm,外叶绿色,约 13 片,叶面蜡粉少,叶缘有轻波纹,无缺刻。叶片色绿,叶球紧实,圆球形,球高 14.6 cm,宽 14.1 cm,中心柱短,单球重 1.0 kg

左右,质地脆嫩,不易裂球。

5. 珍绿

北京绿亨科技股份有限公司经销。早熟,定植到采收55~60 d。植株长势中等,株型半直立,外叶叶色灰绿肉厚、有蜡粉。叶球圆形,中心柱短,球色翠绿,抱球紧实,单球重1.0~1.5 kg,平均亩产量3 763 kg。耐先期未熟抽薹,中抗黑腐病和枯萎病。

6. 普世玛

瑞克斯旺(青岛)农业服务有限公司选育。早熟,定植到采收50~55 d。开展度40~45 cm,株型半直立,外叶绿色。蜡粉中,圆球,叶球绿色,中心柱长占球高的30%~40%。耐裂球性中等,单球重0.8~1.5 kg,平均亩产量3 623 kg。耐先期未熟抽薹,耐裂球,中抗黑腐病、枯萎病。

7. 贝莱胜

北京东汇盛种业科技有限公司经销。早中熟,定植到采收55~60 d。植株长势强,开展度中等,外叶深绿,内球嫩绿有光泽,质地脆嫩,品质好。球形圆正美观,包球紧实,单球重1.5~2.0 kg。蜡粉少,绿叶层多,球底部颜色好,商品性突出。耐先期未熟抽薹,耐裂球,延迟采收耐裂球可达10~15 d,耐贮藏、耐运输,适应性广,容易栽培。

8. 新绿州

国外引进。中早熟,定植到采收55~60 d。外叶深绿,内球鲜绿脆嫩,球形圆正,结球紧实。单球重1.5~2.0 kg,蜡粉少,绿叶层多,球底部颜色好,品质极佳。耐裂球,延迟采收耐裂球可达10~15 d。抗病性强,适宜高山冷凉地区夏季规模栽培。

9. 绿宝石

北京华耐农业发展有限公司经销。早熟,定植到采收50~55 d,外叶少,叶浓绿,植株开展度45~50 cm,外叶12~15片。叶球紧实,叶球近圆形,单球重2~3 kg。叶质脆嫩,不易未熟抽薹,耐裂球,可延迟采收。商品口感甜脆,抗干烧心病。

10. 罗迪玛

瑞克斯旺(青岛)农业服务有限公司经销。早熟,定植到采收60 d左右。植株生长健壮,叶球圆或椭圆,颜色紫,叶球横向直径20~24 cm,纵向直径20~24 cm。叶球紧实,单球重1.0~3.7 kg,平均亩产量3 986 kg。中心柱短6~9 cm,蜡粉重。整齐度好,口感爽脆。抗黑腐病和枯萎病,耐先期未熟抽薹,耐裂球。

11. 碧云

上海惠和种业有限公司经销。早熟,定植到采收 50 d 左右。株型紧凑,叶色鲜绿,球底部也呈绿色。球型正圆,单球重 1.2～1.5 kg。结球紧实,口感好,耐寒性好,耐病性强。

12. 富绿

西北农林科技大学园艺学院选育。早熟,定植到采收 60 d 左右。植株开展度为 46.2 cm,外叶数 11～13 片,外叶灰绿色,蜡粉较多。叶球圆球,球纵径 17.3 cm,球横径 16.8 cm,中心柱长 6.5 cm,紧实度 0.65,平均单球重 1.4 kg,平均亩产量 4 732 kg。高抗病毒病、霜霉病和黑腐病,耐裂球,耐运输。

13. 富尔

西北农林科技大学园艺学院选育。中早熟,定植到采收 70 d 左右。苗期叶片较厚,叶缘平滑,叶脉明显。莲座期植株直立型,莲座叶 14～15 片,蜡粉中,外叶深绿色,叶面平滑,叶缘无缺刻,叶柄不明显。结球期植株开展度 42.5 cm,叶球圆形、稍高,球纵径 23.5 cm,横径 22.1 cm,叶球叶片绿色。叶球紧实度 0.67,中心柱长 4.3 cm,帮叶比 21.0%,单球重 1.8 kg 左右,平均亩产量 4 907 kg。高抗病毒病、黑腐病和霜霉病,耐裂球,耐运输。

14. 铁头 8 号

北京华耐农业发展有限公司经销。早熟,定植到采收 55 d 左右。植株长势较旺,开展度中等,叶色深绿,蜡粉多;圆球形,球色绿,叶球周正,抱合紧实,耐裂球,单球重 1.2～1.5 kg,平均亩产量 4 300 kg。商品性好,货架期长,抗病毒病,不抗黑腐病。

15. 捷甘 1370

北京捷利亚种业有限公司选育。中早熟,定植到采收 60～65 d。植株长势旺盛,半开展,株高约 30 cm,开展度 45～50 cm。外叶厚,外叶数 11～14 片,外叶灰绿色,蜡粉中等。叶球圆形、绿色,耐裂球性中等;内叶浅黄色,叶球纵径约 16 cm,横径约 15 cm,单球重约 1.1 kg,心柱占球高比例约 51%,平均亩产量 4 863 kg。中抗黑腐病、枯萎病,感根肿病,耐抽薹性中等。

16. 绿抗 9 号

武汉市九头鸟种苗有限公司经销。中早熟品种,定植到采收 60 d 左右。叶球圆形,单球重 1.0～1.5 kg,平均亩产量 4 266 kg。适应能力强,丰产稳产,抗根肿病多个生理小种,高温多雨季节应注意黑腐病的防治。

17. 青莲

武汉市九头鸟种苗有限公司经销。中早熟,定植到采收 60 d 左右。叶球圆球形,外叶绿色,绿叶层多,单球重 1.2 kg,平均亩产量 4 072 kg。结球紧实,耐裂球,整齐度高。抗根肿病,抗黑腐病。

18. CR 先锋

武汉市九头鸟种苗有限公司经销。中早熟,定植到采收 60 d 左右。叶球圆球形,球颜色绿,结球紧实,耐裂球。单球重 1.5～2.0 kg,平均亩产量 4 305 kg。抗根肿病、黄萎病,田间采收期长,耐运输。

19. 先甘 336

先正达种苗(北京)有限公司经销。中早熟,定植到采收 70 d 左右。中熟圆球品种,生长势较强,叶球球形稳定。单球重 1.4 kg 左右,平均亩产量 4 250 kg。感黑腐病、枯萎病,抗根肿病,耐抽薹性弱。

20. 威风

北京鼎丰现代农业发展有限公司经销。中早熟,定植到采收 70 d 左右。圆球形,中熟品种,植株长势旺盛,叶色绿。单球重 1.5～2.0 kg,平均亩产量 3 822 kg。综合抗病性好,特别对根肿病有较强抗性,耐裂性好,适于储藏运输和工厂加工。

21. 山地铁塔

北京君川种业科技有限公司经销。早熟,定植到采收 60 d 左右。植株生长势强,株高 35 cm,开展度 70 cm。外叶色绿,叶面蜡粉中,叶球紧实,近圆形,不易裂球,叶球纵径 17 cm,横径 17 cm,内叶浅黄,中心柱中等,单球重 2.0 kg,平均亩产量 5 089 kg。耐低温性好,耐抽薹性强,耐湿热性较好,抗黑腐病和枯萎病。

22. 久盛

浙江美之奥种业股份有限公司经销。早中熟,定植到采收 60 d 左右。株型半开展,开展度 50 cm。外叶数 13 片,叶色绿色,叶面蜡粉少,叶缘有轻波纹,无缺刻。叶球绿色,紧实,圆球形,叶球横径 15.6 cm,叶球纵径 14.8 cm,中心柱长 6.3 cm。单球重 1.5 kg,平均亩产量 2 142 kg。中抗黑腐病和抗枯萎病,质地脆嫩,不易裂球,冬性较强,耐先期抽薹。

23. 希望之星

武汉文鼎农业生物技术有限公司经销。早熟,定植到采收 60 d 左右。外叶比较少,商品菜率高,圆球形,球叶绿色,相对稳定。单球重 1.5 kg 左右,平均亩产量 4 042 kg。综合熟性早,耐裂性好,颜色深绿,抗病性强。

24. 紫阳

大连米可多国际种苗有限公司经销。早熟,定植到采收 60 d 左右。植株开展度 50 cm 左右,外叶 20 片左右,叶近圆形,长约 33 cm,宽约 30 cm,紫红色,叶脉附近略带绿色,中肋深红色,叶面白粉多。叶球扁圆形,纵径 12 cm 左右,横径 20 cm 左右,紫红色有光泽,单球重 1.5~2.0 kg,平均亩产量 3 865 kg。

25. 新红路

上海惠和种业有限公司经销。中熟,定植到采收 75 d。球形紧实,单球重 1.8 kg 左右,平均亩产量 3 926 kg。不易裂球,田间保持期长,颜色紫红,口感好,市场性好。

26. 紫晨

国外引进。中早熟,定植到采收 70 d 左右。长势中等,直立性好,外叶开展度小,内球颜色鲜紫艳丽。球近圆形,结球紧实,单球重 1.0~1.5 kg,平均亩产量 3 806 kg。口感好,商品性佳,产量高。抗病虫,极耐裂球,收获和保鲜期长。

二、育苗

根据采收时间,一般于 3 月中旬到 6 月下旬采用营养土育苗,或穴盘育苗,或漂浮育苗。

三、施肥整地、覆膜定植

结合整地,每亩施腐熟有机肥 5 000 kg,氮磷钾复合肥 30 kg,深翻耙匀、整平,进行划线、起垄、覆膜。垄宽 50 cm,沟宽 40 cm,垄高 15 cm,并用宽 70 cm 地膜覆盖垄面。也可采用平畦覆膜栽培,畦宽 50 cm,操作行宽 40 cm。每垄(畦)两行,按品种熟性确定株距,打孔定植,一般株距 30~40 cm。不论哪一种盖膜方法,膜的四周一定要押紧、压实,栽苗膜孔用土埋严,防止膜下热气从膜孔处逸出而烤伤幼苗。

四、田间管理

定植过后要及时浇定植水,定植后 10 d 左右结合中耕培土施提苗肥,促早发棵。施肥时可在每株旁边 15 cm 处穴施,采用施肥器进行,每亩施尿素 5 kg 左右,并浇水 1 次。栽后 35 d 左右每亩再施尿素 10 kg、硫酸钾 10 kg,促其包心,并浇透水 1 次。接近封行时,可用爱多收 6 000 倍液加 0.2% 磷酸二氢钾叶面喷施 1 次。

结球中期视生长情况酌情补肥 1 次,并根据天气情况保持田间湿润。采收前 10 d 要严格控制浇水。

五、收获

可根据品种熟性和定植期的早晚,7 月初至 9 月下旬采收上市。

六、高山结球甘蓝栽培中常见问题及预防措施

(一)未熟先期抽薹

1. 产生原因

(1)品种选择不当

冬性较弱的品种易发生未熟抽薹,冬性较强的品种则不易发生。冬性较弱的品种如果栽培管理不当或遇到倒春寒天气,更易发生未熟抽薹。

(2)播种期过早

播期越早,生长期越长,低温期内幼苗过大,凡叶片 7 片以上,最大叶宽 5 cm 以上,茎粗 0.6 cm 以上的大苗,经过一段时间的低温,可完成春化阶段发育,就会发生未熟抽薹现象。一般苗龄越大,长势越旺,就越容易抽薹。许多菜农为了争取甘蓝早上市,抢个好价格,违反客观规律,播种期越来越早,再加上栽培管理不当,是造成未熟抽薹现象的一个主要原因。

(3)定植过早

定植过早,温度低,缓苗慢,幼苗经过低温的时间长,因而未熟抽薹的概率也高。

(4)气候异常

如果苗期气温偏高,幼苗生长较快,遭遇到持续寒冷天气时,即使适期定植,往往也会发生未熟抽薹现象。

(5)管理不当

高山头茬甘蓝定植后,如不注意蹲苗,肥水过勤,使植株生长过旺,不仅延迟包球,也易引起未熟抽薹现象。

2. 预防措施

(1)选择冬性强的品种

选用冬性较强、不易未熟抽薹的品种。

(2)适期播种

根据当地的气候条件、不同的育苗方式、品种的冬性强弱,确定当地适宜的播种期。

(3)适期定植

宜晚定植。选择根系发达,下胚轴和节间短,茎粗壮,叶厚,色深绿,顶部叶片密集,节间较长,顶部平展,幼苗6~8片真叶的壮苗定植。若遇持续寒冷天气,应适当推迟定植时间。

(4)加强栽培管理

育苗阶段,在幼苗出土前白天温度控制在20~25℃,夜晚控制在15℃;幼苗接受低温春化的温度在1~15℃,1~4℃进行最迅速,出苗后白天温度控制在18~20℃,夜晚控制在8~10℃。苗床注意放风、保温、控肥控水,避免幼苗生长过快。定植前7~10 d进行低温炼苗,苗床白天温度控制在15℃左右,夜晚控制在7℃左右。定植缓苗后进入莲座期进行蹲苗,使叶片长得壮而不旺,促进早包心结球。气温回升后应及时结束蹲苗,加强肥水管理,大肥大水促苗生长,使营养生长超过生殖生长,促进结球,提高单位面积产量。

(5)对先期抽薹株的处理

如发现田间有个别抽薹植株,应及时拔除,加大肥水供应,使营养生长超过生殖生长。结合浇水每亩追施尿素15~20 kg,促进结球,使其推迟抽薹时间,在薹未抽出之前及时收获上市,减少损失。

(6)及时收获

根据叶球紧实度可分批进行收获上市,采收过晚易裂球或裂球抽薹,影响产量和质量。

(二)结球不良

1. 产生原因

(1)品种问题

甘蓝从开始结球到完成结球所需的时间、构成结球的状态等,因品种而异。一般早熟品种结球所需时间短,总叶数较少,但单叶较重,外侧叶比内侧叶重,且差异大;晚熟品种结球所需时间长,总叶片数较多,单叶较轻,外侧叶比内侧叶虽重,但差异较小。

(2)温度影响

结球甘蓝性喜凉爽气候,比较耐寒,其生长适温范围较宽,一般在月平均气温

0~25℃的条件下,都能正常生长和结球,其叶球生长适温为 17~20℃。在昼夜温差明显时,有利养分积累,结球紧实。如遇高温,同化作用降低,呼吸消耗增加,导致基部叶片枯黄脱落,外茎延长,叶球变小,包心不紧,从而降低产量和质量。同样,遇低温也会影响产量和质量。

(3)湿度影响

结球甘蓝的组织中,含水量在 90% 以上,其根系较浅,叶片较大,蒸腾量多,适宜较湿润的栽培环境。一般当空气相对湿度在 80%~90%,土壤湿度在 70%~80% 条件下生长最好。如果空气湿度较低,但土壤水分适宜,也能正常生长。如果土壤水分不足,再加上空气干燥,则容易引起基部叶片脱落,叶球小而松散,甚至不结球。

(4)光照影响

结球甘蓝属长日照作物,在未经春化阶段的情况下,长日照有利于生长。强光照的晴朗天气,有利增强甘蓝同化作用,提高产量和质量。

(5)土壤因素

结球甘蓝对土壤的适应范围较广,但以中性或微酸性、有机质较多的黏土、壤土较为适宜。

(6)肥料影响

结球甘蓝喜肥,耐肥力强。在不同生长期,对各种营养元素的要求不同。中前期消耗氮素较多,莲座期达到高峰。而叶球形成期,则消耗磷、钾较多,全生长期需氮、磷、钾的比例为 3:1:1.5。如缺氮素,结球叶片少而空松;如缺钾素,叶缘带赤褐色而干枯,叶片小而弯曲,结球松散,成为空球。

2. 预防措施

(1)选用适宜的品种

应根据当地的气候条件和种植茬口安排,选用适宜的品种,以防止由于高温或低温而引起甘蓝结球不良。

(2)确定适宜的播种期

播种期过早或过迟都能引起甘蓝结球不良。应根据当地的气候条件、茬口安排和种植品种等,确定适宜的播种期。结合选择适宜的育苗方式,以充分利用有利条件,避开不利条件,防止甘蓝结球不良。

(3)加强肥水管理

在肥水管理上,既要施足基肥,又要分次追肥,并注意氮、磷、钾的施肥比例和时期。特别是在莲座期和结球期,都要有充分的肥水供给。保持土壤有充足的水分,还有利于降低温度。如果结球期缺水,往往引起结球不良。

(4)预防病虫害发生

病虫为害也是造成结球不良的一个重要方面,生长期间应做好病虫害的防治工作。

(5)及时收获

在叶球形成过程中,如果叶球外侧叶片已充分成熟,停止生长,但内部叶片由于环境温度过高及水分过多而继续生长,就会产生裂球现象,这不但影响叶球的质量,而且容易感染病菌。为了使甘蓝的商品性和质量达到理想状态,需及时收获。

(三)裂球、烂球

1. 产生原因

(1)品种选择不当。

(2)叶球紧实后,采收不及时,大水浇灌或遭遇雨水,叶球开裂。

(3)肥水管理不科学。

(4)中午或雨后采收,通风不良,温度高、湿度大,叶球腐烂。

2. 预防措施

(1)选择适宜的品种

选择耐裂球、抗病、高产的优良品种。

(2)科学的肥水管理

高山越夏甘蓝施肥原则应是以有机肥为主,重在基肥,合理追肥,控制氮肥用量,禁止使用硝态氮肥。施足基肥,每亩施充分腐熟有机肥 4 000 ~ 5 000 kg,分期追肥,追施氮肥量不超出 25 kg,其中每亩追施提苗肥 5 kg;莲座期每亩追施尿素 10 kg、硫酸钾 15 kg;结球始期每亩追施尿素 10 kg、硫酸钾 10 kg。喷施 0.1% ~ 0.2% 磷酸二氢钾液 1 ~ 2 次,促使叶球紧实。结球初期每 7 d 浇水 1 次,忌干旱,降雨后及时排出田间积水,防止叶球腐烂病发生。

(3)适时收获

叶球紧实后不要浇水,以免引起叶球开裂。早熟品种只要叶球适当紧实即可分期收获。中晚熟品种待叶球紧实时,一次收获或分次收获。

(四)干烧心

1. 产生原因

(1)土壤中钙元素较少。

(2)由于氮肥施用过多、浇水不足或浇水水质不良,土壤溶液中阳离子浓度过高,出现反渗现象,抑制了植株对钙的吸收,从而形成缺钙现象。

(3)植株球叶内部缺钙所致。

2. 预防措施

整地前每亩撒施消石灰 100~150 kg,随肥料一同翻入土中。也可于发病前后喷洒 3% 的过磷酸钙肥液(应加黏着剂)2~3 次。对由干旱引起的缺钙,要勤浇水,结球期间保持地面见干见湿,保证土壤湿度达到 70%。尽量多施有机肥,少施无机肥,增强土壤保水力。改用有机肥进行追肥,追肥时,勿单一或过量追施氮肥,需结合浇水,适量追施磷、钾肥,才能防止干烧心发生。

第二节 大白菜

一、品种选择

选择早熟、冬性强、对低温反应不敏感、耐先期未熟抽薹、黄心、优质、商品性好的品种。

1. 金冠

辽宁东亚种苗有限公司经销。中早熟,定植后 65 d 采收。生长势旺,外叶深绿,内叶嫩黄,叶球合抱,结球紧实。单球重 3.0 kg 左右,平均亩产量 6 300 kg。抗寒性极强,不易未熟先期抽薹,抗霜霉病、软腐病及病毒病。

2. 山地英雄

武汉世真华龙农业生物技术有限公司经销。中早熟,定植后 60~65 d 采收。外叶深绿,内叶嫩黄,叶球合抱,炮弹形。叶球纵径 27.5 cm,横径 16.3 cm,平均单球重 2.4 kg,每亩产量 6 000~6 500 kg。耐抽薹能力强,抗根肿病,稳产性好,容易栽培。

3. 耐斯高

武汉文鼎农业生物技术有限公司经销。中早熟,定植后 60~65 d 采收。外叶绿,叶球圆筒形合抱,肉叶嫩黄,叶球纵径 26 cm,横径 15~16 cm,单球重 2.0~3.0 kg。抱球紧实,品质佳,耐抽薹能力强,抗根肿病,丰抗性、商品性好,耐储运。

4. 文鼎佳宝

武汉文鼎农业生物技术有限公司经销。早中熟,定植后 65 d 采收。外叶深绿,内叶嫩黄,叶球合抱,叶球纵径 25 cm,横径 16 cm,单球重 2.0~2.5 kg。结球紧实,品质佳。较耐抽薹,抗根肿病,菜形好,耐贮运。

5. 幕田尚品

北京百幕田种苗有限公司经销。早熟,定植到采收 60 d 左右。外叶深绿色,内叶黄色,叶球合抱,炮弹形,叶球纵径 27.5 cm,横径 18 cm,平均单球重 2.8 kg。叶帮宽,口感甜脆,耐抽薹性中等,耐热性中等,对病毒病、霜霉病、根肿病有一定的抗性,耐贮运,适合长途运输。

6. 今锦

日本引进。中早熟,生长期 70 d 左右。外叶浓绿,叶球轻度抱合,近圆筒形,单球重 3 kg 左右,内叶鲜黄色。抗根肿病、霜霉病和软腐病。

7. CR 秀春

青岛锦盛得种子有限公司选育。中早熟,生长期 65 d。结球坚实美观。株高 35 cm,开展度 50 cm,外叶绿,白帮,球叶合抱,炮弹形,叶球纵径 29 cm,横径 22 cm,纤维少,口感细腻。单球重 2.0 kg,平均亩产量 5 369 kg。中抗病毒病和霜霉病。

8. CR 立春

北京世农种苗有限公司经销。生长期 53 d 左右。生长势强,结球力强,株型半直立,外叶深绿色,叶柄白色,叶球合抱,炮弹形,球形指数 1.6 左右。球叶绿色,内叶黄色,中肋薄,中心柱短,单球重 2.0 kg,平均亩产量 5 030 kg。较耐抽薹,中抗病毒病,抗霜霉病和根肿病。

9. CR 天白 15

天津科润蔬菜研究所选育。中早熟,生长期 65 d。叶球纵径 27 cm,横径 17 cm,外叶绿,内叶浅黄,叶球合抱。单球重 2.0 kg 左右,平均亩产量 5 016 kg。不易裂球,较耐抽薹,高抗病毒病、霜霉病和根肿病。

10. 春宝

北京世农种苗有限公司经销。早熟,生长期 60 d。植株长势强,外叶深绿色,叶缘为圆齿,叶柄白色,叶片倒卵形。合抱,炮弹形,叶球绿色,内叶白色,结球紧实,叶球纵径 24 cm,横径 15 cm,球形指数 1.6,中心柱短、扁圆形,单球重 2.0 kg,平均亩产量 5 283 kg。耐抽薹,抗病毒病,中抗霜霉病。

11. 金星黄

北京君川种业科技有限公司经销。早熟,生长期 55~60 d。植株长势强,开展度 35 cm。外叶深绿,中肋白色,叶球叠抱,筒形。叶球纵径 22 cm,横径 13 cm,

单球重1.0~1.5 kg,平均亩产量5 603 kg。球叶绿色,内叶黄色。耐抽薹性好,耐热性中等。抗病毒病和霜霉病。

12. 利春2号

中国农业科学院蔬菜花卉研究所选育。中熟,生长期60 d。外叶深绿色,叶面皱,帮绿白色,株高39 cm,开展度51 cm,叶球合抱,叶球直筒形。球内叶黄色。叶球纵径31 cm,横径19.7 cm,单球重2.7 kg,平均亩产量5 000 kg,净菜率61%。耐抽薹性强,中抗芜菁花叶病毒病和霜霉病。

13. 秦春2号

西北农林科技大学园艺学院选育。中早熟,生长期68 d。植株半直立,生长势强。株高42.5 cm,株幅58.2 cm。外叶碧绿,叶面微皱,外叶数12片,叶片呈倒卵形,叶片长38.0 cm,叶宽37.1 cm。球叶淡黄,叶球中桩合抱,叶球纵径28.6 cm,横径18.3 cm,球形指数1.6。单球重2.79 kg,平均亩产量5 792 kg。耐先期抽薹。商品性好,综合性状优良。抗病毒病、霜霉病和根肿病。

14. 秦春3号

西北农林科技大学园艺学院选育。早熟,生长期为58 d。植株半直立,株高35.4 cm,株幅42.8 cm。外叶绿色,叶面微皱,外叶数10片,叶片呈倒卵形,叶片长32.7 cm,叶宽33.5 cm。叶柄淡绿色,叶球矮桩合抱,球心黄白色。叶球纵径22.6 cm,横径15.7 cm,球形指数1.4,单球重1.87 kg,平均亩产量5 632 kg。耐先期抽薹,株型紧凑,攻心快,适宜密植,净菜率高。抗病毒病和霜霉病,耐根肿病。

二、育苗

根据采收时间,一般于3月中旬到7月中旬采用穴盘育苗或漂浮育苗。

三、施肥、整地、覆膜

(一)施肥整地

选择土层深厚、保水保肥力强、排水良好的地块,避免与十字花科蔬菜连作。于播种前15~20 d进行翻耕晾晒,耕层的深度在15~20 cm。做到早耕多翻,土壤耕细磨平,打碎耙平,捡净残茬、残膜,施足基肥。结合深耕整地增施基肥,中等土壤肥力地块,结合整地,每亩施腐熟有机肥3 000~4 000 kg,氮磷钾复合肥40 kg,硫酸钾12 kg,过磷酸钙25 kg。

有根肿病的田块,对带菌田块每亩用50%氟啶胺250~300 mL,对土壤进行处理。

(二)做畦覆膜

高山大白菜多采用平畦,或半高垄栽培。

平畦栽培:旋耕平整后的地块,按1 m划线,按行距50 cm,间隔50 cm覆地膜。

半高垄栽培:旋耕平整后的地块,做成垄面宽50 cm,沟宽50 cm,畦高10~15 cm,对垄面覆50 cm地膜。覆盖的地膜一般选择加厚地膜和生物质全降解地膜,地膜选择幅宽70~80 cm。盖膜时一定要拉紧、盖平,膜的四周要用土压严,使膜不易被风吹动。

四、直播、定植

(一)直播、定植时间

一般当地下5 cm地温稳定在13℃以上开始定植。高山地区一般5月中旬到8月上旬进行直播或定植。定植苗龄20~30 d(气温低时苗龄长,气温高时苗龄短),6~8片真叶,叶色浓绿,无病虫害,根系发达。

(二)直播

在已覆膜的畦面上先按株距和行距距离打孔,然后在孔上用竹棒或是木制棒将土挖穴0.2 cm,每穴播种2~3粒,再用营养土掩土、封口。

(三)定植

选择阴天或晴天的下午定植,每畦定植2行,错位定植。定植时先用花铲在畦面上按规定株距挖穴,把幼苗栽在穴内,定植深度以埋住根茎部但不埋住心叶为准。定植时茎基部地膜四周应盖土封严,定植后应及时浇缓苗水。定植时如果底墒不足,应随栽随浇水。方法是去掉喷雾器喷头,给定植的苗子根部适量喷清水,喷完水后及时用田土封口。

(四)留苗密度

行距50 cm,株距40~50 cm,一般每亩定植密度2 800~3 300株。

五、田间管理

(一)中耕、锄草

直播田块,要及时查苗补苗,不能出现缺苗现象。中耕不仅可消灭杂草,而且还可起到松土、保墒、增温、灭虫、促进根系纵横发育、调节土壤养分和水分的作用,确保幼苗健壮生长。中耕一般要 2~3 次,分别在拉十字、2~3 片真叶和 5~6 片真叶时进行。原则是:头遍浅刮,二遍深挖,三遍蹚平,下不伤根,上不伤叶。

(二)肥水管理

大白菜前期需水肥较少,后期较多,在浇水上要采取"控—促—控"相结合的措施;中期进入快速营养生长阶段,要加强肥水管理,每次追肥后要坚持浇水,应掌握中水中肥。为了防止后期脱肥,促使后期长心包实,应大水大肥。包心期结合浇水可每亩追施尿素 15 kg,并紧接着浇水 1 次。

六、收获

根据市场需求,叶球长到七成心时,即可采收上市。

七、高山大白菜栽培中常见问题及预防措施

(一)未熟抽薹

1. 产生原因

(1)品种选择不当

品种选择不当是导致先期抽薹的直接原因。大白菜属种子春化感应型种类,即在种子萌动时就可以感受低温条件而通过春化过程。研究结果表明,大白菜春化过程对温度要求不是很严格,一般在温度低于 10℃ 以下时,10~20 d 即可完成;在 10~15℃ 的温度下,也能在一定的时间完成春化。低温的影响可以累积,并不要求连续的低温。大白菜不同的变种、类型及品种对温度要求有一定的差异。散叶大白菜耐寒性和耐热性较强,春、夏均可栽培。半结球变种有较强的耐寒性,结球大白菜则严格地要求必须为温和气候。同一类型的不同品种对温度的

适应性也有不同,所以耐抽薹的能力各异。

(2)播种期、定植期过早

播种过早,苗龄长,苗期又处于长时间的低温条件,极易通过春化阶段而抽薹,特别在遇到持续低温和寒流多次侵袭的年份,更不能播种过早。实践证明,高山大白菜栽培中温度管理的极限是不得低于13℃;若低于13℃,易导致抽薹现象。因此,结合当年气候状况,正确地选择播种期、定植期、采收期和上市时间,是高山大白菜栽培中不可忽视的因素。

(3)栽培管理不当

在栽培过程中,没有创造与之适应的生长发育条件,就会导致先期未熟抽薹。如,有的菜农为了早定植、早上市,早春时节就播种育上大苗,然后定植在露地。其实大苗在生长时间内就已通过春化,定植露地再遇到寒流,刚一见球,薹就抽出来了;有的菜农在育苗期,对苗床经常通风,结果使小苗通过了不完全春化,定植到大田后水肥又跟不上,结果形成球内包薹,严重影响了商品性;有的菜农不进行育苗,而是直接播种,播种时即使上面覆盖地膜,小苗出土后也极易遇到低温通过春化,造成抽薹或球内包薹。

2. 预防措施

(1)选择适宜耐抽薹品种。应选择生长期短、冬性强、耐未熟先期抽薹、产量高的品种。

(2)适期播种、适期定植。在露地直播的情况下,要降低抽薹率就要在终霜期前后播种,如太白高山地区,应在5月上旬,5 cm土层地温稳定在13℃以上开始定植。5月中旬以后开始直播较为适宜,不能为了追求提早上市而使播种期、定植期提前。

(3)采用设施育苗。采用设施育苗的方法,既做到了提早播种又防止了因低温使幼苗提早完成春化作用。可利用日光温室、塑料拱棚提前播种育苗,育苗期间避免夜间棚内温度保持13℃以上。

(4)加强肥水管理。既然营养生长不良时会促使植株提早发育到生殖生长阶段,因此加强田间肥水管理就能促进营养生长并抑制生殖生长,从而避免未熟抽薹。栽培中,一般不蹲苗,应肥水齐攻,一促到底。要促进营养生长,抑制未熟抽薹,这就要求土壤肥沃,多施速效性基肥和追肥,以促进营养生长。生育前期要保证营养条件良好,以加速其生长,抑制发育,从而使其在花芽分化前就形成更多的叶片。

(5)及时收获。大白菜在叶球形成并发育较为紧实后要及时收获,收获越晚,发生未熟抽薹的可能性越大。

(二)不包心或包心不实

1. 产生原因

(1)苗期已通过春化,造成未熟抽薹。

(2)品种原因造成,如品种生长期过长或后期耐热性差,则会出现不包心或包心不实。

(3)栽培管理不当,肥水不足,植株生长缓慢,营养生长速度未能超过生殖生长速度,同样会出现不包心或包心不实的问题。

2. 预防措施

(1)选择适宜品种。选择前期耐低温、生长期短的品种,生长期一般在55~65 d。

(2)加强田间管理。管理上以促为主,加快营养生长,促进叶球形成。莲座前期,因有地膜保湿,一般不浇水,以免降低地温。结球前可结合追肥浇1次大水,每亩追施尿素20~25 kg,以后根据天气和土壤情况,随时浇水,保持地面湿润。

(3)及时采收。及时挑选结球较紧的植株收获,过晚会影响商品价值,且后期温度高,易造成烂菜或抽薹。

第三节 娃娃菜

一、品种选择

选择早熟、抗病、适应性强、耐未熟先期抽薹、商品率高、结球快、口感好、外叶直立、内叶嫩黄、干物质含量高的品种。

1. CR 美琪

青岛南北种业有限责任公司经销。中棵型娃娃菜,生长期55~60 d。株高35 cm 左右,开展度49 cm,单球重0.8 kg,平均亩产量5 435 kg。外叶绿色,筒形,内心黄色,叠抱,软叶率高。抗病毒病、霜霉病和根肿病,耐抽薹性弱。

2. 金宝黄

青岛明山农产种苗有限公司经销。中棵型娃娃菜,生长期55~60 d。外叶深绿色,中肋绿白色,芯叶金黄色。株高26～28 cm,开展度30 cm,叶球纵径18～20 cm,横径10～15 cm,单球重0.8～1.2 kg,平均亩产量5 689 kg。叶球炮弹形,叠抱,球顶平。高抗芜菁花叶病毒病,中抗霜霉病,抗软腐病。耐寒性较强,耐热性弱,耐抽薹性较强。

3. 福娃

北京华耐农业发展有限公司经销。小棵型娃娃菜,生长期55 d。株型紧凑,叶色绿,叶面细核桃纹,叶缘圆齿,叶背面有刺毛。叶柄白色、较薄。球叶叠抱,球顶近闭合,球外叶浅黄绿色,球内叶鲜黄色。叶球小圆筒形,叶球纵径21.2 cm,横径8 cm左右。单球重0.7 kg,每亩产量5 000 kg。净菜率73.2%,软叶率47.5%。韧性好,耐运输。中抗病毒病,抗霜霉病、软腐病,耐抽薹。

4. 金美黄

北京百幕田种苗有限公司经销。小棵型娃娃菜,生长期50 d左右。株高约32.0 cm,开展度约35.5 cm,外叶绿色,中肋浅绿色,叶球叠抱,筒形。叶球上部绿色,内叶黄色,叶球纵径22.0 cm,横径10.4 cm,球形指数2.1。单球重0.8 kg,平均亩产量5 500 kg。耐抽薹性较强,耐热性弱。抗病毒病、霜霉病和黑腐病。

5. CR 金娃娃

南京绿领种业有限公司经销。小棵型娃娃菜,生长期50 d左右。株型直立,株高23 cm,开展度30 cm,叶色绿,叶球叠抱,直筒形,球色绿,心叶嫩黄色。单球重0.8 kg,平均亩产量5 821 kg。抗病毒病和霜霉病,耐抽薹中等,较耐热、耐贮运。

6. 皇妃

兰州金桥种业有限责任公司经销。小棵型娃娃菜,生长期50 d。叶色绿,植株高27 cm,开展度25 cm,叶片微皱,稍有蜡粉。外叶13片,球叶色黄嫩、叠抱,球叶宽倒卵形,纤维含量少;叶球纵径26 cm,横径16 cm,单球重1.0 kg,平均亩产量6 120 kg。苗期抗热能力强,后期上心快,耐低温能力较强。抗病毒病、霜霉病,耐低温、弱光,耐抽薹。

7. 黄贝贝

张掖市金种源种业有限责任公司经销。小棵型娃娃菜,生长期50～60 d。叶色绿,植株高27 cm,开展度25 cm,叶片微皱,稍有蜡粉。外叶13片,球叶色黄嫩、叠抱,球叶宽倒卵形,纤维含量少;叶球纵径26 cm,横径16 cm,单球重1.1 kg,平均亩产量6 210 kg。苗期抗热能力强,后期上心快。抗病毒病和霜霉病,耐低温、弱光,耐抽薹。

8. 黄太妃

武汉文鼎农业生物技术有限公司经销。小棵型娃娃菜,生长期55 d。生长势旺,整齐一致,外叶深绿色,叶球炮弹形,合抱。肉叶嫩黄,单球重1.5 kg左右,结球紧实。抗根肿病、霜霉病、软腐病和病毒病。适宜高山地区夏季种植。

9. 小吉星

武汉文鼎农业生物技术有限公司经销。小棵型娃娃菜,生长期50~55 d。外叶浓绿,长筒形,叠抱,内叶嫩黄,单球重0.5~1.0 kg。抗病能力强,适应性广。适宜高山地区越夏栽培。

10. 春小宝749

中国农业科学院蔬菜花卉研究所选育。小棵型娃娃菜,生长期45 d。植株半直立,外叶深绿色,叶缘全缘,叶面稍皱而有茸毛。叶球合抱、筒形,叶球顶部稍圆,叶球内叶鲜黄色。在稀植条件下,株高28.7 cm,开展度40.7 cm,叶球纵径20.1 cm,横径16.3 cm,球形指数1.2。单株重1.7 kg,净球重1.0 kg,净菜率58.8%。耐抽薹性强,更适合作小娃娃菜栽培。

11. 秦春娃1号

西北农林科技大学园艺学院选育。小棵型娃娃菜,生长期58 d。株型半直立,株高31.1 cm,开展度41.1 cm。叶色深绿,外叶叶缘钝锯,外叶叶面泡状突起,叶柄浅绿色。叶球合抱,炮弹形,球内叶浅黄色,叶球纵径22.2 cm,横径12.9 cm,球形指数1.7,外叶数9片,球叶数47片。中心柱长3.2 cm,单球重1.1 kg,平均亩产量5 974 kg。抗病毒病、霜霉病、软腐病和黑斑病,耐未熟先期抽薹,商品性好,综合性状优良。

12. 秦春娃2号

西北农林科技大学园艺学院选育。小棵型娃娃菜,生长期60 d。株型半直立,株高31.7 cm,开展度42.5 cm。叶色深绿,外叶叶缘钝锯,外叶叶面稍皱,叶柄浅绿色。叶球合抱,炮弹形,球内叶浅黄色,叶球纵径22.5 cm,横径13.2 cm,球形指数1.7,外叶数9片,球叶数44片。中心柱长3.5 cm,单球重1.2 kg,平均亩产量5 927 kg。抗病毒病、霜霉病、软腐病和黑斑病;耐未熟先期抽薹,商品性好,综合性状优良。

二、育苗

根据采收时间,一般于3月中旬到7月中旬采用穴盘育苗或漂浮育苗。

三、施肥、整地、覆膜

结合深翻土壤施足基肥,每亩施腐熟有机肥 3 000～4 000 kg,氮磷钾复合肥 10～15 kg。深翻 20 cm,使土壤和肥料充分混匀,整细耙平,多采用平畦栽培、高畦栽培,按 1.0 m 或 1.5 m 划线,按行距 50 cm、间隔 50 cm,或按行距 100 cm、间隔 50 cm 做畦覆地膜。盖膜时一定要拉紧、盖平,膜的四周要用土压严,使膜不易被风吹动。

四、定植

(一)定植时间

地下 5 cm 地温稳定在 13℃ 以上开始定植。高山地区一般在 5 月中旬到 8 月上旬进行播种或定植。定植苗龄 20～30 d(气温低时苗龄长,气温高时苗龄短),要求有 6～8 片真叶,叶色浓绿,无病虫害,根系发达。

(二)定植方法

定植前保证土壤墒情,使畦面湿透,再用手将娃娃菜苗插入畦中。定植后及时浇定根水。

(三)留苗密度

一般行株距为 25 cm×25 cm,50 cm 畦每畦定植 2 行,100 cm 畦每畦定植 4 行,每亩定植 10 000～12 000 株。

五、田间管理

(一)缓苗期管理

定植后保持土壤湿润以利成活,要连续浇 2 次水,发现缺棵及时补苗,以后视墒情 10 d 后浇 1 次水,然后进行蹲苗 10～15 d,控制水分,防止徒长。

(二)缓苗后管理

发棵期:及时除草,结合控水,应保持土壤见干见湿。降雨过多时,及时清沟排水,防止徒长。

莲座期:结合灌水每亩追施尿素 10 kg,撒施或穴施。

结球期:需要肥水最多。结球初期每亩追施尿素 5 kg 和氮磷钾复合肥 5 kg,结球中期施尿素 10 kg,结球后期则以有机肥为主,以避免亚硝酸盐在植株体内积累而影响品质。

六、收获

高山娃娃菜达八成熟时便可收获,即叶球横径 15~20 cm、单球重 0.8~1.0 kg。叶球过大或过紧都会降低商品价值。依据品种特性在 7~9 月均可采收。供应市场前需去除多余外叶,采收过程中所用工具要清洁、卫生、无污染。采取小包装,每袋 3~4 棵,及时用专门车辆将菜送进附近工厂进行预冷,以便后期加工或销售。

七、高山娃娃菜栽培中常见问题及预防措施

(一)娃娃菜与大白菜心的区别

白菜心与娃娃菜还是有很大区别的。从品种上看,大白菜要求早熟到中熟,生长期在 60~75 d,个体大,单球重 1.5~4.5 kg;而娃娃菜要求极早熟,生长期在 45~60 d,个体娇小,上下等粗。从口感上来说,大白菜水分较多,没有娃娃菜细腻润滑,品质脆嫩;从颜色上看,娃娃菜的叶子嫩黄,而白菜心因接触的阳光较少,颜色黄中带白;而外形上看,娃娃菜的叶基较窄,叶脉较细,而大白菜的叶子叶基和叶脉都较宽大;从包心看,大白菜包心生长较紧密,其叶子皱缩程度严重,呈扭曲状,娃娃菜叶面比较平整。

(二)先期抽薹

1. 产生原因

(1)品种选择不当

品种选择不当是导致先期抽薹的直接原因。娃娃菜属于结球大白菜,为种子春化感应型,即在种子萌动时就可以感受低温条件而通过春化过程。研究结果表明,娃娃菜一般在 2~10 ℃ 低温下,10~20 d 即可完成春化过程。低温影响具有

累积性,不需要连续低温。一旦通过春化阶段发育过程,在 18~20℃高温下遇长日照便可迅速抽薹开花,全部进入生殖生长阶段,从而失去经济价值。不同的娃娃菜品种对温度的要求有一定的差异,有的耐寒性较强,有的耐寒性较弱,有的则严格要求温和气候。因此,在栽培中应该选择耐抽薹能力强的品种。

(2)播种期、定植期过早

早播种、早定植可以提早成熟上市,抢占市场先机,但播种过早、定植过早,外部环境温度较低,若管理不当,娃娃菜苗期长时间处于低温条件下,则极易通过春化阶段而抽薹。特别是在遇到持续低温和寒流多次侵袭的年份,更不能过早播种和定植。以太白高山地区为例,3 月上旬前育苗、4 月上旬定植的娃娃菜,发生先期抽薹的现象比较多,抽薹比率较高。

(3)栽培管理措施不当

在育苗到定植以后的栽培过程中,因管理措施不当,未创造与之相适应的生长发育条件而导致先期抽薹。如育苗期,有的菜农经常对苗床通风,结果使小苗通过了不完全春化,定植后,又遇到低温寒流天气,即完全春化而抽薹;水分管理未跟上,形成老化苗,导致球内薹现象。

2.预防措施

(1)选择适宜的品种

应选择生长期短、冬性强、抗抽薹的品种。

(2)适时育苗定植

育苗时间可用定植时间来倒推。过早育苗就要提早定植,但如果生长温度过低,过早定植仍会发生低温春化抽薹现象;推迟定植,又会使苗龄过长,定植后也会发生先期抽薹现象。建议从育苗期即促进营养生长,抑制花薹生长,苗龄最长不宜超过 35 d。

(3)加强肥水管理

如果栽培地块保水保肥力差,土地比较瘠薄,娃娃菜营养就会出现生长不良,也会发生不结球抽薹的现象。为此应加强肥水管理,早追肥,肥水齐攻,一促到底,保证生育前期营养条件良好,促进营养生长,抑制发育,从而使其在花芽分化前就形成更多的叶片,降低抽薹几率。施肥一般于幼苗期和定植后进行,每亩施尿素 10~15 kg,使植株迅速形成莲座和叶球。莲座期以后随着气温升高,酌情增加浇水,保持土壤湿润。此阶段干旱则会影响莲座叶的生长和球叶的分化,但有利于花芽分化、结球期气温高、日照长,有利于花薹生长。因此,必须使营养生长速度超过花薹生长速度。为此应在莲座期施发棵肥,促进莲座叶和根系生长;结球前期、中期各施 1 次速效性化肥,一般每亩施尿素 15~20 kg。

(4) 及时采收

成熟后应及时收获上市,收获期不宜拖延太长,以防因后期高温而引起叶球腐烂或裂球。

(三) 干烧心

"干烧心"多以莲座期开始发病,初期边缘干枯,向内卷缩,生长受到限制,包心不紧实;结球初期球叶边缘出现水渍状,并呈黄色透明,逐渐发展成焦褐色向内侧卷曲;结球后期发病植株外表未见异常,内部叶片可见其黄化,叶脉呈暗褐色,叶内干纸状,叶片组织水渍状,具有发黏的汁液,但不出现软腐,也不出恶臭味,反而有一定的韧性。病健部组织间有明晰的界限。

1. 产生原因

是由于缺钙引起的生理性病害。钙是组成细胞壁的主要成分,缺钙时影响细胞壁中果胶酸钙的形成,限制了细胞分裂,阻碍植株迅速生长,使植株体内水分失调,从而发生"干烧心"。

2. 导致缺钙的原因

(1) 土壤缺钙,供不应求。

(2) 土壤不缺钙,过量施用氮肥。

(3) 土壤中含盐量过高(盐离子浓度过高抑制了钙等矿物质营养和水分的吸收)。

(4) 灌溉水质不良,影响根系吸收。

(5) 耕作管理不当,造成土壤干旱。

3. 预防措施

(1) 选用抗"干烧心"病品种。

(2) 有机肥充分发酵腐熟施用,化肥分期分批进行追肥。

(3) 高畦栽培,小水勤浇,保持土壤见干见湿。

(4) 注意氮、磷、钾搭配施用,严格控制单一氮肥的施用量。

(5) 适时补施钙肥。从莲座期开始,每 7~10 d 向心叶喷洒 0.7% 的氯化钙和 2 000 倍的萘乙酸混合液 3~5 次,也可用 0.1% 的过磷酸钙、0.7% 的硫酸锰喷洒防治。施用时要集中向中心喷洒,以避免踩伤植株。

第四节 松花菜

一、品种选择

松花菜是花椰菜的一个类型,因其蕾枝较长,花层较薄,花球充分膨大时形态不坚实,呈松散状,故此得名。应选择抗病、抗逆性强、品质优、高产、适应性强,适于高山地区种植的品种。

1. 庆扬全松90

厦门市文兴蔬菜种苗有限公司经销。中晚熟,定植到采收90 d。生长势强,花球松大,雪白美观,花梗浅绿色,单球重1.5 kg以上。耐寒性较强,抗雨耐湿,抗逆性强。栽培容易,产量高,品质优秀,市场流行,是高山中晚熟松花型花菜优秀品种。

2. 庆扬全松75

厦门市文兴蔬菜种苗有限公司经销。早中熟,定植到采收70~75 d。生长势强,花球松大,雪白美观,花梗浅绿色,单球重1.2 kg。抗雨耐湿,抗病性强,栽培容易,产量高,品质优秀,市场流行。

3. 长胜90

厦门市文兴蔬菜种苗有限公司经销。中晚熟,定植到采收85~90 d。生长势强,花球松大,雪白美观,花梗浅绿色,单球重1.2~1.8 kg。耐寒性较强,抗雨耐湿,抗逆性强,栽培容易,产量高,品质优秀,市场流行。

4. 长胜80

厦门文兴蔬菜种苗有限公司经销。中熟,定植到采收80~85 d。生长势强,株高52~58 cm,株幅70~76 cm,叶披针形,叶色绿色,叶片21片左右。花球乳白色,花球纵径8~11 cm,横径20~24 cm,单球重1.0~1.5 kg。耐旱、耐寒、耐湿,适应性强,杂交优势明显,抗病性强,花球商品性好,甜脆可口,采收期集中。

5. 长胜70

厦门市文兴蔬菜种苗有限公司经销。中早熟,定植到采收70 d左右。生长强健,花球松大,雪白美观,花梗浅绿色,花形圆整,商品性高,单球重1.8 kg左右。产量高,抗雨耐湿,抗病性强,栽培容易,品质优秀,口感佳。

6. 高山宝85

厦门市文兴蔬菜种苗有限公司经销。中晚熟,定植到采收80~85 d。植株生长势强,花球雪白美观,花梗浅绿色,花形圆整,商品性高,单球重2.2 kg左右。

耐寒耐湿,耐温差,适应性广,抗逆性强,容易栽培管理。产量高,品质好,市场流行,适合高山地区种植。

7. 京松 1 号

北京市农林科学院蔬菜研究中心选育。中晚熟,定植到采收 85 d 左右。植株生长势强,株型直立,叶片自覆性好,花球松、洁白、颗粒细,花梗浅绿,单球重 1.5 kg 以上。营养品质好,富含矿物营养和硫代葡萄糖苷。每亩产量 3 100 kg 左右。

8. 津松 88

天津科润蔬菜研究所选育。晚熟,定植到采收 85 d 左右。植株生长势强,株高 65~75 cm,株幅 65~70 cm,叶片深绿色,蜡质少,叶片呈阔披针形,外部叶片向下翻,植株生长势强。单球重 1.2 kg 左右,球形扁平美观,花球雪白松大,蕾枝浅青梗,耐热、抗病。

9. 浙农松花 88

浙江省农业科学院蔬菜研究所选育。晚熟,定植到采收 80~90 d。综合抗性良好,适应性较广,花球圆整、松散均匀,商品性优秀,单球重 1.0~2.2 kg。花球保持性好,采收时间弹性较大。

10. 福花 90

福州市蔬菜科学研究所选育。晚熟,定植到采收 90 d 左右。植株半直立,生长势强,株幅 85 cm、株高 65 cm,叶形长椭圆,叶色绿,叶面蜡粉中等,外叶数 19 片。花球扁圆形,球色白,球面无茸毛,疏松,花茎淡绿色,结球整齐,单球重 1.5~2.5 kg。耐寒,抗黑腐病和菌核病。

11. 津品 88

天津科润蔬菜研究所新选育。中晚熟,定植到采收 80 d 左右。株高 90 cm,株幅 80 cm,株型稍开张,内叶内扣护球,外叶开张无护叶,叶色深灰绿,蜡质较厚。花球呈半球型,极紧实,球面光滑,雪白,无毛,单球重 1.1~1.5 kg。抗黑腐病、病毒病和霜霉病。

12. 津雪 88

天津科润蔬菜研究所选育。中晚熟,定植到采收 80~85 d。株高 80~85 cm,株幅 75~80 cm,株型紧凑,适合密植。叶片灰绿色,蜡粉多,叶片向内抱合护球。花球雪白且极紧实,球型呈半圆形,单球重 1.2 kg。抗病毒病,兼抗黑腐病。

13. 亚非松花 85

武汉亚非种业有限公司选育。中晚熟品种,定植到采收 85 d 左右。植株强健,生长快速,根系发达,耐寒耐湿耐贫瘠。花球整齐洁白,花梗青绿色,单球重 1.5~2.0 kg。

14.台松100

武汉世真华龙农业生物技术有限公司经销。中晚熟,定植到采收100 d左右。植株长势旺,耐雨水,抗病性强。花球圆正蓬松,花蕾细腻,茎梗青绿色(随气候环境变化而深浅不一),货架期长,可适当延迟采收。在适宜的栽培条件下,单球重2.0 kg左右采收最佳。肉质柔软,甜脆可口,口感好。

15.青梗绿

台湾合欢农产有限公司选育。中晚熟,定植到采收80~85 d。较耐低温,长势强,适应性广,单球重1.0~1.5 kg,梗青绿,半松花。

二、育苗

根据采收时间,一般于3月中旬到6月下旬采用营养土育苗,或穴盘育苗,或漂浮育苗。

三、施肥整地

根据栽培田块土壤肥力状况确定基肥用量,每亩施充分腐熟有机肥4 000~5 000 kg、钙镁磷肥25 kg、硼砂0.5~1.0 kg、钼酸铵50 g。土壤耕细磨平,打碎坷垃,捡净残茬、残膜。地整细整平后,按畦宽1.1~1.3 m,操作行宽0.3 m,进行整地覆膜。

四、定植

每畦错位定植2行,行距50~80 cm,株距45~70 cm,每亩早熟品种定植1 500~2 000株、中晚熟品种定植1 200~1 500株。定植穴略低于畦面,以利施肥培土,但要防止积水。定植后,浇95%敌克松可溶性粉剂600~800倍稀释液,以利缓苗防病。

五、田间管理

(一)追肥

苗期以氮肥为主,薄肥勤施,促发莲座叶;现蕾前后以磷钾肥为主,重施花蕾肥,随水浇施,可延长膨蕾期,促进花球发育膨大。在高温干旱条件下,施肥必须与供水有机结合,一般随水浇施能够提高肥料利用率,增强速效性。在植株生长过程中,应增施硼、钼、镁、硫等中微量肥料,其中硼素对花球产量和质量影响十分显著,可叶面追施2~3次,尤其在花球膨大期必不可少。中后期追肥,严禁使用碳铵或含碳铵的肥料,以免花球产生毛花。

(二)浇水

松花菜叶片多而薄,生长中后期17~23片叶,比普通花菜品种多6~8片,蒸腾量很大,失水萎蔫现象经常发生。特别在连续阴雨后突然放晴、暴雨后放晴、高温干旱强光等条件下,萎蔫现象明显。因此,种植松花菜的地块既不能过湿而导致沤根,也不能太旱而导致缺水。生产上常采用清沟排水、浇水、培土、覆草、盖地膜等方法,及时调整水分状况,达到供水均衡,保持土壤湿润疏松。

(三)培土

松花菜的根系在生长过程中,深层根系不断老化,近地面茎不断发生新根,新根主要分布在主茎附近。因此,松花菜生产过程中一般需要培土,通过培土,促发不定根,保证根系生长的适宜环境,增强植株长势和抗倒伏能力。生长过程中,一般应进行锄草、松土、施肥、培土1~3次。

(四)束叶护花

松花菜的花球经阳光照射都会发黄,高山环境下光照强变色更深,这种变化不仅影响商品外观,也影响花球的鲜嫩品质,故花球护理是高山松花菜生产过程中重要的一环。生产中花球护理多采用束叶护花方法。束叶护花的具体做法是:在花球长至拳头大小时,将靠近花球的4~5片互生大叶就势拉拢互叠而不折断,再用1~2根直径2~3 mm、长度7~10 cm的小竹签或小木杆等物作针,穿透互叠叶梢,分别固定在主脉处。被固定的叶片呈灯笼状束起,罩住整个花球,使花球在后续生长过程中免遭阳光直射。拢叶下应留有足够的发育膨大空间。遮阳护花越严越好,严密地束叶护花,能完全避免阳光照射到花球,即使在盛夏环境中,仍可使整个花球都保持洁白鲜嫩。

六、收获

采收可分批进行。花球充分长大、周边开始松散时应及时采收。采收时留

5~7片叶保护花球,以免贮运过程中损伤或沾染污物;田间暂时堆放时,还要采取措施进行遮阴、防晒、防雨。采收后要尽快出售,或去除茎叶后入库预冷保鲜,短时保鲜温度控制在0~5℃。

七、高山松花菜栽培中常见问题及预防措施

(一)早花和散花

在同株花球上,部分花蕾发育迟缓,花球发散,形成高低不平似林塔串状的花球。

1. 产生原因

(1)结球期温度过高,球膨大受到抑制,而花薹、花枝迅速生长伸长,花芽分化不完全导致散花。采收过迟易产生散花现象。

(2)肥水供应失调,植株未能在营养生长期内完成营养生长,同化产物得不到供给则易发生早花现象。此外,早花与散花具有一定的相关性,凡是早花的也易产生散花。

2. 预防措施

(1)加强苗期管理,保持土壤湿润,在施足有机肥的基础上,增施钼、硼微肥,培育适龄壮苗,避免形成小老苗。莲座期和花球形成期追肥、浇水要及时,以促使生长发育协调。

(2)在花球形成期搭架覆盖遮阳网,用以控光降温保湿,避免高温强光影响。

(3)注意适时收获,以花球充分长成、表面圆整、边缘尚未散开时采收为宜。

(二)黄花球和红花球

在松花菜花球表面出现不均衡的黄色、红色、紫色。

1. 产生原因

(1)花球受强烈日光照射。

(2)花球形成后突遇低温,花球组织内成分转化成花青素所致。

(3)早熟品种往往较重。

2. 预防措施

(1)选择适于本地种植生长的优良品种,适期播种,使各生长期温度适宜。

(2)花球长至横径3 cm时,应进行束叶护花。

(三)裂花和焦蕾

当花球长到拳头大小时花蕾粒变黄,花球中心凹陷变成干褐色。

1. 产生原因

(1)花球膨大期高温多雨少日照,或植株徒长、花茎伸长,或外叶过于繁茂使花球颜色变淡发黄,品质降低。反之遇强光易出现焦蕾。

(2)土壤中缺硼导致裂花,缺钾、钙易造成焦蕾。

2. 预防措施

(1)松花菜定植前,进行测土配方施肥,在施足施全优质腐熟有机肥的基础上,每亩增施多元硼肥 1.25 ~ 1.50 kg 和硝酸钙 5 kg 作基肥。

(2)生长期间发现植株或花球出现缺硼或缺钾症状时,可喷施速效硼肥,或磷酸二氢钾叶面肥,5 ~ 7 d 喷 1 次,连喷 2 ~ 3 次即可。

(四)毛花球

花球表面出现毛状物。

1. 产生原因

松花菜花球上的毛状物为花柄伸长器官分化及萼片形成所致,一般为黄绿色或紫色。

2. 预防措施

适期播种,定植时苗龄不宜过大,一般以 5 ~ 6 片真叶、25 d 左右为宜,忌用弱苗和小老苗。同时勤中耕松土,要促进缓苗。早追肥,以促为主,在现蕾期和花球膨大期各施 1 次氮磷钾复合肥,避免偏施氮肥。干旱缺水时要适时浇水,保持土壤湿润。为避免长期高温强光,还要做好束叶护花工作。

第五节 青花菜

一、品种选择

选择中早熟、耐寒性强、适应性广、抗病性强、品质好、球形圆正、蕾粒均匀紧实、色泽深绿、茎基部不空心、株型直立的品种。

1. 耐寒优秀

日本坂田种苗有限公司选育。中熟,从定植到采收 80 d 左右。生长势强,叶片蜡质厚,叶柄短,叶卵形。花蕾小而紧密,鲜绿色,不宜变色。单球重0.7 kg,一般亩产量2 176 kg,抗黑腐病。

2. 炎秀

日本坂田种苗有限公司选育。早熟,从定植到采收65 d左右。植株的形态稍微直立,大小适中,侧枝少,适应性广,耐热性强,球形圆整,蕾粒较细,色泽好,单球重0.4 kg左右。

3. 马拉松

香港惟勤企业有限公司经销。中熟,从定植到采收75 d左右。植株高大,生长势强,叶片深绿色。花球高圆形,厚实,深蓝绿色,花蕾细小,单球重0.5~0.7 kg。侧枝发生多,侧花球容易形成,主花球收获后可再长侧花球。亩产量1 100~1 300 kg。抗霜霉病、黑腐病。适合出口加工。

4. 惠绿早生

上海惠和种业有限公司经销。早熟,定植到采收65 d左右。株型为半直立型,株高62.2 cm,展开度75 cm,横径16.4 cm,叶片数15片,侧枝数4条。叶柄短,花球高圆,花蕾紧密,颜色深绿色,花粒细腻,单球重0.46 kg。花蕾漂亮,品质优。对土壤适应性广,可密植。耐热性强,对立枯病、黑腐病耐性强。

5. 玉冠

香港黄清河有限公司经销。中晚熟,从定植到采收85 d。植株生长势强,蓝绿色外叶,株高64.3 cm,开展度90.8 cm,茎高10.3 cm,叶数20.7片,叶柄长18.0 cm。花球大,花蕾粒较大,绿色,花球纵径约9.4 cm、横径约17.2 cm,单球重0.51 kg。侧花枝发生力强,收获主花球后,仍可陆续收侧花球,采收期较长。耐寒,耐热,抗病力强。

6. 青峰

江苏省农业科学院蔬菜研究所选育。中晚熟,从定植到采收75 d。株型直立,株高53 cm,开展度87 cm,外叶约20片,绿色,叶面蜡粉中等偏多,叶缘裂刻,基部叶耳明显。花球半圆形,绿色、紧实,蕾粒中等、较均匀。花球纵径12.3 cm、横径约15.1 cm,单球重0.37 kg。高抗病毒病和黑腐病。

7. 中青8号

中国农业科学院蔬菜花卉研究所选育。中早熟,定植到采收71 d左右。株型较直立,株高56 cm,开展度79.2~80.0 cm。外叶数17片,叶色灰绿,蜡粉中等,侧枝较少。花球绿色,半圆形,质地紧密,外形美观,蕾粒细且均匀。主花球茎实心,球内无夹叶,平均花球纵径13 cm、横径16 cm,单球重0.36 kg。高抗黑腐病和病病毒。

8. 领秀

武汉文鼎农业生物技术有限公司经销。晚熟,定植到采收 90 d 左右。花球高圆形,绿色,花蕾均匀细腻,花球紧实,单球重 1 kg 左右。适宜速冻或保鲜出口。

9. 领秀 2 号

天津科润蔬菜研究所选育。中熟,从定植到采收 70 d 左右。植株生长旺盛,株高 65 cm,开展度 70 cm。叶片长椭圆形,叶色深绿,蜡粉多,主花球高圆,半球形,蕾色深绿,蕾粒中小均匀,花蕾遇冷不变紫,无荚叶,不易空心,单球重 0.4 kg 左右。商品性好,抗黑腐病、霜霉病,易于栽培。

10. 绿莲

天津科润蔬菜研究所选育。中熟品种,从定植到采收 65～70 d。植株较直立,半开张形,侧枝较多,蜡质中等,叶片深绿色,中花球,中小花蕾,扁圆,灰绿色,紧实,单球重 0.3 kg。抗病毒病,轻感黑腐病。

11. 碧盛

武汉百兴种业公司经销。早中熟,定植到采收 65～70 d。植株较直立,株高 58 cm,开展度 60 cm。外叶少,无侧枝,适合密植栽培。花球紧实,花球横径 12～15 cm,半圆球形,浓绿色,花蕾粒较细,球形美观,品质佳,单球重 0.5～0.6 kg。耐寒、抗病、耐贮运。

12. 碧冠

武汉百兴种业公司经销。中熟,定植到采收 80～90 d。株高 65 cm,开展度 62 cm。植株生长强健,花球紧实,花球横径 16～20 cm,半圆球形,花蕾粒大小均匀,浓绿色,遇低温不变紫。球形美观,品质佳,单球重 0.6～0.7 kg。耐寒、抗病、耐贮运。

13. 台绿 5 号

台州市农业科学研究院选育。晚熟,从定植到采收 110 d 左右。生长势强,植株半直立,株高 67 cm,开展度 82 cm。侧枝少,叶片长椭圆形,蜡粉多,花球高圆形、紧实,蕾粒细,球色低温保持绿色不发紫,球茎较粗,单球重 0.83 kg。耐寒性强,抗黑腐病,中抗霜霉病和黑斑病。

14. 碧绿 258

北京市农林科学院蔬菜研究中心选育。中熟,从定植到采收 85 d 左右。植株生长势较强,株型直立,株高 75 cm 左右,开展度 70 cm 左右。叶片数 14 片,侧枝约5个,叶片稍皱,叶缘波浪形,叶面蜡粉多。花球半圆球形、紧实,花蕾细小、绿色,低温条件下不易变紫,单球重0.5 kg左右。品质好,抗病毒病和黑腐病。

15. 绿宝3号

厦门市农业科学研究所选育。晚熟,从定植到采收85 d左右。株型较矮,株高57 cm,开展度88 cm。外叶约21片,灰绿色,蜡粉中等偏多,侧枝2~4个。花球近半圆形、绿色、均匀,蕾粒细、均匀,主球茎不易空心,花球纵径约11 cm、横径约16 cm,单球重0.44 kg。高抗病毒病和黑腐病。

16. 曼陀绿

先正达种苗(北京)有限公司经销。早熟,定植到采收40 d。株高65 cm,开展度82 cm。叶色浅绿,蜡粉厚重。花球呈蘑菇形,紧实,蕾粒小,单球重400 g。主茎不易空心,侧枝少。品质优良,对气候、土壤适应性广,较耐寒、耐肥。抗病性强(尤其高抗菌核病)。

17. 中青11号

中国农业科学院蔬菜花卉研究所选育。早熟,定植到采收57~62 d。株型半直立,呈蘑菇形,花蕾细均,花球紧实,花球横径15.5 cm,纵径13.2 cm。单球重0.55~0.67 kg,平均亩产量1 682 kg。

18. 中青12号

中国农业科学院蔬菜花卉研究所用雄性不育配制的晚熟青花菜杂交品种,定植到采收80~85 d。株型直立,外叶深绿,植株开展度75 cm左右,株高75~85 cm,外叶12~13片。球形半高圆,呈高蘑菇形,花球纵径约14~19 cm,横径16~21 cm,花蕾较细,花球紧实、深绿,球色好、色均,单球重0.60~0.75 kg。主花球茎实心,无夹叶。

19. 中青16号

中国农业科学院蔬菜花卉研究所选育。早熟,定植到采收55~60 d。株型直立,植株健壮整齐,侧枝较少,株高75 cm,开展度80 cm。叶片宽圆,叶缘平整,外叶蜡粉中等;花球蘑菇形,花蕾颜色深绿,花蕾细、均、较紧实,茎实心,单球重0.58 kg。中抗黑腐病,高抗枯萎病,适宜鲜食,品质好,商品甜佳。

二、育苗

根据采收时间,一般于3月中旬到6月下旬采用营养土育苗,或穴盘育苗,或漂浮育苗。

三、施肥整地

定植前清理田间杂草及前茬作物残枝,每亩施充分腐熟有机肥 4 000 ~ 5 000 kg、氮磷钾复合肥 40 kg,旋耕耙糖,使基肥与土壤混合均匀。再起垄覆膜,垄面宽 60 cm,垄沟宽 50 cm,垄高 10 cm,有膜下滴灌、水肥一体化条件栽培的,每垄膜下铺设 1 条滴灌管。滴灌带采用内镶式,外径 16 mm,孔距 30 cm。

四、定植

每垄错位定植 2 行,定植时按株距破膜、挖穴。早熟品种行株距为(55~60) cm × (40~45) cm,每亩定植 2 500 ~ 2 700 株;中晚熟品种行株距(55~60) cm × (45~50) cm,每亩定植 2 200 ~ 2 400 株。定植时先在穴内浇水,待水下渗后摆苗,扶正培土。定植深度以刚好埋住幼苗土坨为宜,并将土坨周围的土壤填实,使根部与土壤紧密接触,以利成活。

五、田间管理

(一)浇水

定植后 7 ~ 10 d,根据降雨和土壤墒情进行 1 ~ 2 次行间小水渗灌,以促进幼苗成活和新根生长。蹲苗期不施肥浇水,行间浅中耕 1 次,以降低表层土壤水分,增强通透性,促进根系下扎,防止幼苗徒长。以后要经常保持土壤湿润,特别是花芽分化前后及花球膨大期不可缺水,否则会出现早花和花球长不大的现象。

(二)施肥

施肥应掌握"前促、中控、后攻、少量多次"的原则,缓苗后结合浇水每亩追施尿素 10 kg;莲座期结合浇水,每亩追施氮磷钾复合肥 10 kg;结球期至膨大期每亩追施氮磷钾复合肥 5 ~ 6 kg,连续追施 2 次,同时叶面喷施 0.2% 的硼砂。主球采收后,若需继续采收侧花,应及时追肥,以促进侧枝生长和蕾球膨大。

(三)整枝

青花菜易产生侧枝,在主球未充分长大前应先打去侧枝,以减少营养消耗,利于通风透光,促进主球发育。当主球横径 11~13 cm 时,可适当留 3~4 个侧枝,以增加产量。

六、收获

青花菜采收期较严格,采收过早,花球较小,影响整体产量;采收过迟,花梗则会伸长,小花蕾变黄,花球松散解体,影响品质。当花球球面横径长至 13~15 cm,小花蕾整齐未松散,整个花球紧实完好、呈鲜绿色时商品性最佳,为采收适期。采收时将花球连同 10 cm 左右长的嫩茎一起割下,花球要轻拿轻放,以防损伤。采收后要及时送进冷库进行冷风预冷,冷库温度 0~2℃,预冷 10 h。预冷后将青花菜按要求进行挑选、修整、包装、销售。

七、高山青花菜栽培中常见问题及预防措施

(一)先期抽薹

1. 产生原因

(1)品种选择不当。

(2)苗期低温干旱。

(3)定植后缓苗慢。

(4)花球膨大期肥力不足。

(5)生长期间遇到高温干旱天气。

2. 预防措施

(1)选择适宜的品种。

(2)严格掌握播期。

(3)科学肥水管理。进入快速生长期,需肥量大,肥水供应要及时充足,追肥重施速效肥。

(4)异常气候年份,加强栽培管理。

(二)花茎空心

1. 产生原因

(1)生长期缺硼。土壤严重缺硼时会使青花菜花茎内的组织细胞壁结构发生改变,茎内组织退化,主茎木质化,从而引起花茎空心。

(2)生长期缺钙。缺钙会影响花茎细胞壁的形成,从而造成花茎空心。

(3)偏施氮肥。在现蕾前施氮过量,会造成植株生长迅速,茎部不充实,引起花茎空心。

(4)在青花菜生长期间,土壤过干或过湿,都会引起花茎空心。

(5)花茎空心还与青花菜的品种密切相关,有的青花菜品种易出现花茎空心。

(6)青花菜种植对土壤的要求虽然不高,但要种出品质好的青花菜,则要选择在壤土或黏壤土上种植。若土壤偏沙壤,植株生长迅速,则易引起花茎空心。

(7)青花菜花球生长期若遇25℃以上的气温,则植株生长过快,易引起花茎空心。

2. 预防措施

(1)选择适宜的品种。

(2)适时播种,适期定植,使花球生长期错开高温天气。

(3)选在有机质含量丰富、土层深厚、疏松透气、排水良好、土质为壤土或黏壤土的田块种植。

(4)采用覆盖地膜栽培,不仅能利于保湿、保温、保水、保肥,还可抑制杂草滋生。

(5)合理密植。按照早熟品种适当密植、晚熟品种适当稀植的原则进行作业。

(6)科学的水肥管理。生长前期保持土壤干湿交替,促进根系发展,为以后生长打好基础。现蕾后保持土壤温润,长时间干旱后不能灌大水,以免花茎空心。定植后应掌握薄肥勤施的原则,在花球生长期,适当增加磷钾肥的施用量。

(7)做好病虫害防治,保持植株长势强盛,有利于减少花茎空心的发生。

(8)做到适时采收。

(三)不结花球

只长茎、叶而不结花球,导致大幅度减产或绝产。

1. 产生原因

(1)幼苗未经受低温环境而通过春化阶段,故生长期长,茎叶不结球。

(2)品种较耐寒,冬性强,春化阶段时遇到较高的温度,不能完成春化阶段,致使不结花球。

(3)植株营养生长期氮肥过多,没有蹲苗,造成茎叶徒长,大量的营养用于茎叶生长,致使花球不能形成或过早解体。

2.预防措施

(1)要正确选择品种。

(2)适期播种育苗。

(3)创造通过春化阶段的条件。

(4)适当控肥和蹲苗。

(四)小花球

花球小,达不到商品要求,或达不到品种特性要求。

1.产生原因

(1)高山冷凉栽培时错选平原地区栽培品种,会出现小花球现象。

(2)陈、弱、病害的种子生长势弱,茎叶不旺盛,及早通过春化阶段后,营养不良,会形成小花球。

(3)早熟品种播种过迟,叶丛不能及时充分成长,即遇适宜花球形成的温度条件,于是很快形成花球,由于营养体小,花球也小。

(4)生长期中肥水不足,受土壤盐碱、病虫危害等因素的影响,会形成小花球。

2.预防措施

(1)选用纯正适宜的种子。

(2)进行适期播种。

(3)加强田间管理。

(五)先期球

在小苗期营养生长不足即现花球,中后期花球发育僵小,质量差。

1.产生原因

(1)品种冬性弱,通过春化阶段容易,则会出现先期现球。

(2)播种过早,苗期长期低温或缺少水肥及株体受伤等,影响营养生长正常进行,诱发提前形成花芽,早现蕾。

(3)播期延迟,温度过低,通过春化阶段过快,亦会造成先期现球。

2.预防措施

(1)选用适宜的品种。

(2)适期播种。

(3)加强田间管理。

(六)毛花

花器中的花柱或花线非顺序性伸长,使花球表面呈毛绒状。毛花使花球表面不光洁,降低商品价值。

1. 产生原因

(1)毛花多发生在花球临近成熟时骤然降温、升温或重雾天气。

(2)是在温度变化剧烈、温度条件不适宜的情况下,花芽的发育超过花球发育造成的。

2. 预防措施

(1)适时播种。

(2)适期收获。

(七)青花

花球表面花枝上绿色苞片或萼片突出生长,使花球表面不光洁,呈绿色,多由花球形成期连续高温天气造成。

(八)紫花

花球表面变为紫色或紫黄色等不正常的颜色,降低商品价值。

1. 产生原因

(1)花球临近成熟时突然降温,花球内糖苷转化为花青素,使花球变为紫色。

(2)幼苗胚轴紫色的品种易发生。

(3)收获太晚时易发生。

2. 预防措施

(1)选择适宜的品种。

(2)适时播种。

(3)适期收获。

(九)散花

花球表面高低不平,松散不紧实。

1. 产生原因

(1)收获过晚,花球老熟。

(2)水肥不足,花球生长受抑制。

(3)蹲苗过度,花球停止生长并老化。

(4)温度过高,不适宜花球生长。

(5)病虫危害。

(十)夹叶

花芽分化时遇高温及偏施氮肥所致。

(十一)焦蕾和黄化

花蕾发育期高温使之生长受到抑制。

第四章 高山直根类蔬菜栽培技术

第一节 萝 卜

一、品种选择

选择性状稳定、耐未熟先期抽薹、抗病、优质、丰产、稳产、商品性好、适宜市场和消费习惯的品种。

1. 黎明1号

北京东汇盛种业科技有限公司经销。早熟,播种到采收55～60 d。花叶、叶片深绿开展,根形"H"形,均匀美观。根部全白,光滑,肉质致密甜脆,肉质根膨大快,内质根纵径31～35 cm,横径7 cm,单根重1.2～1.5 kg。抗病性强,适应性广,耐抽薹,晚糠心,歧根、裂根少,口感佳,商品性突出。

2. YR新白玉春

北京世农种苗有限公司经销。早熟,播种到采收60 d左右。花叶、叶片平展,肉质根长圆筒形,根皮纯白,有光泽,肉质致密,糠心晚,歧根、裂根少。耐抽薹,商品性好。

3. 凌玉

西北农林科技大学园艺学院选育。早熟,播种到采收60 d左右。植株生长势强,株高40 cm,株幅72 cm,叶簇开张、平展,花叶型,叶色深绿,单株叶片数18片,叶长46 cm。肉质长圆筒形,纵径30～35 cm,横径7～8 cm,地上部分12 cm左右。白皮白肉,外表光滑细腻,肉质致密,水分含量多,风味脆嫩。单根重900～1 000 g,最大2 200 g。品质优、商品性好、耐寒、耐抽薹性好,抗逆性强,肉质根膨大快,歧根、裂根少。前期生长速度快,可根据市场需要适当提前或延迟收获。

4. 凌翠

西北农林科技大学园艺学院选育。中早熟,播种到采收65 d左右。叶簇开张度小、较平展,长势中等,株高42 cm,株幅51 cm。羽状裂叶、叶色绿色,叶数少。肉质根长圆筒形,侧根细,根孔浅,外表光滑细腻,白皮白肉,根肩部有淡色绿晕,肉质根纵径38~42 cm,横径6~7 cm,单根重1 000 g。肉质致密、脆嫩、较甜,口感鲜美、食用品质及营养品质均好。歧根、裂根少,延迟采收不易糠心,冬性强,耐抽薹性好,抗病性强,适应性广。

5. 秦萝2号

西北农林科技大学园艺学院选育。中早熟,播种到采收65 d左右。叶簇较平展,植株开展度41.5 cm,株高44.6 cm。裂叶,小叶11对,叶片数27,叶色深绿,叶片长36.2 cm。肉质根长圆柱形,白皮白肉,肉质根纵径40 cm,横径6.1 cm。单根重1 200 g,平均亩产量4 441 kg。高抗霜霉病,抗病毒病和黑腐病。侧根细,根孔浅,外表光滑细腻,歧根、裂根少。耐抽薹性好,抗寒能力强。根形美观,含水量多,脆嫩、味甜、口感鲜美。

6. 秦萝3号

西北农林科技大学园艺学院选育。早熟,播种到采收55~60 d。叶簇平展,株幅68.5 cm,株高37.2 cm。花叶型,叶色深绿,单株叶片数20~22片,叶长46 cm。肉质长圆柱形,白皮白肉,肉质根纵径32.5 cm,横径6.8 cm,单根重1 000 g,平均亩产量4 505 kg。高抗霜霉病、抗病毒病和黑腐病。冬性强,耐寒,不易抽薹。肉质根膨大快,歧根、裂根少,品质优、商品性好。外表光滑细腻,肉质致密,水分含量多,风味脆嫩。

7. 亚美白春

由韩国引进。早中熟,播种到采收60~65 d。叶簇半直立,羽状裂叶,叶色灰绿色,叶数多。肉质根长圆筒形,根部均匀,根皮光滑,全白色。肉质根纵径45~50 cm,横径7~8 cm,单根重1 200~1 500 g,每亩产量4 700 kg左右。肉质白,肉质清脆,口感好,适于腌渍加工,食味佳,品质好。耐抽薹,不易糠心,极少发生裂根、须根。抗真菌、细菌性病害。

8. YR新白玉春

由韩国引进。早熟,播种到采收60 d。叶簇开张、平展,羽状裂叶、叶色碧绿,叶数少。肉质根长圆筒形,根皮全白,光滑,有光泽。肉质根纵径30~35 cm,横径7 cm,单根重1 300 g,每亩产量4 200 kg左右。耐抽薹,肉质致密,糠心晚,歧根、裂根少,商品性好,抗病性强。

9. 玉山白雪

由韩国引进。早中熟,播种到采收 65 d。叶簇开张、平展,羽状裂叶、叶色深绿。肉质根长圆筒形,根皮全白,光滑,有光泽,肉质根纵径 32 cm,横径 8 cm,单根重 1 200～1 500 g,每亩产量 4 000 kg 左右。耐抽薹,根部肥大快,收尾好,糠心晚,较抗黑斑病、病毒病,商品性好。

10. 上将 6 号

北京东汇盛种业科技有限公司经销。早熟,播种到采收 60 d 左右。花叶、叶片较直立,叶色深绿,叶数少,根形"H"形。肉质根纵径 25 cm 左右,横径 8～10 cm,单根重 1 000～1 500 g。根皮浅绿色、光滑、有光泽,肉质致密,糠心晚,口感清脆。抽薹稳定,根膨大快,适应范围广,商品性突出,易栽培。

11. 上将 9 号

北京东汇盛种业科技有限公司经销。早熟,播种到采收 60 d 左右。花叶、叶片较直立,根首部表皮颜色深绿(青),芯肉一半以上为青色。根形"H"形,肉质根纵径 25 cm 左右,横径 8～10 cm,单根重 1 000～1 500 g。根皮光滑、光泽度好、肉质致密、清脆。抗病性强,商品性好。

12. 春翡翠

由韩国引进。早熟,播种到采收 60 d。生长势强,叶簇开张,羽状裂叶、叶色深绿,株高 40 cm,株幅 54 cm。肉质根长圆筒形,皮色上绿下白有光泽,肉质根纵径 20～25 cm,横径 7～8 cm,单根重 1 000～1 200 g,每亩产量 4 000 kg 左右。耐抽薹,低温条件下生长快,商品性好。肉质致密,糠心晚,歧根、裂根少。适合早春保护地和高山露地栽培。

13. 幸福

由韩国引进。早熟,播种到采收 60 d。叶簇半直立,羽状裂叶、叶色深绿,株高 44 cm,株幅 50 cm。肉质根长圆筒形,皮色上绿下白,根皮光滑,有光泽,肉质根纵径 25 cm,横径 8 cm,单根重 900～1 100 g,每亩产量 4 000 kg 左右。耐抽薹,根形美,商品性高,较抗软腐病。适合早春保护地和高山露地栽培。

14. 秀绿

由韩国引进。早熟,播种到采收 60 d。生长势强,叶簇半直立,羽状裂叶、叶色深绿,株高 47 cm,株幅 55 cm。肉质根长圆筒形,皮色上绿下白,肉质根纵径 25～30 cm,横径 8～10 cm,单根重 1 200 g,平均亩产量 4 200 kg。根部膨大快,抽薹稳定,抗病性强,适应性广,根形漂亮。

15. 世农青秀

由韩国引进。早熟,播种到采收 60 d。生长势强,叶簇半直立,羽状裂叶、叶色深绿,株高 43 cm,株幅 53 cm。肉质根长圆筒形,青头颜色深,根皮光滑,有光泽,露土部分多。肉质根纵径 28~32 cm,横径 8~12 cm,单根重 900~1 100 g,平均亩产量 4 000 kg。肉质致密,味道好。耐暑性强,褐色心腐症、糠心、空洞现象少。

二、施肥、整地、覆膜

选择土层深厚,保水保肥力强,排水良好的地块,于播种前 10~15 d 进行翻耕晾晒。结合深耕整地增施基肥,每亩施充分腐熟有机肥 4 000~5 000 kg、氮磷钾复合肥 30 kg。萝卜对硼肥特别敏感,缺硼易引起肉质根黄心黑腐,丧失商品价值。因此,要特别注意硼肥的合理使用,结合整地每亩施硼肥 1 kg,做到早耕多翻,土壤耕细磨平,打碎坷垃,捡净残茬、残膜。采用半高垄地膜覆盖栽培。深翻后的地块,进行旋耕耙平,地整细整平后,做成宽 50~55 cm,高 20~30 cm 的垄,相邻垄沟宽 40 cm,垄面采用 70~80 cm 宽的地膜覆盖。地膜要拉紧,铺严,使膜不易被风吹动。

三、播种

(一)种子处理

播种前非包衣种子需进行拌种处理。防治霜霉病、黑斑病用 25% 甲霜灵可湿性粉剂,用药量按种子量的 0.2% 拌种;或 50% 福美双可湿性粉剂或 75% 百菌清可湿性粉剂,按种子量的 0.4% 拌种。防治根肿病用 100 亿孢子/g 清核枯草芽孢杆菌可湿性粉剂,用药量按种子量的 0.3% 拌种。

(二)播期

应在 5 cm 土层地温稳定通过 10℃ 时开始播种。根据采收时间,5 月上旬至 7 月下旬均可播种。

(三)播种方法

采用穴播,每亩用种量 75~100 g。每垄播种 2~3 行。播种时在垄面上按行株破膜,挖播种穴,穴深0.5~1.0 cm,每穴播1~2粒种子,播后覆盖0.5~1.0 cm厚的腐殖质土。

(四)播种密度

大型品种行距45~50 cm,株距18~20 cm,每亩留苗5 000~7 000株;中小型品种行距20~30 cm,株距15~18 cm,每亩留苗7 000~8 000株。

四、田间管理

(一)中耕除草

结合间苗,及时中耕除草,宜浅中耕。中耕时不能损伤萝卜根系。2~4片真叶期间中耕除草1次,中耕要浅,划破地皮即可。幼苗长到第4~5片真叶时,结合进行间苗,每穴留1株壮苗;12~14片真叶展开,叶盘直径30~40 cm快封垄时结合中耕培土1次,封垄后停止中耕。

(二)间苗定苗

做到早间苗,多次间苗,晚定苗。在2~3片真叶时进行第1次间苗,4~5片真叶时进行第2次间苗,6~7片真叶时定苗,每穴留苗1株。

(三)追肥浇水

在6~8片真叶展开,根部直径2 cm左右,叶盘直径30~40 cm时,根据苗情每亩追施尿素5 kg;当根部直径达3 cm时,每亩追施尿素10 kg。幼苗期为避免幼苗缺水而生长停滞和发生病毒病,应小水勤浇。4~5片真叶时要适当控水5~7 d,进行蹲苗,促进根系下扎。蹲苗结束后立刻追肥浇水。肉质根生长旺盛期,需水量多,必须保证水分充分供应,保持土壤湿润,避免忽干忽湿现象。

五、收获

萝卜出苗后50~55 d、肉质根单根重750~800 g时进行采收。商品萝卜要求表皮光滑、肉质紧密、无糠心。当天采收的萝卜当天清洗、分级、包装、预冷、销售。

六、高山萝卜栽培中常见问题及预防措施

(一)先期未熟抽薹

1. 产生原因

种子或幼苗在低温条件通过了春化阶段,因选用品种不当、播种过早、管理粗放等原因,造成抽薹,不能形成肉质根,或肉质根细小。

2. 预防措施

(1)选用抽薹稳定品种。

(2)适期播种。

(3)加强田间各项管理措施。

(二)歧根

1. 产生原因

(1)土壤理化性状差、土层浅、多石砾,阻碍了主根的正常生长,养分向侧根输送增多导致肉质根分叉。

(2)施用了未腐熟有机肥,肥料在土壤中发酵产生的热量烧坏了主根的生长点,造成侧根生长。

(3)播种过密,间苗不及时,萝卜根部拥挤,使主根弯曲,导致侧根生长旺盛而形成。

(4)在除草等农事活动中,伤了主根生长点而导致根部分叉,出现歧根。

(5)生长期水分过多或过少会导致须根、歧根的发生。

2. 预防措施

(1)选用适应性强的品种。

(2)种植时选择沙质土壤,要求深耕、无石砾等。

(3)选用充分腐熟的有机肥作基肥。

(三)裂根

1. 产生原因

(1)生长后期水分供应不均匀。

(2)收获过晚。

(3)病虫危害。

(4)缺硼使组织变脆等易发生纵裂、横裂或放射状开裂。

2.预防措施

(1)加强田间管理。

(2)浇水均匀。

(3)低洼田块注意排水。

(4)及时预防病虫危害。

(四)苦辣根

1.产生原因

(1)氮肥过多,有机肥少,又缺磷钾肥造成苦味素含量增高。

(2)高温、干旱、肥水不足、病虫危害严重而影响肉质根膨大,使辣芥油量过高,造成辣味。

2.预防措施

(1)加强田间管理,保持土壤见干见湿。

(2)注意有机肥及磷、钾肥的合理施用。

(3)及时预防病虫危害。

(五)大肚根

1.产生原因

栽培过程中,水分供应不均衡,土壤忽干忽湿;或者萝卜已经达到采收标准,但未及时采收,也会造成大肚根的发生。

2.预防措施

均衡浇水,尤其到了萝卜肉质根膨大期,更要注意水分的均衡供应,经常保持土壤湿润。萝卜达到采收标准后,应及时采收。

(六)表皮粗糙

1.产生原因

(1)土壤过于黏重或水分过多,通气不良,抑制了根系的发育,造成侧根基部突起。

(2)使用未腐熟的有机肥,地下害虫多,咬破表皮造成粗糙。

(3)未及时采收,土壤碎石较多,影响肉质根正常膨大,导致表皮粗糙。

2.预防措施

(1)选择土层深厚、疏松、排灌方便的地块,结合整地,进行土壤处理,杀死地下害虫。

(2)适期播种,将肉质根膨大期安排在昼温高夜温低的时期,要适时采收。

(3)合理施肥,施用充分腐熟的有机肥。

(4)在肉质根开始形成以后,灌水要均匀,避免土壤忽干忽湿,夜温高时可利用灌水降低田间温度。

(七)黑皮、黑心

1. 产生原因

(1)土壤缺硼。一般在沙质壤土里,容易因缺硼而产生生理性病害,使萝卜出现黑皮和黑心。

(2)萝卜肉质根部分组织由于缺少氧气,影响呼吸作用的进行而坏死,出现黑皮和黑心,在土壤板结、坚硬、通透性不良,施用新鲜厩肥,土壤中微生物活动强烈,消耗氧气过多,土壤含水量过多,空气含量少等情况下均会发生萝卜的黑心和黑皮。

(3)病害引起黑心和黑皮。

2. 预防措施

(1)结合整地,每亩施 1 kg 硼肥,或生育中期叶面喷施 0.2%~0.3%硼酸溶液 1~2 次。

(2)采用勤中耕除草,多施用有机肥,增加土壤中的空气含量,提高萝卜抗逆性。

(3)轮作倒茬,前茬不应种十字花科,如甘蓝、萝卜、白菜等蔬菜。

(4)进行土壤消毒处理。

(5)由化学肥料做基肥改为生物有机肥料作基肥。

(八)糠心

萝卜肉质根木质部中心部位发生的空洞现象称为糠心。起初在木质部薄壁组织的大型细胞中糖分减少甚至消失,由于这些大型细胞离输导组织远,先产生细胞间隙,接着出现气泡,最后变成糠心状。

1. 产生原因

(1)与萝卜熟性有关,一般早熟、生长期短的易糠心,中熟品种次之,晚熟品种不易糠心。

(2)生长前期水分供应过于充足,进入生长后期肉质根旺盛生长时,遇到天气干旱或土壤供水不足易出现糠心。

(3)萝卜未熟先期抽薹时,肉质根里的营养物质进行转化,并向生长点输送,也能出现糠心。

(4)播种过早,营养面积过大,也会发生糠心。

(5)栽培期间肥水缺乏,氮肥过多,也易造成糠心。

2. 预防措施

(1)选用不易糠心的品种。

(2)适期播种。

(3)加强肥水管理,做到肥水均匀,保持土壤湿度均匀,避免土壤忽干忽湿,必要时喷洒促丰宝活性液肥Ⅱ号600~800倍液。

第二节 胡萝卜

一、品种选择

选择适应性强、耐未熟先期抽薹、适应性强、抗病、优质、高产,根形整齐、美观、均匀、顺直的品种。

1. 中誉1870

中国农业科学院蔬菜花卉研究所选育。极早熟,播种后90 d可开始收获。地上部分长势中上,叶色暗绿,小顶,肉质根细圆柱形,根纵径18 cm左右,横径3 cm左右,亩产量3 000 kg左右。肉质根表皮、韧皮部及木质部皆为橘红色,口感极佳,适合生食、榨汁、制作色拉等,是胡萝卜中口感最好的品种。极耐抽薹,适宜高山高原地区越夏栽培。

2. 孟德尔

日本引进。早熟,播种后95 d可开始收获。肉质根圆柱形,收尾圆钝,表面亮度高,皮、肉、芯均红。根纵径18~22 cm,横径4~5 cm,单根重200~300 g,每亩产量5 000 kg左右。肉质根膨大速度快,成品率高,采收期长,适宜高山高原地区越夏栽培。

3. 多哈

北京育正泰种子有限公司经销。中早熟,播种后100 d可开始收获。中小型叶片,颜色绿、立性强、叶束紧。肩部稍宽圆柱形,根纵径19~22 cm,深红色,表皮光滑、成品率高,抽薹晚,适宜高山高原地区越夏栽培。

4. 红色巨人

北京育正泰种子有限公司经销。早熟,播种后 90 d 可开始收获。高整齐和高成品率是该品种的最大特点。根纵径 22～25 cm,横径 4～5 cm,单根重 200 g 以上,每亩产量 5 000 kg 左右。内外浓红、表皮光滑、口感甜脆。低温时下扎快,膨大迅速,适宜高山高原地区越夏栽培。

5. 金红六号

内蒙古农牧业科学院蔬菜研究所选育。早熟,播种后 100 d 可开始收获。植株生长势强,叶簇直立,肉质根呈圆柱状,表皮、肉、髓部均为橘红色,根纵径 19～21 cm,横径 4.5～5.0 cm,单根重 230～250 g,每亩产量 4 500 kg 以上。商品率高、品质好,适宜高山高原地区越夏栽培。

6. 红参

日本引进。早熟,播种后 95～105 d 可开始收获。叶片短,浓绿色,收尾早且圆。根呈圆筒形,表皮光滑,根纵径 20～23 cm,单根重 250 g 左右,每亩产量 5 000 kg 左右。耐抽薹性较强,整齐度好,成品率高,适宜高山越夏栽培。

7. 韩美七寸参

福建金苗种业经销。早熟,播种后 100 d 可开始收获。叶色浓绿色,地上部分长势旺;肉质根光滑整齐,尾部钝圆,皮、肉、髓部鲜红色,心柱细,根纵径 18～22 cm,横径 5 cm 左右,单根重 220 g,每亩产量 4 000 kg 以上。抗抽薹性较强,整齐度好,成品率高,适宜高山越夏栽培。

8. 红映二号

日本引进。早熟,播种后 95 d 可开始收获。叶丛挺立适于密植,产量高。生长强健,肉质根肥大快,皮、肉、髓部均红,颜色深,着色快,根形整齐,根皮光滑,收尾好,形状好看。耐抽薹能力特强,适宜高山越夏栽培。

9. 超级红芯

北京市农林科学院蔬菜研究中心选育。早熟,播种后 95 d 可开始收获。地上部分长势中等偏旺,肉质根根型为长圆柱形、尾部钝圆、髓部细小、无黄圈、着色膨大快、收尾早,歧根与裂根少。肉质根纵径 22 cm 左右,横径 5～6 cm,单根重 250 g 以上,每亩产量 4 200 kg 左右。皮、肉、髓部呈浓鲜红色,"三红"率高。表皮光滑、有光泽,着色快,口感好,品质优良。抗抽薹,耐病性强,商品性好,整齐度好,适宜高山越夏栽培。

二、施肥整地

选择地势较高、排水良好、土层深厚、质地疏松、有机质含量高的沙质土壤栽培。每亩施充分腐熟有机肥 4 000~5 000 kg、氮磷钾复合肥 50 kg,深耕土地,使土壤和基肥充分混匀,然后喷洒除草剂,每亩用 1.0~1.5 kg 的 25% 除草醚,先用少量水溶解,再用 100~200 倍水稀释,或用 48% 氟乐灵 200 g 稀释后均匀地喷布地面,再精细旋耕 2~3 遍,使土地平整干净。

三、播种

(一)种子丸粒化

采用种子专用丸粒机将胡萝卜种子丸粒化,粒径 0.2~0.3 cm。丸粒过程中涂上红色或者绿色的显色剂,以便于在播种后观察发芽状态。

(二)绳带编制

采用专用绳带编织机将种子均匀编织于水溶纸带中,单粒编制,种子间距 3.5~4.0 cm,用绳量每亩 1 700 m。

(三)起垄播种

5月上旬,10 cm 土层地温稳定在 13℃ 以上,可进行播种。

播种有三种方法:一是土地深翻细耱后,用拖拉机带动的点播机,一次性完成,起一个高 25 cm 和宽 85 cm 的垄,垄面开 4 条种植浅沟、4 行直播,2 条滴灌带,最后选择宽 1.4 m 的地膜把整个垄面覆盖。二是先起垄,再用手推式播种机开沟、播种、覆土,然后人工铺设滴灌带,最后选择宽 1.4 m 的地膜把整个垄面覆盖。三是采用起垄、覆膜、播种一体机,垄面宽度 36~38 cm,高 20~25 cm,垄沟宽 42~44 cm,按行距 15 cm,每垄播 2 行,种绳带播于垄顶的 2 个梯形播种槽内。播种槽深度 6 cm,底部宽 6 cm,顶部宽度 8 cm,播种深度 1.0 cm 左右,滴灌带在起垄时一并潜埋入垄中间。

四、田间管理

(一) 放风及揭膜

7~8 d 后有出苗的,随时观察适时放风,放风时要照胡萝卜行间段的间隔来划破薄膜。到胡萝卜苗 2 叶 1 心或外叶顶到膜面时揭掉全部地膜。

(二) 滴水

滴灌系统组装好后进行胡萝卜地的第 1 次放水。同时,要根据实际情况和药剂剂量随水跟滴毒死蜱,以防地下害虫咬断滴水带。土壤干旱会推迟出苗,并造成缺苗断垄,播种至出苗连续浇水 2~3 次,土壤湿度保持在 70%~80%。胡萝卜怕涝,所以下雨后要及时排水。幼苗期保持土壤见干见湿,促进细根正常生长。土壤过干,根扎不下去,过湿,易烂根尖。胡萝卜长到手指粗即肉质根膨大期,是对水分需求最多的时期,应及时浇水防止肉质根中心木质化。一般 10~15 d 浇 1 次水,要防止水分忽多忽少。适时适量浇水对提高胡萝卜的品质和产量,阻止形成裂根与歧根十分重要。水分供应相对稳定,切忌大干大浇。先过干后过湿,胡萝卜易开裂;先过湿后过干,胡萝卜表皮粗糙肉质老化。

(三) 间苗

及时间苗,将过密苗、劣苗及杂草及早拔除。4~5 片真叶时定苗,苗距 4~6 cm。

(四) 追肥

在定苗期进行第 1 次追肥,以氮肥为主,每亩追施尿素 10 kg,或沼液 300 kg。在肉质根膨大期进行第 2 次追肥,每亩追施氮磷钾复合肥 10~15 kg,或沼液 450 kg。第 3 次追肥在第 2 次追肥并浇水 1 次后,每亩追施沼液 450 kg。追肥数量确定后,将肥料充分溶解并直接倒入施肥罐,由滴灌系统输送到目的地。收获前 10 d 停止追肥灌水。

五、收获

胡萝卜生长期一般为 90~120 d,在肉质根基本长成、叶片不再生长后,可随时收获。收获要在晴天、凉爽、无霜冻的条件下进行。采用简易式机器,由四轮车带动一个与比垄稍宽的挖掘铲,把挖掘铲从整个垄底拉过,使萝卜和土壤一起上移变松,只需轻轻一提胡萝卜秧子就可拿出,然后拧秧、筛选、分级、装袋。

六、高山胡萝卜栽培中常见问题及预防措施

(一)先期抽薹

1. 产生原因

高山栽培的胡萝卜,在 1~3℃ 的低温条件下,幼苗长到 16~18 片叶,经 60~80 d 即可完成春化阶段,造成未熟先期抽薹,失去食用价值。

2. 预防措施

(1)选择冬性强、耐抽薹品种。

(2)适期播种,10 cm 土层地温稳定在 13℃ 以上,进行播种。

(3)加强肥水管理,促进胡萝卜早发快长,使其肉质根快速膨大,在先期抽薹来临前采收上市。

(二)畸形根

生产中胡萝卜畸形根有两种:一种是叉根,即在根的先端分叉;一种是根开裂。

1. 产生原因

(1)叉根多是由施肥不匀、整地不细,土壤中有硬杂物或施用未充分腐熟的有机肥造成。

(2)根开裂主要与浇水有关,如土壤水分前期多浇、后期干燥或前期干燥,后期多湿或忽干忽湿等。

2. 预防措施

(1)施用充分腐熟、捣碎捣细的有机肥,并且施用时要撒匀,追施的化肥也要撒匀;整地要仔细,挑拣清理掉废塑料、废木块、小石头等杂物。

(2)均匀浇水,地表不干不浇水,也不能等到地面出现干裂缝时再浇。

(三)绿肩

胡萝卜肉质根肩部露出土表,受阳光照射变成绿色,称为绿肩胡萝卜。

1. 产生原因

土壤耕层浅、土质硬的地块,当肉质根端下伸,易把肩部顶出地面;起垄栽培,在肉质根膨大期进行浇水或雨后畦垄干裂,使肩部露出地面形成绿肩胡萝卜。

2. 预防措施

(1)加深耕作层,耕层保持在 24~27 cm;

(2)进行培土,使胡萝卜肩部不露出地面,但不能把植株地上部的株心埋住。

第五章 高山豆类蔬菜栽培技术

第一节 菜 豆

一、品种选择

选择分枝力强、抗病、高产、适应性强、无筋、荚肉厚,粗纤维少、商品性好、品质鲜嫩、耐阴雨的品种。蔓生型菜豆类型,其茎蔓生,节间较长,无限生长,结荚期和采收期较长。蔓生型品种从播种至初收50 d左右,采收期50~70 d。菜豆豆荚的长短品种间差异较大,豆荚的形状品种间也有相当大的差异,主要分为圆荚和扁荚两类。豆荚的色泽有深绿色、浅绿色、绿白色。各地消费者对这些豆荚性状的要求并不完全一致,所以在选择品种时应考虑到消费习惯的差异。

1. 泰国架豆王

山东寿光市城区蔬菜种子公司经销。中熟、蔓生,生长旺盛、叶深绿、叶片肥大,自然株高3 m,有4条侧枝,侧枝继续分枝。花白色,第一花穗着生在3~4节上,每穗花4~6朵,结荚3~5个。荚绿色,长圆形,荚长25~30 cm,荚宽1.0~1.2 cm。单荚重28 g,单株结荚65个左右,最高可达110个,一般每亩嫩荚产量2 500 kg左右。从播种到收嫩荚70 d左右,采荚期30~40 d。

2. 碧丰

中国农业科学院蔬菜花卉研究所选育。中熟,蔓生,生长势强,甩蔓早,花白色。青荚绿色,扁条形,长而宽,荚长22~25 cm,荚宽1.8~2.0 cm,单荚重18 g。种子白色,肾形,每亩嫩荚产量1 300~2 000 kg。

3. 星级白荚冠

江西省丰城市正元种业有限公司经销。早中熟,丰产性好,抗逆性强,适应地区广泛,定植后40 d采收嫩荚。植株蔓生,有少量侧枝,主、侧蔓能良好结荚,单株结荚35~40个。荚圆棍状,荚色白,荚长18~22 cm。肉厚,品质佳,商品性状好,每亩嫩荚产量2 000~3 000 kg。

4. 浙芸3号

浙江省农业科学院蔬菜研究所选育。中熟,蔓生,生长势强,叶绿,红花,嫩荚绿色,扁圆形。荚长16~18 cm,荚宽1.2 cm,厚1.0 cm,结荚节位6~8节,结荚率高,属红花黄褐色品种。种子褐色,肾形,有光泽,较早熟,品质优,鲜食为主,耐热,适宜高山基地种植。

5. 吉架豆10号

吉林省蔬菜花卉科学研究院选育。中熟,蔓生,单株分枝3~4个,极早熟,出苗至始收嫩荚48~50 d。花冠粉色,始花节位3~4节。嫩荚浅绿色,扁条形,平均荚长15 cm、荚宽2.5 cm,平均单荚重16 g。种子卵圆形,褐色,千粒重500 g,平均亩嫩荚产量2 300 kg。高抗炭疽病和抗枯萎病。

6. 连农架豆36号

大连市农业科学研究院选育。中熟,蔓生,株高3 m左右,2~3分枝,叶绿色,花白色,始花节位2~4节。商品荚绿色,扁形,荚长21.9 cm,荚形指数1.34,单荚重20.7 g。有筋,两缝线处形成长纤维束。软荚,中果皮细胞不硬化,不形成隔膜,手感柔软,干种荚表面皱缩不光滑。口感优,种子白色,千粒重332.6 g。抗锈病,中抗炭疽病。

7. 丰旺

中国农业科学院蔬菜花卉研究所选育。中熟,蔓生,播种至嫩荚采收50~54 d。生长势较强,苗期幼茎绿色,花白色,嫩荚绿色、扁圆棍形。单荚重18~22 g,荚长20~22 cm,喙长0.8~1.0 cm,荚宽约1.3 cm,荚厚约1.2 cm。口感嫩甜、纤维少、品质好。种皮白色、近肾形,千粒重280~300 g,连续坐荚性强,每亩嫩荚产量1 800~2 200 kg。

8. 瑞丰

中国农业科学院蔬菜花卉研究所选育。中熟,蔓生,从播种至嫩荚采收约65 d。生长势强,分枝较多。花白色,嫩荚绿色,扁圆棍形,荚长20~22 cm。嫩荚纤维少、品质优、商品性好,种子白色。

9. 高产架豆王

安阳市农业科学院选育。中熟,蔓生,主侧蔓结荚,主蔓结荚为主。一般分枝2~3条,株型紧凑。花白色,始花节位在第2~3节,每序花数6~10朵,花期较长,结荚率高。商品荚白绿色,扁圆形,荚形指数0.86,荚长26 cm左右,单荚重24.2 g,一般嫩荚亩产量1 500 kg左右。中筋,两锋线处的纤维束形成中短纤维束,荚条顺直,整齐,表面光滑有光泽,口感脆嫩,商品性好,适宜鲜食。种子肾形,种皮浅灰色带条纹。

10. 翠玉2号

石家庄市农林科学院选育。中熟,蔓生,生长势较强,有2~3个分枝。叶绿色,叶柄和茎绿色,花白色。主侧蔓结荚,花枝较长。坐荚节位低,结荚集中。嫩荚圆棍形,白绿色,荚长20.8 cm,荚宽1.32 cm,荚厚1.24 cm。嫩荚表面光滑,荚肉厚,缝线不发达,无革质膜,耐老,口感好,风味佳。种子肾形,灰色有褐色花纹,千粒重315 g,一般每亩嫩荚产量1 500 kg左右。抗逆较强,适应范围广。

11. 架豆王

江苏丹阳市农业技术推广中心选育。中熟,蔓生,生长势强,株高3 m以上。基部茎粗0.8 cm,叶片为复叶,小叶为阔卵圆形,花白色,嫩荚为嫩绿色,荚长25~30 cm,横切面近圆形,直径1.0 cm左右,单荚重12~14 g。嫩荚粗壮、脆嫩、纤维含量少、口味清甜,每荚籽粒5~7粒。

12. 百威架豆

蔓生,无限生长型,从播种到采收嫩荚60 d左右。植株分杈能力强,单株可分杈8~10条,主侧蔓均可结荚。坐荚能力强,一般每朵花序可结嫩荚4~6个。嫩荚圆形,浅绿色,无纤维,嫩荚长为35 cm左右,单株可结荚100~125个,一般亩产嫩荚量3 500 kg左右。

13. 盛星架豆

蔓生,无限生长型,中早熟,从播种到采收嫩荚65~70 d。植株分杈能力强,叶色深绿,叶片肥大。肉质细嫩,无纤维,商品性极佳。低温坐荚能力强,适合保护地及露地种植。花白色,第一花序着生在3~4节上,每序花4~8朵,结荚3~6个。荚绿色,荚形圆长,荚长在30 cm以上,横径1.1~1.3 cm,单荚重20 g。单株结荚80个左右,最高可达120个,每亩嫩荚产量4 000 kg左右。

14. 秋紫豆

宝鸡市凤县地方品种。蔓生,无限生长型,播后55~60 d可采收。长势强,株高3 m,叶柄、茎均紫色,叶倒心形。每花序结荚6~8个,荚长22~25 cm,紫色,入锅后呈绿色,果荚扁平,肉厚鲜嫩,纤维少。耐寒、耐旱、耐瘠薄、适应性广,抗病毒病和炭疽病。种子肾形,黑色大粒,每亩嫩荚产量3 000~3 500 kg。

二、施肥整地

菜豆耐酸、耐盐性弱,微酸性及中性土壤有利于其根系的生长和根瘤的发育。

前茬选择非豆科作物,宜选十字花科蔬菜、瓜类和玉米等前茬地。前茬作物收获后清除田间枯枝烂叶,适当晾晒地面;冬前提早深翻土壤,晒土和利用高海拔地区冬季寒冷的有利气候条件,冻杀病菌和虫卵,减少菜豆病虫害发生,同时熟化土壤。翌年土壤解冻后,播种前结合深翻土地,每亩施氮磷钾复合肥 50 kg、过磷酸钙 30 kg。有条件可每亩增施腐熟有机肥 2 000~3 000 kg。深翻 20~30 cm,破碎土块,精细整平地面。垄作以半高垄和"M"型垄作为好。高垄栽培行 12 cm×50 cm,覆盖地膜,双行栽培,操作行距 90 cm,平均行距 70 cm;"M"型高 12 cm,宽 50 cm,覆盖地膜,双行栽培,操作行距 90 cm,平均行距 70 cm。

三、种子处理

适宜栽培品种确定后,选择粒大饱满、无虫蛀和病斑的种子。事先晒 1~2 d 播种,有利于提高种子的发芽率,使出苗快而整齐;或采用相当于种子重量 0.4% 的 50% 多菌灵可湿性粉剂,或种子重量 0.3%~0.5% 的福美双可湿性粉剂拌种(1 kg 种子用 0.3~0.5 g 药剂),以杀灭种子表皮的病菌。经处理后的种子直播或育苗均可。菜豆不提倡浸种,如果播种后地温低、湿度大,浸种易导致烂种。

四、直播

(一)播期确定

播种期对菜豆的产量、产值、生长期具有显著的影响。因此,要根据当地的气候条件,按照栽培品种的特性要求等,因地制宜地确定最适播种期。播种期确定依据为露地直播断霜前 5~7 d 和地表下 10 cm 处地温≥10℃时即开始直播;采用地膜覆盖栽培比露地可提前 7 d 左右播种。一般太白县、凤县和麟游县等菜豆直播栽培播种期选在 4 月下旬至 5 月中旬。

(二)播种方法

菜豆地膜直播分为两种方式:一种是先覆膜后播种,有利提高地温;另一种是先播种后盖膜,有利提高播种效果。目前生产上多采用先覆膜后播种。整好地后,按照株距 40~45 cm 破膜,挖成 2~3 cm 穴,穴内浇足水,等水渗入土壤后,每穴播 2~3 粒种子,随后覆盖土,覆土厚度 2.0~3.0 cm。覆盖土不宜过薄,否则易导致带帽出土;覆盖土也不宜过厚,否则易导致出苗困难。

（三）留苗密度

一般每亩播 2 800 穴左右,用种量 4~5 kg。

五、育苗移栽

（一）育苗时间

一般比直播提早 7~10 d。

（二）育苗方式

高海拔地区菜豆栽培育苗时期处在春季较寒冷季节,一般利用阳畦、小拱棚或大棚,采用塑料钵、纸钵或穴盘育苗。

（三）育苗营养土配制

营养土为 5 份田土、3 份山皮土和 2 份优质有机肥,晒干、捣碎、过筛而成,营养土加复合肥 5 kg/m^3、钾硼铁钙微肥 1 kg;同时加入 50% 福美双 200 g 混合均匀。基质选用育苗商业专用基质或自配基质。自配基质:草炭 2 份 + 蛭石 1 份,并在每立方米基质加复合肥 5 kg、钾硼铁钙微肥 1 kg,同时加入 50% 福美双 200 g 混合均匀。

（四）育苗

选晴暖天上午进行播种。播种前将装有营养土的塑料钵或纸钵摆放苗床,用水浇透营养土,待水渗下后点播种子,每钵播种 2~3 粒。播种后覆盖 2.0~3.0 cm 厚的营养土。穴盘育苗,一般选用 50 孔穴盘,将水分适宜的基质装入穴盘内,表面刮平,在穴孔中心部位下压 2.0 cm 左右孔穴,每孔穴播 2~3 粒种子。播后覆盖基质厚 2~3 cm,整齐摆放于苗床上,并及时浇透育苗盘。播种后搭建阳畦或小拱棚竹竿,覆盖塑料膜和保温帘,起到保温保湿作用,促进出苗。大棚内如果保温效果好,可不再搭建小拱棚。

（五）苗床管理

播种后需要较高温度,需保持苗床温度白天在 20~25℃,夜间 10℃ 左右。出苗前不需要放风,以免降低床温。幼苗真叶片展开后开始通风锻炼,背风面先通小风,后通大风。在保证苗床适宜温度的前提下尽量多通风,提高幼苗素质,防止出现高脚苗和徒长弱苗。育苗土保持见干见湿,浇水时间以晴天上午为宜。每次浇水,应浇透基质或营养土,防止漏浇。生长有 2 片真叶时定苗,每钵或穴保留 1~2 株苗(单苗栽培留 1 株,双苗栽培留 2 株)。定植前 7~8 d,逐步进行幼苗适应性锻炼,逐步加大通风量,定植前 2~3 d 全部除去覆盖物,使之适应露地气候。

(六)定植

一般第 5 片真叶片展开,苗龄 20~25 d 即可定植,通常采用双苗或单苗定植。定植密度与直播密度相同。地膜覆盖栽培可选用先覆膜后定苗,或先定苗后覆膜均可。土壤干燥或浇水不方便,最好选用挖穴落水定苗,相同直播;定植穴深 8~10 cm,深度以把育苗土刚埋没为宜。

六、田间管理

(一)间苗、补苗和定苗

直播后 10 d 左右开始出苗。出苗后选留壮苗。因幼苗生长快、分枝强,定苗不可过密,每穴留 1 苗。若有弱苗或缺苗,要及时补栽。两种直播方式,均要及时将膜下芽苗破膜放苗,最好在上午 11:00 前完成,以防中午高温烧苗。放苗后用土将地膜口封严,防止土壤水分散失。出苗后要查苗,如有缺苗应及时补苗,3 片真叶时间苗。

(二)中耕除草

苗期要适当中耕,结合中耕进行培土,促进豆角苗不定根发生。直播出苗后或育苗定植后 7~10 d 进行第 1 次中耕除草,未覆盖薄膜沟渠处的杂草,间隔 10~15 d 耕除 1 次。

(三)及时搭架

菜豆 6~7 片真叶时,顶端开始甩蔓,在抽蔓 10~15 cm 时应及时搭架。架材选用较粗竹竿,防止倒伏。竹竿长度 2.5~3.0 m,架杆插在苗外 15 cm 处,每穴 1 杆,搭人字架。拖蔓初期,需人工逆时针引蔓上架,共引蔓 2~4 次,以后任其生长。

(四)肥水管理

高海拔地区菜豆栽培在施足基肥的基础上,还需追施3次肥。追肥原则为:"花前少施,花后适施,荚期重施;减氮肥,增施磷、钾肥和硼、铁微肥"。一般在抽蔓期追肥1次,每亩可用45%硫酸钾复合肥10~15 kg进行穴施;在结荚期重施2~3次,一般采摘2次追施1次,每次每亩施45%硫酸钾复合肥15 kg左右,在根外10 cm处或两穴之间穴施。如遇干旱和采收后期,可叶面喷施0.2%磷酸二氢钾+0.3%尿素进行根外追肥。高山地区空气湿度较大和雨水较多,菜豆栽培以防涝为主。大雨后及时排除田间积水,以利菜豆根系通气性良好,防治沤根。如遇较长时间段的干旱,有条件地区可浇水;结荚前一般土壤不干不浇水,开花结荚后,要保持土壤湿润状态,以提高产量和质量。

(五)摘除老叶

进入开花结荚后期,同化作用明显下降,植株生长衰退,果荚多呈畸形。若气候条件适合其生长,应进行复壮,及时清除老叶、病叶,摘除靠近地面40~50 cm以内的老叶、黄叶,改善通风透光条件,减轻病害发生,防止落花、落荚。

七、收获

高山地区菜豆采收后主要运往外地,选用多为品质优良、商品性好的品种,其采收期很重要。要严格按照产品质量标准和市场需求标准适时采收,以早晨采收为最佳。一般菜豆开花后15~20 d即可采收,对于茎基部第一批初采豆荚不要等到充分膨大时再采收,相对要早收;否则植株小,消耗营养多,影响植株和上部豆荚健壮生长。一般采收初期和后期,每隔2~3 d收获1次,中期每隔1 d采收1次。只有适时采收才能保证豆荚的肉质脆嫩饱满,促进其他花朵开花结荚,减少落花落荚提高产量。采收后立即装于筐内并放入阴凉处,散去田间热。

八、高山菜豆栽培中常见问题及预防措施

(一)落花、落荚

菜豆植株花数多,增产潜力大,但如果温度、湿度、日照长短及土壤盐碱度等各种原因不适植株生长,常造成严重的落蕾、落花、落荚现象,结荚率一般只有

20%~30%,最多不超过50%。

1. 产生原因

(1)养分不均衡,营养不良

豆类蔬菜的开花结荚与营养生长有密切关系。一般植株基部的花序开花结荚比中上部的花序多。中部比上部多,花序之间着果有互相制约的倾向。前一花序结荚多时,后一花序结荚常较少。按每个花序来说,基部1~4节开花初期的落花、落荚,是由于植株正在迅速营养生长,大量的光合产物用于茎叶生长而引起的。中期各花序陆续开花结荚,花荚之间争夺养分,便引起落花、落荚;后期源能变弱,但植株继续开花结荚,源能不适应库能的要求,便继续落花、落荚。

(2)环境条件不适宜影响开花结荚

环境条件包括温度、光照、湿度、气体等,这里着重讨论温度、光照和温度对开花结实的影响。豆类开花结实对高温的适应,虽因种类而异,但对高夜温都敏感。在高温中,菜豆花芽发育不良,即使开花时温度适宜,结荚仍少。因为高温中花粉发育不良,或影响正常授粉,或花蕾发育不完全,不能正常开花;或呼吸作用强,光合产物积累少而造成养分不足等。

开花结荚期,湿度对开花结荚的影响与温度密切相关,在较低温度下,湿度的影响小,而高温下则影响非常大。在高温干旱条件下,花粉畸形、早衰或萌发困难。如遇高温高湿,花药不能正常破裂散粉,雌蕊柱头黏液浓度降低,不利于正常授粉和花粉在柱头上的萌发,均会引起落花落荚。

在土壤湿度大时生育旺盛,开花数多,但因争夺养分,结荚率不高;相反,在低湿中开花数少,结荚不多,种子少。

2. 预防措施

(1)选择适应性广、抗病性强、坐荚率高、丰产的品种。

(2)适期播种,合理密植,充分利用最有利于开花结荚的季节。

(3)提高管理水平,适时摘除老叶;加强肥水管理,初花期不浇水,第1个花序坐荚后重点浇水施肥。

(4)适时采收,及时防治病虫害。

(5)用15 mg/kg的吲哚乙酸,或2 mg/kg的对氯苯酚代乙酸喷洒花序,可减少落花、落荚。

(二)畸形荚

正常荚果直或稍弯,具有本品种特有的色泽等性状。而畸形荚形状各异,常见的有弯曲荚、扭曲荚、短荚等,特别是弯曲荚最常见。

1. 产生原因

菜豆畸形荚主要是由于环境条件不正常所致,与植株营养状况也有直接关系。一般夜温低于10℃出现弯曲荚,昼夜温差较大或忽高忽低,易产生扭曲荚;白天温度高于30℃,除引起落花、落荚外,坐住的荚也多为短荚,每荚的种子数和种子重量减少。长势弱的植株,容易弯荚。

2. 预防措施

(1)选择发芽率高、发芽势强的种子,并适时播种。

(2)白天温度要保持在20~25℃,夜间保持在15℃以上,不能低于10℃,或忽高忽低。增加光照。

(3)追肥灌水应掌握"苗期少,抽蔓期控,结荚期促"的原则,适时、适量灌水追肥。结荚期可交替喷施磷酸二氢钾300倍液和尿素水200倍液。

(4)进入结荚后期植株衰老时,及时打去植株下部病老黄叶,改善通透条件,促进侧枝萌发和潜伏的花芽开花,正常结荚。

(5)出现短荚及时采收。

(三)烂籽和硬籽

菜豆播种后,出现缺苗断垄,此时扒开可发现菜豆种子有两种情况:一是种子已吸水膨胀,但未露出芽或刚出芽尖就腐烂,俗称烂籽;二是种子在土中如同刚播入一样,硬而光滑,俗称硬籽。

1. 产生原因

烂籽是由于播种过早,土温过低,影响种子萌芽或幼芽生长,出苗慢,种子吸水膨大部位容易出现腐烂。特别是低洼地和地下水位高、土质黏重、排水不良的地块,或播种后遇到寒流侵袭并持续较长时间低温时,会加重烂籽。另外,种子丧失发芽力或发芽势弱,也易烂籽。如遭受丝核菌、腐霉菌等侵染,烂籽表面生有霉状物,常称之为霉籽。细菌侵染则种子腐烂。

硬籽是由于种子贮藏时环境过于干燥,使种子发生硬实。菜豆种子含水量为5.9%时会有9%左右的种子发生硬实现象,播后种子不萌动,成为硬籽。

2. 预防措施

(1)选择地势平坦、排水良好、土质肥沃的地块种植菜豆。播前要整好地,并提高土温。

(2)土层地温稳定在15℃以上时,可适时播种。播后地温为20℃时利于出苗。播种要精细,覆土不要过厚,深浅要一致。

(3)种子要精选,播前晾晒 12~24 h。开穴后,在穴内稍浇些水,随之撒入一点细土,然后点播种子,覆好土。播后至出苗期不灌水,以保持土温和土壤通透性。

(4)苗期病重的地块,要用药剂消毒土壤或做好种子处理。

(5)菜豆种子硬实现象与贮藏环境关系密切。在菜豆种子含水量为 6.8%、空气相对湿度为 30% 的条件下,不会产生硬籽现象,而且种子能维持最佳生命力。

(6)贮藏环境过于干燥,便多现硬实种子;发现硬实种子,则可放在空气湿度为 65% 的环境中贮藏一段时间,便可消除硬籽现象。

(7)因烂籽或硬籽造成缺苗断垄后,应及时补苗。补苗应抓住出苗后第 1 片基叶出现到 3 片复叶出现前这段时间及时补栽。

第二节　荷兰豆

一、品种选择

选用早熟、耐寒、抗病、优质、高产、商品性好、耐贮运的品种。

1. 优选合欢 66

北京凤鸣雅世科技发展有限公司经销。中早熟,从播种至采收嫩荚 60 d 左右。粉红色花,1 花序 1~2 荚,荚型平直,荚色浓绿,成品率高,较耐热,高抗白粉病,耐贮运。

2. 法国大荚

法国引进。晚熟,蔓生,株高 2~3 m。嫩荚淡绿色,凹凸皱弯,不平滑。荚长 6~7 cm,宽 3~4 cm,脆嫩清甜,化渣爽口,纤维少,味道鲜美,品质佳。结荚期长,适应性广,一般每亩鲜荚产量 1 500 kg 以上。

3. 大荚荷兰豆

国外引进。中熟,蔓生,株高 2 m。荚特大,荚长 12~14 cm,宽 3~4 cm,淡绿色,凹凸皱弯,不平滑。鲜荚和豆粒均可食用,荚脆、清甜、纤维少。荚粒特大,品质极佳。耐寒性差,每亩鲜豆荚产量 1 000~1 500 kg。

4. 阿拉斯加

国外引进。早熟,从播种至采收嫩荚需 60~65 d。半蔓生,株高 1 m。结荚多,荚粒大,绿色,平均荚长6.0 cm,荚宽1.5 cm。种子圆球形,绿色。嫩荚和种粒均可供食,品质优良。适宜高山地区栽培。

5. 台中11号

亚洲蔬菜研究中心选育。中熟,蔓生,株高1.6 m。花淡红色,豆荚色泽鲜绿,荚形较平直整齐,荚长5~9 cm,宽1.3~1.6 cm,荚厚0.3~0.6 cm,单个嫩荚重约1.6 g。嫩荚肥厚多汁,口感清脆香甜,别具风味。整齐度好,保鲜期长,但耐寒性稍差。一般嫩荚亩产量1 500~2 000 kg。

6. 晋软1号

山西农业大学选育。晚熟,蔓生,株高150~250 cm,分枝力强。荚长8~10 cm,宽2.0~2.5 cm,荚呈剑形,平直稍弯曲,黄绿色,软荚,爽脆而甜。荚豆兼用,一般鲜荚亩产量1 100~1 250 kg。

7. 台湾11号

台湾引进。早熟,蔓生,从播种至始收70~80 d。株高1.5 m以上花为白色略带紫色,鲜荚扁形稍弯,荚长6~7 cm,宽1.5 cm,软荚率达98%。荚色青绿,纤维较少,品质脆嫩,味甜可口,一般鲜荚亩产量1 000 kg左右。适合于高山地区栽培。

8. 保丰1号

保山市农业科学研究所选育。中熟,蔓生,株高80~110 cm。单株实荚数8~13荚,荚粒数6~9粒。白花,硬荚,茎叶深绿色,大荚大粒,耐冷、耐旱,食味鲜甜,鲜荚果荚光滑,荚色浓绿,商品性好,平均亩产鲜荚1 413 kg。丰产稳产性好、适应性强、鲜荚采收期长、商品性好。适宜高山地区越夏栽培。

二、施肥整地

荷兰豆对地块要求不高,土壤最好呈中性,且有机质含量要高。播种前10 d应对地块进行深翻,施用好基肥。应选择土壤疏松、排水良好、前作非豆科作物的地块种植。土壤翻耕前每亩撒施生石灰50~100 kg,翻耕后每亩施优质腐熟有机肥2 000~3 000 kg,或含硫复合肥50 kg、钙镁磷肥20 kg、硼砂0.75 kg,使土肥混合均匀,采取深沟高畦栽培,栽培畦面80~100 cm,畦沟宽25~30 cm,畦高30 cm,畦面要整细耙平。

三、播种

荷兰豆生长周期一般在 95～130 d,对外部环境适应性强,抗寒性强。在 3～8℃条件下能够发芽,茎蔓适宜生长的温度为 15～20℃,15～18℃是开花结荚最适宜的温度,在 4℃的条件下种子发芽,温度保持在 16～18℃,不到 7 d 就能出苗。荷兰豆对光照及水分需求较强烈,栽植条件为湿润且保持长时间的日照。播种前需要进行浸泡催芽处理,浸泡 2 h,或是在 5～6℃下催芽 7 d,芽长到 5 mm 时进行播种。太白高山地区播种时间一般在 4 月上旬。播种密度因品种而异。矮生品种,条播时行距为 25～30 cm,株距为 8～10 cm,每穴播 2～3 粒种子;蔓生品种,条播时行距为 50～60 cm,穴距为 15～20 cm,每穴播种 3～4 粒,每亩保留基本苗 5 000～6 000 穴。每亩播种量,矮生品种为 10～15 kg,蔓生品种为 5～10 kg。

四、田间管理

(一)松土

荷兰豆根系较弱,前期要促进根系发育,待苗齐后进行中耕除草。幼苗出土后进行中耕除草松土 1～2 次,以提高地温,保持土壤墒情。中耕除草应遵循除早与除小原则,注意不要伤害到幼苗。苗高 10～15 cm 时,结合追肥浇水再中耕 1 次,追肥一般以氮肥为主。

(二)浇水

从播种至植株抽蔓开花前,根据天气情况和土壤墒情适当浇水。植株抽蔓发棵时开始浇水,第 1 次灌水至开花前一般每周浇水 1 次,开花后每 3～4 d 浇水 1 次。进入结荚期后不能缺水,以保证茎叶生长及豆荚膨大所需的水分。注意开花结荚期排灌要及时。

(三)追肥

在抽蔓开花时追肥 1 次,以氮肥为主。在嫩荚发育初期再追肥 1 次,每亩追施氮磷钾复合肥 20～25 kg,施后再根据土壤墒情浇水,一般每采收 1 次嫩荚要追肥 1 次。

(四)搭架

蔓生品种株高达 15~20 cm 时要及时搭架,架高 1.0~1.5 m,并注意引蔓上架。半蔓生品种可在植株始花期搭简易支架,以便田间管理,提高产量。

五、收获

嫩荚稚嫩清香,为人们所喜食,是荷兰豆生长过程中最具市场价值的产品。为推进豆荚茎蔓的生长和结荚,促进产量的增加,防止豆荚在嫩荚形成后继续被供应养分,一般在豆荚开花约两周后采收。此时荚长约 11 cm,厚度约 0.2 cm,荚果生长充分,但此时籽粒尚未长大;荚腹饱满,外表翠绿。在采收豆荚的过程中需注意保护植物体,避免因为豆荚受到人为的损伤而导致减产。采摘可持续一个月至一个半月,通常选择 8:00~9:00 进行。若采收时间延滞,则易导致嫩荚变老,表现为纤维量增多、荚身变大、荚壁变厚。嫩荚质量的降低,不仅影响产品合格率,最终还会影响荷兰豆整体的质量。

六、高山荷兰豆栽培中常见问题及预防措施

(一)死苗

1. 产生原因
(1)轮作年限短,土壤带菌。
(2)地下水位高,排灌不便。
(3)播种过浅,或浇水后没有把冲走土壤的种子及时覆盖上土,造成种子外露,出苗后晒死。
(4)害虫危害。

2. 预防措施
(1)选择 3~4 年没有种植过荷兰豆、地下水位低、排灌方便、有机质含量高的微酸性或中性土壤种植。
(2)播种前 2~3 d 进行晒种,可提高种子的发芽率和发芽势;剔除种子中的病粒、破碎粒、秕粒和混杂粒,减少病虫害侵染的可能性,提高种子的整齐度和种子纯度。

(3)提高播种质量,播种深度2~3 cm,播后用腐熟的有机肥或作物秸秆进行覆盖。此法不仅能保持土壤水分,同时也可避免因浇水把所覆盖种子的土壤冲走,造成种子外露。

(4)当植株生长至4~6叶时,结合中耕,及时进行除草培土,培土厚度2~4 cm。

(5)在植株生育过程中,发现病株及时清除,并用75%的百菌清对土壤进行消毒。采收结束后,病残枝集中深埋或焚烧处理,彻底消除病原菌的再次传播。

(6)做好害虫防治。虫害主要有潜叶蝇、蚜虫、地老虎、蝼蛄。①潜叶蝇可用98%巴丹原粉兑水600倍液喷雾,或1.8%斑潜皇兑水1 000倍喷雾。②蚜虫可用10%吡虫啉4 000~6 000倍液喷雾。③地老虎、蝼蛄等地下害虫可用50%辛硫磷兑水1 000倍液,或40%毒丝本兑水1 200倍液浇根。

(二)落花落荚

1.产生原因

(1)高温干旱不利于花的发育,造成花朵凋萎,出现落花脱蕾现象。

(2)开花期遇到25℃以上的高温干旱天气,造成落花落荚。

2.预防措施

(1)掌握好适宜的播期,使开花期处在高温干旱来临之前,可减少落花落荚。

(2)植株开花前一般不浇水,出齐苗后进行浅中耕松土保墒,增加土壤透气性,促进根系发育,防止营养生长过旺。开花后至结荚期,保持土壤湿润,使营养生长和生殖生长达到平衡,可减少落花落荚现象。

第六章　高山瓜类蔬菜栽培技术

第一节　西葫芦

一、品种选择

宜选择耐寒、抗逆、抗病,瓜条长棒形、油绿色果皮、商品性好,植株生长势强、连续坐瓜能力强,产量高的品种。高档特色西葫芦,宜选择商品瓜金黄色、亮度好、外观漂亮、瓜条直的品种。

1. 京葫 CRV1

北京市农林科学院蔬菜研究中心选育。中早熟,长势壮,株型好,抗倒伏。商品瓜浅绿色,中长柱形,光滑顺直,商品性好。雌花多,瓜码密,连续结瓜能力强,膨瓜快,产量高。高耐病毒病和白粉病。适应性广,适宜高海拔越夏露地种植。

2. 绿秀 516

美国引进。中早熟,植株生长旺盛,瓜纵径 20~22 cm,单瓜重 200~300 g,瓜条顺直,颜色嫩绿、光亮,商品性极佳。抗病性强,耐白粉病及霜霉病。应及时采收,以利于连续结瓜,提高产量。适宜高山越夏栽培。

3. 新浪潮

美国引进。早熟,从播种到采收约 43 d。植株生长势强,连续坐瓜能力强,前期、中期产量高,后期不易早衰。瓜条顺直,长圆柱形,表皮光亮,呈浅绿色,瓜条纵径约 22 cm,横径 6 cm 左右,品质优秀,高抗枯萎病、白粉病、霜霉病。既可在露地栽培,也可在保护地栽培。

4. 珍奇

美国引进。中早熟,瓜条长筒形、顺直,瓜纵径 18~20 cm。瓜皮浅绿色、有光泽,外观鲜嫩,商品性好。瓜码密,连续结瓜能力强,丰产性优良。抗病毒病,低温坐瓜能力强,适应性广,适宜多茬口栽培。

5. 中葫 8 号

中国农业科学院蔬菜花卉研究所选育。早熟,植株矮生,生长势较强。瓜型棒状,瓜蒂端略粗,微棱,瓜皮白绿色。以嫩瓜食用为主,品质脆嫩,以采收 250 g 左右嫩瓜为宜。抗逆性强,每亩产量 5 000 kg 以上。适宜高山越夏栽培。

6. 玉莹

中国农业科学院蔬菜花卉研究所选育。早熟,第 1 雌花节位为第 5 节左右,几乎节节有瓜,结成性强。瓜形棒状,粗细较均匀;瓜皮浅绿色带有白色斑点,光泽度好。商品瓜纵径 18~20 cm,横径 6 cm 左右。喜肥水、抗病性及耐低温弱光能力强。植株矮生、生长势中等、开展度小。每亩产量 5 000 kg 以上。适宜高山越夏栽培。

7. 东葫 5 号

山西省农业科学院棉花研究所选育。早熟,从播种到采收商品嫩瓜约需 43 d。植株矮生,长势强,叶片深绿、有缺刻,根系强大,后期不衰,属稳产型西葫芦品种。第 1 雌花节位为第 6~7 节,雌花密,成瓜率高,商品瓜长棒形,皮色淡绿、有光泽。每亩产量 4 200 kg 左右。适宜高山越夏栽培。

8. 凯帅

太原市农业科学研究院选育。早熟,从播种到采收 300 g 嫩瓜需 38 d 左右。植株生长势较强,开展度中等,叶片五角缺刻,叶色绿,上有少量白色斑点。第 1 雌花节位为第 7 节,雌花多,成瓜率高。商品瓜单瓜重 300 g 左右,圆柱形,瓜纵径 23 cm 左右。瓜条顺直,皮色翠绿,光泽度好,品质优良,耐贮运、耐高温,生育后期不易早衰。每亩产量 5 000 kg 左右,中抗 CMV,适宜高山越夏栽培。

9. 露玉 33

山西省农业科学院农业资源与经济研究所选育。中早熟,从播种到采收 250 g 左右的嫩瓜需 40 d。株型矮生,开展度中等。叶片五角缺刻且较深,叶色深绿,上有小量白色斑点。第 1 雌花节位为第 7~8 节,雌花多,成瓜率高。商品瓜长圆筒形,皮色浅绿色。耐逆性强,丰产、抗病,采收后期瓜色不变。每亩产量 5 000 kg 左右,适宜高山越夏栽培。

10. 秀玉 4363

山东省华盛农业股份有限公司选育。中早熟,植株长势较旺,株型紧凑,侧枝较少,茎秆粗,茎色黑绿,节间中等偏长,叶色黑绿有少量白斑。第 1 雌花节位为第 7~8 节,雌花多,成瓜率高。瓜皮翠绿油亮,瓜纵径 23~26 cm,最长可达

27 cm,横径 6~7 cm。每亩产量 1 700 kg 左右。品种适应性强,适宜多茬口栽培。

11. 寒绿 7042

山东省华盛农业股份有限公司选育。早熟,连续结瓜能力极强,可同时带瓜 5~6 个。瓜条匀称顺直,纵径 28 cm 左右,横径 6~7 cm。斑点小而均匀,皮色翠绿,细腻有光泽,商品性优良。抗病性强,高抗病毒病,适宜高山越夏栽培。

12. 东葫 4 号

山西省农业科学院棉花研究所选育。中早熟,从播种到采收 250 g 左右的嫩瓜需 43 d。株型半蔓生,开展度大。叶片浅缺裂,叶色深绿,上无白色斑点。第 1 雌花节位为第 6~7 节,雌花多,成瓜率高,单株 3~4 个瓜可同时生长。商品瓜长筒形,皮色翠绿,光泽度好,每亩产量 5 600 kg 左右。抗病毒病和白粉病,适宜高山越夏栽培。

13. 珍玉 35

河南豫艺种业科技发展有限公司选育。早熟,长势健壮,株型紧凑,结果能力强。幼果嫩绿有光泽,瓜纵径 22 cm 左右,果柄短,单瓜重 400~600 g。突出优点:膨果速度快,瓜形圆润,抗病毒病能力强,丰产高产。适宜高山越夏栽培。

14. 早冠

极早熟,植株直立开放型。花后 5~7 d,单瓜重 300 g,瓜码密,坐果能力强。果实可在播种 35~38 d 后采收,皮色油绿色,商品性佳。连续坐果能力强,产量高。抗病毒病能力强。耐病毒病和白粉病,栽培适应性广。

15. 冬青

山西省太谷德丰种业有限公司选育。中早熟,植株长势旺盛,坐瓜多,不谢秧,连续坐瓜性强。瓜纵径 24~26 cm,横径 6~8 cm,瓜条顺直,圆柱形,色泽翠绿、光亮,耐贮运,商品性好。茎秆粗壮,长蔓和膨瓜协调,易管理。抗病抗逆性强,耐寒,产量高。适宜高山越夏栽培。

16. 安德福

酒泉市安德福种业有限公司经销。中早熟,定植后 40 d 采收。植株生长健壮,半展开,叶色深绿带银斑。瓜长筒形,瓜条顺直,果皮黄色,表皮光滑,外表美观,商品性好。瓜纵径 15~20 cm,横径 3.5 cm,单瓜重 120 g。抗白粉病、病毒病。商品性好,适应性强。适宜露地栽培。

17. 金光

以色列引进。早熟,蔓粗壮,基本不生侧蔓。节间 3~4 cm,叶柄 20~25 cm,

叶片厚大。第 5~6 节(蔓长 20 cm 左右)开始出现第 1 雌花。雌花授粉后 7~10 d 果实达 200 g,可生食采摘。每株产瓜 10~15 个,单株产瓜重 2.0~3.0 kg,每亩产量 3 000~4 000 kg。果实棒状带棱,瓜条顺直,尖削度小。果皮金黄明亮,果肉亮黄色,瓜形美观,色泽艳丽,品质嫩脆,可炒食、凉拌生食,很受消费者欢迎。既可在露地栽培,也可在保护地栽培。

18. 金元帅

美国引进。早熟,成熟期 46~52 d。植株长势旺,坐瓜能力强。瓜圆柱形,纵径 18~22 cm,瓜皮金黄色,有蜡质光泽及微棱。瓜肉白嫩,品质佳。既可在露地栽培,也可在保护地栽培。

19. 京香蕉

北京市农林科学院蔬菜研究中心选育。早熟,株型直立矮生型,生长健壮,节间短,瓜码密,连续结果能力强,丰产性好。商品瓜金黄色、亮度好,外观漂亮。瓜条直,长圆筒形,瓜纵径 20~25 cm,横径 4~5 cm,收获期长,产量高。果实含有丰富的类胡萝卜素,营养价值高。

20. 金浪

美国引进。中早熟,植株生长势强,丰产,果色金黄,外形美观。果实长棒型,纵径为 18~20 cm,横径 4 cm。果皮平滑,有蜡质,果肉白嫩。植株较开放,利于采摘,出苗后 49 d 即可采收上市,适宜采收。既可在露地栽培,也可在保护地栽培。

21. 金珊瑚

先正达种苗(北京)有限公司经销。早熟,果实为金黄色,瓜条直,圆柱形,果柄绿色,瓜纵径达 25 cm,横径 5 cm,单瓜重 400 g 左右。株型直立,节间短,每亩产量可达 7 000 kg。适宜于保护地和露地栽培。

二、育苗

根据采收时间,一般于 4 月中旬到 6 月上旬采用穴盘育苗。

三、施肥整地

应选择地势平坦、土层深厚、保水保肥能力强、疏松肥沃的地块,忌选择重茬、连作地块。定植前 15 d 整地施肥,深翻 30 cm 以上,确保土壤疏松,蓄水保墒。结合整地,每亩施入优质腐熟有机肥 3 000~5 000 kg、氮磷钾复合肥 40~50 kg,按行距 80~100 cm,做成垄宽 50 cm 的平畦,或 15~20 cm 的小高垄,覆 70 cm 宽地膜。

四、定植

5 月中下旬到 6 月下旬定植。每垄定植 1 行,采用等行距定植,株距 50 cm。定植前按株距先打孔,定植时一手握住含有基质块的幼苗根部,另一只手拔开定植穴,放入点浇后,立即用浮土压实。一般每亩定植密度 1 500~1 800 株。

五、田间管理

(一)结瓜前管理

从定植到结瓜前 20~25 d,以控水、促根、发秧、防徒长为主,培育壮苗,为后期丰产打好基础。定植缓苗后,根据幼苗的生长情况,可浇 1 次催苗水,但此水不宜过大。同时根据基肥情况随水施入粪尿 500 kg,或每亩施硝酸铵 10~15 kg,以达到促秧的目的。浇完促秧水后要中耕 2~3 次,以提高地温、促根壮秧。中耕时切忌伤根,因西葫芦的根易木质化,断根后很难复根。在此期间一般不浇水,否则会引起植株的徒长,从而导致落花落果。但过分干旱时或缺肥时应视情况适当浇水施肥,否则会使秧苗瘦弱,开花过早、过多,导致瓜小,产量下降,品质变差。出现以下情况,视苗情而定:如果发生徒长,可喷 50% 矮壮素 600 倍液防止徒长;如果秧上瓜码过多,出现坠秧现象,则要及时疏去部分幼瓜。

(二)结瓜期管理

1. 水肥管理

当根瓜长至 10 cm 时,可结合追肥浇 1 次膨瓜水。每亩追施磷酸氢二铵或氮磷钾复合肥 10~15 kg。根瓜采收后,第 2 个瓜膨大时结合浇水,进行第 2 次追肥,每亩追施硫酸钾或氮磷钾复合肥 20~25 kg。以后结合采瓜,每采收 2 次追 1 次磷酸氢二铵或氮磷钾复合肥,3~5 d 浇 1 次水。

2. 植株调整

把枝蔓在田间同一方向牵引,使枝蔓排列有序,以利于通风透光。若营养生长长势弱,要及时疏果,防止坠秧而化瓜,并要及时摘除病叶、老叶,增加通风透光性,减少病害的发生。

3. 人工辅助授粉

若雄花开放少,坐果困难,要进行人工授粉。人工辅助授粉要在 10:00 之前进行,以避免授粉不良;选晴天上午浇水,酌情随水追肥,以避免产生畸形瓜。

(三) 及时采收

西葫芦在一条主蔓上连续结瓜,下部的瓜如不及时采收,不但影响上部的幼瓜生长,甚至还会引起化瓜。因此只有提高采收率,多采收嫩瓜,才是获得瓜果优质高产的途径。一般开花后 10~15 d,瓜条具备商品价值后即可采摘嫩瓜上市。西葫芦为高产作物,生长期喜欢大水大肥,采收 1 茬后要及时浇水和施肥,以保证植株旺盛。高峰期每天都可采收 1 茬。

六、采收注意事项

采收最好在早晨进行,采收时注意不要损坏瓜秧,不要遗漏应采收的嫩瓜。采收后截取过长果柄,用发泡网套好,然后装袋或装箱,并及时进入销售渠道以保证新鲜度。

七、高山西葫芦栽培中常见问题及预防措施

(一) 畸形瓜

西葫芦畸形瓜的主要表现为圆瓜、尖嘴瓜、大肚瓜等。

1. 产生原因

(1) 授粉不良,授粉药浓度过高或喷施不均,授粉时间过早,造成西葫芦生长失衡,导致坐果异常,造成畸形瓜。

(2) 温度过低、湿度过大、光照不足等都会影响植株根系对养分的吸收,造成植株的营养不良,抑制了果实的生长发育而形成畸形瓜。

(3) 结瓜初期,如果肥水供应不足,容易因为营养不良而形成尖嘴瓜;结瓜中期,如果肥水不足则则易形成细腰瓜,而肥水过足则还容易造成大肚瓜;生产后期,植株老化衰弱,如果茎叶密度过大,通风透光不良,则容易形成细长歪把瓜而造成畸形。

(4) 植株留瓜过早,或留瓜过多,植株功能叶片不足,根系发育不完全,营养供应不足,则会造成植株营养生长和生殖生长的失衡,进而形成畸形瓜。

2.预防措施

(1)合理供应肥水。定植前合理施用基肥,做到养分均衡。定植后要根据西葫芦生长特性及各个阶段不同的需求进行管理,应保证植株有充足的养分积累。增施有机肥以及中微量元素肥,以起到长效与速效相结合的目的。为保持各种元素营养平衡,可基肥搭配农家肥,以满足西葫芦整个生长期生长、发育的养分需求。在生产中期,由于结瓜较多,需肥水量较大,一定要保持土壤肥水供应及时充足,以避免肥水不足而产生畸形瓜。在每采收完1次瓜后便追肥1次,以满足正常的生长需要。及时采收商品瓜,保持植株生长旺盛。

(2)注意适时调控植株长势。在结瓜初期,适当喷施植物生长调节剂,调节西葫芦植株生长平衡。应根据植株长势、气候条件等因素,合理科学留瓜。

(3)加强管理,减少病虫害发生。发现带病植株要及时拔除,防止植株间传染。

(二)烂瓜

1. 产生原因

(1)灰霉病引起的烂瓜

西葫芦灰霉病由真菌侵染所致。病菌遗留在土壤中或附着在病残体上借气流、雨水及田间操作传播。病菌多从开败的花部侵入,使花腐败。幼瓜感染后,蒂部初成水浸状,幼瓜迅速变软,表面密生灰褐色霉层,导致果实萎缩腐烂。若病花、病瓜落在叶片上,使叶片发病,形成大型的近圆形或不规则形褐斑,表面着生少量灰霉。病花、病瓜如附着在蔓茎上,则茎也会腐烂折断。种植密度过大、光照不足、浇水过多、通风不良、阴雨天较多等因素,会加重病害发生。

(2)疫病引起的烂瓜

西葫芦疫病由真菌侵染所致。病菌在土壤中或以菌丝体等形式随病残体在土壤或粪肥中越冬,借风、雨、浇水等途径传播蔓延。病菌可在土壤中存活5年以上。瓜条发病,初呈暗绿色水浸状小点,凹陷病斑,整个瓜条很快软腐;潮湿时,表面密生灰白色霉状物,发出腥臭气味。浇水多、地势低洼又易积水、平畦栽培、施用未腐熟的有机肥及连作等,均易于发生疫病。

(3)黑星病引起的烂瓜

西葫芦黑星病由真菌侵染所致。病菌在未腐熟的粪肥、土中的病残体上,或附在架竿等物上越冬,也可在种子上越冬,并可随种子进行长距离传播。果实发病后,形成椭圆形或纵长凹陷斑,后发育受阻形成畸形果。果实病斑多呈疮痂状,有的烂成孔洞。病部分泌出半透明胶质物,后变成深黄色,形成块状。病菌一般从伤口和气孔侵入。种植过密,易于发病。

2.预防措施

(1)清洁田园

前茬收获后,彻底清除病残株,深翻土壤,减少初侵染源。及时清除感病的腐烂花和被害瓜条,摘除病叶烂叶。发现中心病株,及时拔除,带到种植地外集中深埋或销毁,防止人为传播。注意在摘除生有灰色霉层的发病部位时,最好先用一个塑料袋套住发病部位后再除去,并使发病部位落入袋中,以防病菌传播。

(2)进行耕作改制

尽量避免重茬及与瓜类连作,与非瓜类作物轮作 3 年以上。

(3)增施有机肥

增施有机肥可以改善土壤理化性状,提高土壤肥力,从而使西葫芦植株发育健壮,增强抗病毒病能力。基肥穴施时,必须用腐熟好的有机肥;并且要把肥与土混合均匀,不能施得太多,以免引起烧根。

(4)种子消毒

加强检疫,以防止病害随种子传播。一是可用55℃温水浸种 15 min,然后捞出种子,用清水冲洗后再催芽播种,以防治黑星病。二是播种前用40%甲醛对种子消毒,以防治疫病。

(5)采用高畦(垄)地膜栽培

高畦(垄)地膜栽培便于排水,防止土壤积水,能有效保持土壤的湿度,提高土壤温度,降低杂草、病害的发生。

第二节　西洋南瓜

一、品种选择

目前栽培的小南瓜品种主要是锦栗南瓜和红栗南瓜。锦栗南瓜果皮深绿色,红栗南瓜果皮深红色,都属西洋南瓜类型,特点是果实整齐一致,肉质紧密,耐贮运,淀粉、蛋白质、果胶物质及维生素等含量远远高于普通南瓜,对糖尿病、高血压、冠心病等具有预防和辅助治疗作用。果实还可深加工成南瓜粉、南瓜茶等高附加值产品。

1. 贝贝

上海惠和种业有限公司经销。早熟品种,开花后38~40 d收获。果皮黑绿色带浅绿色条纹,单果重约500 g的扁圆形强粉质品种。口味特佳,品质超群。长势旺盛,后期不易早衰,收获期长。单棵植株可以收获10个以上,产量高。

2. 粟丰

上海惠和种业有限公司经销。果型扁平,单果重1 800~2 000 g。果皮呈深绿色,果肉黄色。强粉质、糖度稳定、口感好。坐果性好,开花后50 d左右收获。

3. 贝粟

湖南省瓜类研究所选育。植株生长势强,生长期90 d左右,果实发育期约35 d。正常结果植株主蔓长2.5~3.5 m,节上易发生不定根,叶绿色,最大叶幅35 cm。第1雌花节位为第4~5节,坐果性好,每株可坐果5~7个。果实成熟后花痕部直径小,果实扁圆形,果形指数0.5。果皮绿色,有数条纵列的浅白条带。单瓜重700 g左右,果实整齐一致,商品率高。果肉黄色,肉质致密,肉厚2.0 cm,质粉味甜,风味好。种子粒小、白色。抗逆性强,耐低温、高湿,耐白粉病,对病毒病的抗性较强。适应性广,除适宜于露地栽培外,还适宜保护地栽培。

4. 大吉

早熟品种,单株结瓜2~4个,果实经开花后40 d老熟采收。叶形较小,适于密植。果实扁球形,单瓜重1 200~1 600 g,果皮青黑色,稍有灰绿斑纹,果梗较细短。肉色橙黄亮丽,肉质粉质,香甜可口,品质优良,耐寒不耐热。

5. 绿珍宝

合肥华夏西瓜甜瓜科学研究所选育。早中熟。植株生长健壮,株形紧凑,叶片较小。果实扁球形,单瓜重2 000 g,一般亩产量2 000 kg左右。果皮青黑色,花脐部显放射状的淡绿色条带。果肉橙黄亮丽,粉质,风味佳,品质极优。易坐果,适应性广,除适宜于露地栽培外,还适宜保护地栽培。

6. 红粟2号

湖南省瓜类研究所选育。生长期110 d左右,开花到果实成熟约45 d。植株生长势强,正常结果植株主蔓长5~6 m,主茎粗1.5 cm,节上易发生不定根。叶绿色,表面有白粉,最大叶幅42 cm。第1雌花节位为第7~8节,坐果性好,二次坐果能力强。果实成熟后花痕部直径小,幼果果柄黄色,果实高扁圆形,果形指数0.9。果皮红色,有数条纵列浅白条纹。单瓜重2 700 g,一般亩产量3 000 kg左右。果实整齐一致,商品率高。果肉橙红色,肉质致密,肉厚4.0 cm左右,质粉味甜,风味好。抗病、抗逆性强,耐低温、高温,适应性广。除适于露地栽培外,还可用于保护地早熟栽培和秋冬延后栽培。

7. 金香栗

黑龙江省农业科学院园艺分院选育。长蔓类型,生长势中等,主蔓发达,主蔓第 1 朵雌花在第 6~8 节,以后每隔 3~4 节产生 1 朵雌花。果实扁圆,果皮红色艳丽,果个整齐,商品性突出。平均单瓜重 2 000 g,横径 20~22 cm,纵径 12~14 cm,肉厚 3.0 cm。一般单株结瓜 2~4 个,多蔓整枝结瓜更多,一般亩产量 2 400 kg 以上。肉色橘黄,肉质紧密,口感甜面。抗白粉病、霜霉病。既适于露地及地膜覆盖栽培,又适合温室、大棚栽培,适应范围广。

8. 东升

台湾农友种苗公司选育。幼果淡黄色,成熟果橙黄色,果实厚扁球形,果色鲜艳。单果重 1 000~1 500 g,单株结果 2~3 个。开花后 40~50 d 开始采收。愈晚采收,肉质愈粉质而甜,贮藏力强,风味不易变化。耐病性好,性喜冷凉气候,适宜高山地区越夏栽培。

二、施肥整地

南瓜根系发达,长势旺,宜作成宽 4~5 m 的爬蔓畦。在爬蔓畦中间作 0.7~0.8 m 的播种畦,播种畦要细平,爬蔓畦粗平,且略成龟背形。结合整地施足基肥,一般中等肥力田块每亩施腐熟鸡粪 1 000 kg,或腐熟有机肥 2 000~3 000 kg。化肥以条施为主,以便提高肥效,一般每亩施氮磷钾复合肥 50 kg。

三、播种覆膜

5 月上旬到 6 月上旬可陆续播种。按株距 50 cm 挖穴,每穴浇水 1.5~2.0 kg,水下渗后,即可播种。种子平放在穴内,每穴 1 粒,覆土深度 1.5~2.0 cm,用铁铲轻拍一下。在垄沟的两侧各开一小沟,顺垄铺 1.0~1.2 m 宽的地膜,把膜绷紧,使膜下形成一个空间。

四、田间管理

(一)破膜放风

当 2 片子叶出土后,为防止烧苗,在苗上方将膜捅破进行放风。

(二)除草封穴

当幼苗长出 1 片真叶时,揭开一侧地膜,每亩追施尿素 10 kg。后中耕除草,膜复原位,苗露膜外,苗基部用潮土压实。膜内处于封闭状态,防草保水。

(三)整枝授粉

为获高产,每株留一主蔓和一侧蔓,以后见侧枝均去掉。将第 1 雌花摘掉,当第 2 雌花开花时,进行人工授粉,待瓜坐住后(鸭梨大小),前端留 6~7 片叶打顶。

(四)翻瓜、垫瓜、防日晒

爬地栽培,地面潮湿,极易使瓜贴地面部分不光滑,形成癞瓜。可在果实膨大期,用泡沫等不吸水材料垫瓜,保持瓜形美观。垫瓜时将瓜翻面,使瓜柄向上,使瓜身受光均匀,保持瓜面着色一致。一般红皮品种,光线越强着色越红,瓜皮表面光泽越好;绿皮或墨绿皮品种不耐强光照射,易造成日灼,影响商品性。所以当瓜长到 500 g 大小时,要用瓜叶或杂草盖瓜。

五、收获

一般早熟品种在开花后 23~25 d,中熟品种需要 30~35 d,即可采嫩瓜上市。老熟瓜采收,在花后 45 d 以后,果梗周围有裂纹时,越迟品质越佳。

六、高山西洋南瓜栽培中常见问题及预防措施

(一)常见问题及产生原因

1. 化瓜

当幼瓜鸡蛋大小或更大一些时会自然脱落、腐烂。一是植株营养生长不良,不能供给幼果足够的营养;二是偏施氮肥,造成植株营养生长过旺,出现徒长,使幼瓜同样得不到足够的营养而脱落。

2. 癞瓜多

果实表面出现许多大小不等且无规则的瘤状突起,严重影响其外观品质。其主要原因是蔬菜害虫(如蛞蝓、瓜实蝇等)为害而产生流胶形成的。

3. 着色不均匀

果蒂部着色较好,颜色深且均匀,而果脐部或靠近地面的部位则颜色浅,且不均匀。其主要原因:一是高温引起病毒病;二是在温度不适和光照不良的条件下,红皮品种以表现红色的花青素表达不充分,而表现绿色的叶绿素不规则地显现出来,从而形成绿斑;三是在阴雨多,或叶蔓过于郁闭,或果实接触地面的部分,就会因为低温、光照差而出现绿斑;四是在外界气温过高的情况下,植株生长发育受到抑制,干扰了其正常的生理功能,从而使果面出现绿斑。

4. 易感病

锦栗南瓜和红栗南瓜植株易感病毒病、疫病,果实易感绵腐病。原因,一是与品种抗性有关,二是遇到了温度高、降雨多、湿度大的天气。

5. 产量偏低

目前锦栗南瓜和红栗南瓜每亩产量大约为 1 000~1 200 kg,有的甚至更低。其原因是多方面的:一是与品种特性有关,大多板栗南瓜品种果实偏小,一般单瓜重只有 1 000~1 200 g;二是与栽培管理措施有关,如基肥不足、偏施氮肥、前期温度太低、后期温度偏高、整枝不当、病虫害防治不及时等,都会影响产量。

(二)预防措施

1. 适时播种

根据各地小气候,选择适宜播种期,使开花结果期尽量避开高温环境。

2. 科学整枝

分枝能力较强,如不及时整枝,则会影响开花结果。一般采用双蔓整枝法,即除留主蔓外,还留一健壮侧蔓;每条蔓只留 1~2 个果,其余的雌花全部摘除,以免因结果太多而形成小果。整枝时应掌握"早、勤、狠"的原则,即整枝要早,及时选好一健壮侧蔓,而把其他侧蔓摘除;其次要勤整枝,一般 2~3 d 进行 1 次,以免养分浪费。最后打顶要狠,当结果蔓长 2.5~3.0 m 时要及时打顶,以使更多的养分供给果实生长。

3. 立体栽培

立体栽培不仅可以避免瓜直接接触地面,防止癞瓜产生,而且可以改善光照条件,有利于瓜均匀着色,提高瓜的商品性。同时,还可以增加单位面积的定植株数,提高土地的利用率。但采用立体栽培要注意及时引蔓,最好 2~3 d 进行 1 次绑蔓。

4. 人工授粉

采用人工辅助授粉,一方面可提高结实率,另一方面由种子及时发现畸形瓜,提高瓜的商品率。一般选晴天早晨5:00~9:00进行人工授粉较好,将开放的雄花摘下,去掉花冠,将雄花花粉轻轻抹在雌花的柱头上。一般1朵雄花可以授2~3朵雌花。

5. 及时防治病虫害

可用20%氢氧化钠溶液,或10%磷酸三钠溶液浸种20 min,再用清水冲洗3~4遍,然后浸种催芽,可有效防治病毒病。生长前期应加强黄守瓜的防治,成虫可用40%氰戊菊酯8 000倍液,或灭杀毙8 000倍液;幼虫可用50%辛硫磷1 000~1 500倍液灌根。此外,在瓜田地面撒草木灰、烟草粉、木屑、糠秕等,可阻止成虫产卵。

6. 适时采摘

一般在八成至九成熟时采收。采收标准依品种而异,若是红色品种,则当瓜面呈橙红色,用手指甲不易刻动,果梗部开裂,木栓化时采收;若是青皮品种,则当瓜面呈深绿色或墨绿色,用手指甲不易刻动时采收。采收时用剪刀剪留2~3 cm长的果梗,有利于果实长期贮存。

7. 合理贮藏

南瓜采收后,应进行预冷,将刚采收的南瓜放至干燥、阴凉、通风处1~2 d后入库。入库前,库房应先用高锰酸钾或福尔马林进行熏蒸消毒。贮藏期间应勤检查,一旦发现感病的瓜要立即挑出,以免感染其他好瓜。

第七章 高山绿叶菜类蔬菜栽培技术

第一节 叶用莴苣(生菜)

一、品种选择

应根据当地的气候条件、栽培季节、栽培方式及市场需求,确定适宜的品种类型和品种。选择时应考虑到品种抗病性、适应性、产量及商品性。

(一)结球生菜

1. 雷诺

美国引进。早熟,生长期80 d左右。叶片中绿,叶片内合,外叶较少,有皱褶,叶缘缺刻。叶球圆形,结球紧实,外表光滑。单球重650 g左右,抗霜霉病,抗抽薹能力强。适宜露地及保护地越冬栽培。

2. 元首

美国引进。中早熟,生长期80 d左右。植株生长势强,叶片翠绿较厚,外叶较少,叶缘有缺刻。叶球圆形,外表光滑,质地脆嫩。抗抽薹能力强,适应性广。

3. 射手101

意大利引进。中早熟,生长期85 d左右。叶片绿色,外叶较大,叶缘略有缺刻。叶球圆形,顶部较平,结球稳定整齐,单球重600 g左右。耐烧心、烧边,品质好,耐热,抗病性较强。适应季节和种植范围广泛。

4. 万胜118

北京鼎丰现代农业发展有限公司经销。中早熟,生长期80~85 d。叶色鲜绿,叶缘中等缺刻,单球重700 g。抱球均匀稳定,品质好,丰产。抗热性良好,耐烧心、烧边、耐雨水,综合抗病性较强。

5. 喜绿101

大连米可多国际种苗有限公司经销。中早熟,生长期80 d左右。植株生长势强,叶球扁圆,颜色鲜绿,叶缘浅裂,叶面微皱。口感较好,耐热性较强,不焦边。单球重700 g以上,产量高,亩产量可达3 000 kg。

6. 生菜王

天津惠尔稼种业有限公司经销。中早熟,生长期80 d左右。适应性强,叶球中等大小,球形扁圆,结球紧实。单球重600 g左右,整齐美观,不易变形。速生丰产,品质优,种植范围广泛。

7. 名匠

天津惠尔稼种业有限公司经销。早中熟,生长期约80 d。外叶少,球大,单球重600 g左右。球形扁圆,结球紧实端正,叶缘略有缺刻,叶球近圆形,叶裂刻较深,叶面微皱。品质好,脆嫩多汁,抗病性强,春秋均可种植。

8. 佳绿101

北京东汇盛种业科技有限公司经销。中早熟,生长期约85 d。外叶较少,叶片绿色,叶面微皱,叶缘波状缺刻。结球稳定性好,抱合紧实,球形中等大小。单球重在600 g以上,口感脆嫩。耐热性较好,产量高,亩产可达3 000 kg。

9. 奥林匹亚

日本引进。极早熟,生长期65~70 d。叶片淡绿色,叶缘缺刻较多,外叶较小而少。叶球淡绿色稍带黄色,较紧密,单球重400~500 g。品质佳,口感好,耐热性强,抽薹极晚,是适宜夏季栽培的专用品种。

10. 凯撒

日本引进。中早熟,生长期80 d左右。抗病性强,高温结球性好,球内中心柱极短,基部紧凑,叶球高圆形,球重约500 g,品质好。株形紧凑,生长整齐,肥沃土地适宜密植,具晚抽薹性。

11. 皇帝

美国引进。中早熟,生长期85 d。叶片中等绿色,外叶较小,叶片有皱褶,叶缘缺刻。叶球中等大,很紧密,球顶部较平。生长整齐,单球重500 g,品质优良。耐热性好,种植范围广,适合春秋露地栽培,还适宜作越夏栽培品种。

12. 萨林娜斯

美国引进。中早熟,从定植至采收50 d。生长旺盛、整齐。外叶深绿色,叶缘缺刻小,叶片内合,外叶较少。叶球为圆球形,绿色,结球紧实,单球重500 g,亩产量2 800~4 000 kg。外观好,品质优良,成熟期一致。较耐热,抽薹晚,耐运输,抗霜霉病和顶端灼烧病,适应夏季栽培。

13. 大湖659

美国引进。中熟,生长期90 d。叶片绿色,外叶较多皱褶,叶缘缺刻。叶球大而紧实,单球重 500~600 g。产量高、品质好、耐寒性较强,不耐热。

14. 大湖 118

美国引进。中熟,生长期 85~89 d。外叶深绿色,叶缘锯齿状,叶面微皱而开展,心茎大,紧密度中等。叶球大,圆球形,绿色。稍抗顶端灼烧病,品质优良。

15. 皇后

美国引进。中早熟,生长期 85 d。植株生长整齐,外叶较深绿,叶片中等大小,叶缘有缺刻。叶球中等大小,结球紧实,单株重 500~600 g,亩产量 2 000~3 000 kg。风味极佳,其突出特点是抽薹晚,较抗生菜花叶病毒病和顶部灼伤。

16. 京优一号

北京市农业技术推广站育成。极早熟,全生长期 65~70 d。长势旺盛、整齐。叶片翠绿色,叶缘缺刻深且细密,外叶较多,向外平展。叶球圆形,抱合紧实。单球重 400~500 g,平均亩产量 2 000 kg。品质脆嫩,口感好。既耐寒,又耐热,抗抽薹能力较强,抗菌核病、灰霉病和顶端烧病能力较强。

17. 圣代

美国引进。中早熟,生长期 85 d 左右。叶片中绿色,外叶较大,叶缘略有缺刻。叶球圆形,顶部较平,结球整齐。单球重 700 g 左右,亩产量 3 000 kg 以上。耐烧心、烧边,品质好,抗热、抗病性较强。

18. 双子结球生菜

中熟,生长期 85 d 左右。生长势强,叶片暗绿色,外叶较大,叶片厚。叶球大,球形整齐。单球重可达 700~800 g,一般亩产量 3 000~4 000 kg。适应性、抗病性均较强,尤其对叶片顶端灼烧病有较强抗性,是冷凉地区夏季栽培收获的首选种植品种。

19. 绿优

中早熟,生长期 85 d 左右。叶片中绿色,外叶较大,叶缘有缺刻。叶球圆形,顶部较平,结球稳定整齐。单球重 700 g 左右,亩产量 3 000 kg 以上。耐烧心、烧边,品质好,抗热、抗病性较强。

20. 爽脆

美国引进。早熟,播种至采收 85 d 左右。叶近圆形,叶缘缺刻浅,叶面微皱,叶片较厚,外叶深绿色。植株开展度 46 cm,高 17 cm。叶球绿白色,单球重 800 g,净菜率 70.4%。质爽脆、味清甜,适生食和熟食。耐顶端灼烧病,对霜霉病、菌核病和软腐病抗性也较强。突出表现是叶球大而紧实,外叶少,高产、优质、抗病性强。

21. 百胜

北京市农业技术推广站选育。中熟,生长期90 d 左右。长势健壮,开展度 40 cm。叶片绿色,外叶中等大小,缺刻较浅。结球稳定性好,抱合紧实,单球重 600~800 g。耐热性和抗抽薹性突出,耐病性好,适应季节和种植范围广泛。

(二)散叶生菜

1. 罗马直立生菜

早熟,生长期60 d左右。叶片绿色,叶缘基本无锯齿。叶片长,倒卵形,直立向上伸长。叶质较厚,叶面平滑。后期心叶呈抱合状,耐寒性好,抽薹较晚,品质好,亩产量2 000 kg 左右。

2. 玻璃生菜

叶簇直立生长,株高25 cm。叶片簇生,黄绿色,倒卵形,有皱褶,带光泽。叶缘波状,中助白色,叶群向内微抱,但不紧密。叶片易擗,脆嫩爽口,略甜,品质上乘。单株重300~500 g,净菜率高,一般亩产量2 000~3 000 kg。

3. 罗莎散叶生菜

北京市农业技术推广站选育。早熟,从播种到采收60~70 d。株高25 cm,叶片长椭圆形,叶缘呈紫红色,色泽美观,叶缘皱。茎极短,不易抽薹。喜光照温和的气候条件,适应性强。每亩产量2 000 kg 左右,产品深受消费水平较高者欢迎。

4. 紫叶生菜

美国引进。早熟,生长期50 d。叶簇半直立,株高25 cm。叶片皱,长卵圆形,叶缘呈紫红色,色泽美观,茎极短。喜光照及温暖气候,适应性强。一般亩产量1 000~2 000 kg。

5. 科瑞速丰

美国引进。早熟,播后到采收45~50 d。叶片黄绿色,叶形皱曲,叶质脆嫩。抗热性强,耐烧心、烧边,抽薹晚,生长强健快速。抗霜霉病,病虫害少。一般亩产量2 000~3 000 kg。

6. 辛普森

早熟,播种到采收55 d左右。生长均匀一致,叶色亮绿,叶形美观,头部叶片展开形成卷菜,有饰边皱叶。耐热、耐抽薹,食味爽脆,品质佳,商品性好。

(三)皱叶生菜

1. 意大利生菜

意大利引进。中早熟,生长期60~80 d。株型紧凑直立,株高25 cm,叶片皱缩,青绿色,倒卵圆形。抗热性、抗病性较强,耐抽薹性特强。单株重300~350 g,一般亩产量1 500~2 000 kg。

2. 大速生

中国农业科学院蔬菜花卉研究所选育。株高20~22 cm,开展度30~35 cm。叶卵圆形,嫩绿色。叶面褶皱,叶缘波状,美观。单株重300~450 g,口感脆嫩,品质好。耐寒、抗病、生长速度快,不耐高温干旱,适宜高山越夏栽培。

3. 瑞比特美国大速生

美国引进。早熟,定植到采收45~50 d。植株较直立,叶片皱,浅绿色。生长速度快,肉质细腻,风味好,无纤维,商品性佳。适应性广、产量高,耐热性、耐寒性均较强。

4. 奶油生菜

国外引进。早熟,生长期60 d。叶子呈卵圆形,微皱缩,嫩绿色,叶面较平,中下部横皱。商品性好,有光泽,叶平滑,肉厚,质地柔软。株高25 cm,单株重200~300 g,一般亩产量1 500~2 000 kg。适应性强。

5. 碧波儿生菜

荷兰引进,生长健壮速度快,叶色绿,叶形皱曲,形态绮丽,叶质柔嫩。耐寒、耐热,抗病虫害,易栽培管理,是高山露地栽培的极好品种。

6. 嫩绿奶油生菜

中国农业科学院蔬菜花卉研究所选育。株高17~20 cm,开展度35 cm左右。叶卵圆形,嫩绿色,叶面较平,中下部有横皱,叶长、宽各约20 cm。半结球类型,单株重300~500 g。株型美观、商品性好,叶质软,口感油滑,味香微甜,生食、熟食品质均佳。速生性强、较耐寒,不耐持续高温。注意及时采收,适于春秋露地及保护地栽培。

7. 红帆生菜

美国引进。早熟,生长期45 d。植株体形较大,叶片皱曲,色泽美观,随着收获期临近,红色逐渐加深。株高31 cm,冠径28 cm,叶片20片左右,最大单叶重16.5 g。不易抽薹,喜光,较耐热,成熟期早,亩产量1 000~2 000 kg。

8. 日本皱叶生菜

日本引进。极早熟,定植到采收30~40 d。植株呈菊花形,叶色嫩绿有光泽,叶片大,有皱褶,叶缘呈波浪形。生长速度快、抗病、耐热、抗寒,不易抽薹。单株重300 g左右,每亩产量2 000 kg左右。

9. 特红皱紫叶生菜

定植到采收50 d左右。叶簇紧凑直立,株高25 cm,叶片为紫红色,颜色鲜艳。植株美观,单株重300~500 kg,每亩产量1 800 kg左右。

10. 皱罗莎紫叶生菜

定植到采收50 d。叶簇紧凑直立,株高25 cm,叶片皱缩细碎,呈红色,色泽极美。茎短缩,生长较迅速,单株重300 g左右,一般亩产量1 500 kg左右。

二、育苗

根据采收时间,一般于3月下旬至7月中旬采用营养土育苗,或穴盘育苗,或漂浮育苗。

三、施肥整地

选择有机质丰富、土壤肥沃、保水保肥力强、透气性好、排灌方便的微酸性壤土或沙壤土地块。生菜根系入土不深,须根发达,主要根群分布在20 cm土层内。在定植前,将地块土壤耕翻深20~30 cm,结合整地,每亩施腐熟有机肥2 000~3 000 kg、氮磷钾复合肥40 kg做基肥。土块整细,按照畦宽50 cm、高20 cm,沟宽30 cm起垄作畦,并做成均匀一致。畦面覆上地膜,覆膜要做到紧而平展。

四、定植

(一)定植苗龄、时间

一般幼苗4~6片真叶时定植。定植前炼苗3~5 d。5月上旬到8月上旬都可定植。

(二)定植方法

可采用对行或错行的方法进行双行定植,按照株距打孔后,左手沿打好的孔伸到地膜下,右手取出苗(手握苗条冠)轻轻放入坑内。主须根必须用土盖严,最后用细土将口封好。定植要浅,以浇定根水后见子叶为宜,否则会导致畸形,产量下降。定植时子叶必须保持完整,且不要用手捏菜茎,否则容易染病且菜球呈长形。定植后及时浇水,3~5 d内即全部正常缓苗。

(三)定植密度

一般生菜种植行株距为(30~40) cm×(30~35) cm,要做到合理密植,科学利用空间,避免种植过密导致植株间竞争光能及养分而造成减产。

五、田间管理

(一)追肥

由于生菜主要供生食,故不宜追施人畜粪,而应追施尿素等速效性氮肥。第1次追肥可在幼苗定植缓苗后进行,每亩用尿素4~5 kg。随水追施,之后每7~10 d追肥1次,根据植株长势共追2~3次,每次每亩用尿素5~7 kg。

生菜在施用大量元素肥的同时,应注意中微量元素肥的配施。在高山多雨环境下,很容易造成生菜钙元素的缺乏,导致生菜烂心病的发生,从而造成减产。在生长中期,要注意补加钙肥,提高生菜的抗病性。

(二)浇水

水分占整个生菜重量的94%~95%,所以除了施肥,浇水也很重要。浇水要把握一个原则:土壤见干见湿。没有降雨的日子必须要适时浇水,否则植株生长瘦弱;结球期注意要均匀浇水,以防止结球不好或是裂球;结球后期停止浇水,否则生菜吸收太多的水分容易导致裂球;封行后,停止水肥的施用,保持畦面的适度干燥,否则过湿极易引发霜霉病和菌核病。

六、收获

生菜从定植到收获,散叶不结球生菜一般需要40~50 d,结球生菜一般需要50~60 d。过早采收产量低,过晚采收则会抽薹而失去商品价值。散叶生菜的采收期比较灵活,采收规格无严格要求,可根据市场需要而定。

七、高山结球生菜栽培中常见问题及预防措施

(一)结球异常

结球异常是指结球生菜的叶球不符合该品种固有特性,形状各异,从而降低结球生菜的商品价值。常见异常有双胞叶球、笋形球、球叶中肋突起、叶球开裂等几种类型。

1. 产生原因

(1)苗期钙、钾肥施用过多引起硼元素吸收不良,再加上高温干旱,容易产生双胞叶球。

(2)结球初期气温突然升高,产生旺生长,后生叶片明显大于前生叶片,则容易形成笋形球。结球中期由于高温干旱影响,莲座叶生长不充分,容易形成球叶中肋突起。结球后期灌水量过多,容易造成叶球开裂。

(3)管理粗放、杂草丛生、植株基部受杂草抑制,就容易产生变形叶球。

(4)采收不及时,短缩茎伸长,容易形成笋形球,或叶球开裂现象。

2. 预防措施

(1)选择有机质丰富、通气良好的壤土栽培。

(2)增施有机肥,均衡供应肥水,培育壮苗,及时防除杂草。

(3)加强肥水管理。结球期以前,为了促进根系及莲座叶的生长,需适当控水,以满足幼苗对氮、磷的而求。进入结球期则要不断均匀供水。结球后期要减少灌水,以防裂球。

(4)缺钾地块,在施氮肥的同时必须补施钾肥。只有维持氮、钾平衡,才能形成大的叶球。

(5)适时进行采收。

(二)顶腐症

顶腐症一般发生在生菜的生长发育后期。发生早的从结球初期开始,外叶叶缘或球叶叶缘呈茶褐色,由外向内枯萎。湿度大时受细菌的二次侵染,从叶缘开始腐烂。发生轻时外部叶缘干燥变黑褐色,较重时叶球里面的叶片变滑,呈茶褐色。

1. 产生原因

(1)土壤缺钙。

(2)高温干旱天气。

(3)氮肥施用过多。

2. 预防措施

(1)增施有机肥,改良土壤结构,促进生菜对钙的吸收。

(2)适当增施石灰,防止土壤酸化。结合整地,每亩撒施硝石灰75~100 kg,可有效防止顶腐症发生。

(三)心腐症

心腐症一般在生长点附近幼叶先发病,叶尖呈水渍状,新叶叶脉变褐,生长受阻。生长点与心叶组织坏死,茎龟裂。发生较轻时病变处变黑、干枯,但不影响新生叶片生长。

1. 产生原因

(1)主要是由于钙素供应不足或不及时导致新叶缺钙。

(2)盐渍化土壤,或水质含盐量高的地块,缺乏可溶性钙,心腐症发生往往较重。

2. 预防措施

(1)适当增施石灰,防止土壤酸化。采用配方施肥技术,合理施用氮、钾肥,以免影响钙素吸收。

(2)发病初期,可叶面喷施0.3%~0.5%氯化钙+50 mg/kg萘乙酸的混合液,重点喷洒在生长点附近心叶处,每7~10 d喷洒1次,连喷洒3次,能有效防止心腐症的发生。

(3)由于钙在植物体内移动性差,叶面喷施有效期短,因此防止心腐症的关键措施是增施有机肥,改良土壤结构。

(四)干烧心

干烧心多发生在结球后期,外部老叶叶缘枯焦变褐,纵剖叶球,可见叶球中部叶片呈干纸状,病健交界分明,且病叶与好叶相间。

1. 产生原因

(1)土壤返盐。土壤含盐量高,影响植株对钙的吸收。

(2)氮肥施用量偏高。氮肥施用偏多,导致植物体内氮、钙不平衡。氮肥施用偏多导致发病的原因:一方面是由于植物生长过旺钙相对不足;另一方面是钙与氮有拮抗作用,铵离子能把钙代换出来,从而造成钙的淋失。

(3)土壤过干或过湿。结球生菜干烧心病与土壤水分关系很大。土壤保持适当水分,钙的吸收好,干烧心发病轻;土壤过干,土壤返盐,阻碍了钙的吸收;土壤过湿导致根部缺氧,影响对钙的吸收。

2. 预防措施

(1)选择抗逆性强、耐高温、耐干烧心、商品性好的优良品种。

(2)生菜喜中性土壤,种植田最好选取上年未种过菊科植物的肥沃的沙壤土,土壤适宜 pH 6.6~7.2。

(3)增施有机肥,合理施用氮、磷、钾肥。氮肥按纯氮计,总量控制在每亩 22~26 kg,氮:磷:钾为 3:1:1.5。施肥方法:磷、钾肥全部基施,氮肥底施 1/3,结球前期和后期各追施 1/3。

(4)基肥和追肥使用硝酸钙是防治结球生菜干烧心病的一种有效措施。结合整地每亩施过磷酸钙 50 kg + 硼砂 1.0~1.5 kg。结球期叶面喷施 0.5% 硝酸钙 +0.7% 硫酸锰,或 0.1% 的硼砂 +0.5% 硝酸钙混合液,每隔 5~7 d 喷洒 1 次,连续喷洒 3~5 次,对防治干烧心病有较好的效果。

第二节 莴 笋

一、品种选择

选择品质优良、不易抽薹,抗病、高产、适应性强和商品性好的品种。

(一)绿皮莴笋

1. 绿竹

甘肃省农业科学院蔬菜研究所选育。中熟,定植至采收 84 d 左右。植株生长势中强,株高 58.3 cm,株幅 53.1 cm,叶色黄绿。平均单株重 880 g,每亩产量 4 815 kg。肉质茎棒形均匀、皮绿肉青、纤维含量低,抗霜霉病,商品性好,产量高。

2. 榆笋 2 号

榆林市农业科学研究院选育。中早熟,生长期 65~70 d。叶色淡绿,茎粗,"牛腿"状,横径 6~8 cm,纵径 55~60 cm,粗细匀称,单株 1 000~1 500 g;品质好,不易空心,不易裂茎。耐抽薹,抗逆性强。

3. 三青大棒香笋

四川省绵阳市南峰蔬菜研究所选育。叶簇直立,株形紧凑。叶片椭圆形,叶片微皱,色绿。茎粗棍棒形,茎皮青绿色,皮薄,肉青绿色,香味浓郁,单株重 500~1 000 g。节间较密,长势较慢,耐寒不抗热,抗病,品质细嫩,味清香微甜。

4. 草白莴笋

成都市地方品种。有尖叶和圆叶两种。草白圆叶莴笋叶簇半直立,叶片为长倒卵圆形,先端钝尖,绿色,叶面皱缩。草白尖叶莴笋叶簇直立,叶片为披针形,先端锐尖,绿色。茎粗,节密,近长柱形,皮白色,肉浅绿色。品质好,产量高,适应性强,抽薹晚。

5. 真优尖叶白笋

邯郸市蔬菜研究所选育。株高 50 cm,开展度 60 cm。叶片浅绿色,披针形。叶面较皱有蜡粉,叶尖稍钝圆,全缘,叶前半部伸展呈弧形下弯。有功能叶 45~50 片,最大叶长 45 cm、宽 12 cm。肉质茎圆锥形,横径 6 cm,纵径 45 cm,表皮光滑白绿色,内部肉质浅绿色,脆嫩清香,不裂茎皮。抗病毒病与霜霉病。

6. 科兴 6 号

绵阳市科兴牌蔬菜开发有限公司经销。早熟,株高 29.7 cm,开展度 41 cm,叶数 41 片左右,节间 0.4 cm。叶倒卵圆形,浅绿色,茎皮肉浅绿色。茎横径 4.0 cm,净菜率 62%,外观整齐,口感好,商品性好,耐抽薹。

7. 孝感莴笋

湖北孝感市地方品种。株高 50 cm 左右,节间较密,叶片绿色,倒卵圆形,全缘或浅波状。肉质茎长圆柱形,中下部粗,先端细,纵径约 40 cm,横径 4.0~4.5 cm。茎皮绿色,节间稍紫,肉质绿白色。品质好,耐寒。

8. 西宁莴笋

西宁市农业技术推广中心选育。中早熟,株高 60~65 cm,开展度 65~70 cm。叶片浅绿色,披针形,顶端钝圆,叶片基部叶肉皱褶,肉质茎长圆柱形,皮白绿色,茎肉浅绿色,单株重 750~930 g。生长势较强,喜肥耐寒,抗逆和抗病性较强。

9. 耐寒翠滴香笋

武汉文鼎农业生物技术有限公司经销。早熟。生长势旺,叶片椭圆形,绿色,茎皮青绿色,肉色翠绿,细嫩,香味浓。高桩,节间稀,商品性特好。耐寒,抗病性强,适应性广。

(二)紫皮莴笋

1. 天下红秀

四川种都农业公司经销。皮色红艳,肉色青,质香脆,口味佳。叶片长卵圆形,带紫红色斑块,茎粗大顺直,皮色大部分紫红,单株重 1 000 g 左右。气温 3~20℃条件下生长效果良好,抗病性好,特耐寒。

2. 红秀香笋

武汉文鼎农业生物技术有限公司经销。中熟,清香型红尖叶品种。叶片紫红色,披针形,茎长棒形,茎皮薄,紫红色,茎肉翠绿色,可食率高。单株重 1 000 g 左右,耐寒性强。

3. 永安飞桥

福州科翔种业有限公司经销。株高 60~80 cm,叶 45 片左右,叶呈披针形,突尖,有皱缩,互生,紫绿色。肉质茎呈长棒状,外皮淡紫红色,皮薄肉绿,质脆嫩,香味浓,肉质茎纵径 50 cm 左右、横径 4 cm,单株重 700~1 200 g。生长整齐,成熟一致,耐寒性强,具有早熟高产、品质优良等特点。

4. 极品红秀

烟台奇山种业公司经销。皮色极为红艳,肉色极青,品质香脆,口味极佳。叶片长卵圆形,带紫红色斑块,茎粗大且顺直,皮色大部分紫红。气温 3~20℃条件下生长效果良好,抗病性强,单株最重可达到 2 000 g。

5. 挂丝红

成都市地方品种。生长势强,株高 53 cm,开展度 53 cm,叶簇较紧凑。叶片呈现倒卵形,叶面微皱,有光泽,叶缘波状浅齿,心叶边缘微红,叶柄着生处有紫红色斑块。茎呈长圆锥形,纵径 30 cm,横径 5 cm。茎肉绿色,质好,单株重 600~700 g,早中熟,耐肥,抗病,适应性强。

6. 红竹 2 号

甘肃省农业科学院蔬菜研究所选育。中晚熟,播种至初采收期约 89 d。植株生长势强,无莲座期。株高 66.4 cm,株幅 45.7 cm,肉质茎长棒形,平均单株重 900 g。叶形椭圆形,叶紫红。茎皮紫斑明显,肉质茎翠绿,香味浓郁,品质优良。耐抽薹性好,抗病性强。

7. 红竹 3 号

甘肃省农业科学院蔬菜研究所选育。早熟,播种至初采收期约 75 d。叶椭圆形、紫红色、多皱,株高 53.4 cm,株幅 43.6 cm,茎横径约 4 cm。肉质茎长棒形,平均单株重 750 g,茎皮紫斑明显,茎肉翠绿色。笋味浓郁,富含铁、钾、锌等微量元素,品质优良。耐抽薹性好,抗病性强。

8. 紫龙香笋

福州科翔种业有限公司经销。植株生长势强,叶片长卵圆形,茎粗大且顺直,皮色紫红,肉色极青,质香脆,口味极佳。耐寒,气温3~20℃条件下生长效果良好,抗病性强,单株最重可达到2 000 g。

9. 脆香红

株洲市湘蔬种业有限公司经销。中晚熟。生长快速,根系浅而密集,叶披针形,叶尾尖,叶面皱,有突起,叶片绿紫色,茎直立,膨大后形成棍棒状。肉质茎纵径40~60 cm,横径约5~6 cm,单株重约1 000~1 500 g。外皮呈淡紫红色,肉翠绿色,皮薄,香味浓,口感好,可食率高。

二、育苗

根据采收时间,一般于3月中旬到6月下旬采用营养土育苗,或穴盘育苗,或漂浮育苗。

三、施肥整地

莴笋根系分布浅,需氧量高,以疏松、肥沃、富含有机质的壤土或沙壤土栽培为宜,土壤中缺乏有机质会导致根系发育不良。因此,选择地势平坦、土壤肥沃、透气性好、排水灌溉条件好、没有种过同科作物的田块进行种植。莴笋需肥量较大,以氮肥为主,同时需要适量的磷、钾肥。春季土壤解冻后,结合整地,每亩施腐熟有机肥3 000~4 000 kg、尿素15~20 kg、过磷酸钙40 kg、硫酸钾10~15 kg。整地时要精耕细作,覆膜前耙平,然后做成垄宽50 cm,沟宽30 cm,垄高15 cm的半高垄,覆70 cm宽幅的地膜。

四、定植

4月下旬至7月上旬定植。每垄2行,按照30~35 cm株距在垄上挖穴定植,每穴定植1株,一般每亩定植5 000株左右。

五、田间管理

莴笋根系浅,吸收能力弱,植株生长迅速时需肥水较多,田间管理应重视施肥浇水,促进植株长势繁茂。移栽成活后,间隔3~5 d结合浇水追施1次稀粪水,并连喷3次蔬菜壮茎灵,以提高植株吸水吸肥能力,促使莴笋杆茎粗壮、叶色鲜嫩、高产优产。移栽后莲座叶形成前不灌水,控制水分进行蹲苗,促进根系下扎和叶丛繁茂。莲座叶长成、植株封垄、嫩茎开始肥大时结束蹲苗,应及时浇水施肥。开始浇水后茎部膨大迅速,水肥需求增加,要保证水分均匀供给,地面稍干略发白时就需浇水,避免长时间干旱和大水漫灌。土壤忽干忽湿最容易造成茎部开裂或者提早抽薹。肉质茎开始增粗时,在追施氮、磷的同时,必须保持氮、钾的平衡,保证光合作用生产的干物质多输送到肉质茎中去。每 10 d 左右浇水 1 次,同时结合浇水进行追肥,每次每亩追施尿素 15 kg、硫酸钾 5 kg。采收前 20 d 禁止追肥。

六、适时收获

当植株主茎顶端与最高叶片的叶尖相平时为收获适期,这时茎部已充分肥大、品质脆嫩。早收产量低,但收获太晚,花薹伸长,纤维增多,肉质变老发硬,甚至中空,商品性及食用品质下降,销售困难,所以一定要注意适时采收。

七、高山莴笋栽培中常见问题及预防措施

(一)蹿苗

蹿苗指莴笋先期抽薹。生长中期,肉质茎细长,叶片节间拉长,叶片薄而小,外皮厚而肉少,食用价值低,易抽薹开花。

1. 产生原因

(1)品种选择不当

莴笋品种较多,其适应性及对日照、温度的感应程度也不尽相同,往往早熟品种较中、晚熟品种耐低温性强,而耐高温性弱,但对高温、长日照较为敏感。

(2)苗期管理不当

当苗期管理不当,幼苗在定植前发生徒长,而长出细高条幼茎,定植后也就难以长成正常的植株。如播种量偏大,出苗过密,间苗不及时,或者苗床偏施氮肥,浇水过多,遮阴育苗时遮光过重,撤除不及时等,均易引起蹿苗徒长。

(3)定植不及时

由于不及时定植,幼苗往往生长过大,胚轴伸长,呈徒长状态,定植后也就难以获得肥大的嫩茎,且容易抽薹蹿高。

(4)栽植过密

定植密度过大,植株生长拥挤,光照不足,就会纷纷蹿高,拔高争光。

(5)中耕松土少

定植缓苗后往往因施肥及雨水冲击,造成畦面土壤板结、通气不良、湿度大,而使植株根系生长受抑,影响水肥吸收,叶片得不到充足的养分,也易长成生长不健壮而茎部细瘦的植株。

(6)浇水不当

定植后若在肥力不足的情况下,浇水过多或雨水排除不及时,土壤湿度过大,嫩茎就易徒长,出现"涝蹿";但在土壤干旱、高温影响下,嫩茎不仅生长细弱、茎皮粗厚,还会出现"旱蹿"。

(7)施肥不足或偏施氮肥

土壤肥力不足植株营养生长受抑制,会加速生殖器官的发育,也易发生未熟抽薹现象。但在偏施氮肥、水分过多的情况下,植株叶片徒长,积累养分少,往往茎底盘未及时发育即拔高蹿长。

(8)采收不及时

莴笋采收以心叶与外叶"平口"时为采收适期。尤其是高温季节,往往采收前已形成花蕾,若不及时采收,嫩茎就会迅速蹿高抽薹。

2. 预防措施

(1)应根据栽培季节选择适宜的品种。

(2)加强苗期管理,做到以定植时幼苗不徒长为原则。苗床基肥以有机肥为主,可配施适量复合肥。适当控制苗床温湿度,适量稀播,及时间苗。遮阴育苗,出苗后要逐渐晚盖早揭,增加光照,到 3 片真叶后不再遮阴。苗期可喷浓度为 500 mg/L 矮壮素 1~2 次,培育矮壮苗,控制苗期抽薹。

(3)及时定植,定植苗以 5~6 片为宜,苗龄 25~30 d。

(4)根据栽培地块的海拔高度、肥力状况,确定合理的定植密度。

(5)定植缓苗后要及时中耕,要锄深锄透,不留土块。此法有利于蹲苗,可促进根系发育,莲座叶片增多,使嫩茎生长敦实而不蹿高。

(6)水分管理要适当,既要防"涝蹿",又要防"旱蹿"。一般莲座叶形成,植株封垄之前要适当控制浇水,以畦面见干见湿为度,封垄后要增加供水,保持畦面湿润,以满足嫩茎迅速生长膨大的需要。

(7)施足基肥。每亩施充分腐熟有机肥 3 000~4 000 kg、尿素 15~20 kg、过磷酸钙 40 kg、硫酸钾 10~15 kg,做到有机肥与复合肥相结合。此外,还应及时追施缓苗肥、团棵肥、催笋肥,追肥每次亩施硫铵或尿素 15~20 kg,或前 2 次每次追施 50% 的稀粪水 1 000 kg。

(8)及时采收。若为延后采收供应,掐尖去蕾可有效控制嫩茎蹿高抽薹,即在平口期及时于晴天掐去莴笋顶端生长点或花蕾。经去顶后的植株可抑制顶部生长,增加茎部养分回流,防止嫩茎空心,促进笋茎肥大,一般可推迟采收 5~7 d。

(二)裂茎

裂茎是指在莴笋肉质茎膨大后期肉质茎纵向裂开,并深达茎中部。裂开部分为黄褐色,易腐烂。

1. 产生原因

(1)品种选择不当

不同莴笋品种对裂茎的抗性不同,一般紫叶莴笋因含水量大、产量高而较易裂茎,而绿叶莴笋则相对裂茎较少。

(2)肥水供应不均匀

栽培过程中,如果肥水供应不均,忽旱忽涝,特别是在肉质茎膨大初期遇较长时间的干旱,茎的表皮木质化变硬,此时如大量浇水施肥,肉质茎会迅速膨大,但表皮生长缓慢,则易出现裂茎现象。另外,土壤缺硼及水旱轮作较少的地块,莴笋也容易裂茎。莴笋缺硼,则会使植株内维生素 C 含量减少,植株抗逆性和抗病能力下降,肉质茎表皮也易开裂。

(3)温度不适

莴笋喜冷凉气候,肉质茎形成期白天适温 18~22℃、夜间 12~15℃。高山地区栽培莴笋,茎膨大初期如遇长时间低温天气,茎生长易受到抑制,之后如果气温突然回升,肉质茎会迅速生长膨大,但表皮生长较慢,导致裂茎。

(4)管理不当

施用大量未腐熟的有机肥、氮肥过多、土壤板结和盐渍化、浇水过晚、重茬连作、采收过晚等原因均会造成莴笋裂茎。

2. 预防措施

(1)选择适宜品种

根据当地条件和气候状况选择适栽品种。排灌条件差的地块,在气温变化较大的地区应尽量选择含水量较低、抗裂茎能力较强的绿叶莴笋品种。

(2)加强肥水管理

整地时施用腐熟的有机肥并增施微生物菌制剂和中微量元素肥,综合调理土壤,预防或减轻病害发生。在苗期,应以促进根系生长,肥水管理以控为主,使叶面积扩大、充实,为茎部膨大、积累营养物质做准备;进入莲座期,叶片数明显增多,心叶与莲座叶平头时,茎部加速肥大,应勤施肥水,特别注意增施速效氮肥和钾肥;在肉质茎膨大期,保持充足的水肥供应,这一时期对水肥管理要求非常严格,地面稍干即应均匀浇水,水量要适中,做到小水勤浇、薄肥勤施、以水带肥,严防大水漫灌,更不可在严重干旱后大水大肥,以免发生裂茎。随水施肥时,先将肥料溶化,再随水施入田间,同时注意适时浅松土、破板结。采收前 15 d 应停止追肥。接近采收期时控制浇水。

(3)增施硼肥

当莴笋心叶与莲座叶齐平时,茎部开始膨大,应浇小水,每亩追施速溶性肥 8~10 kg,叶面喷施多聚硼 1 500 倍液。追施水肥必须适时,过早或过晚均不利于肉质茎生长。

(4)适期收获

当莴笋主茎顶端与最高叶片的叶尖相平时为收获适期,遇降雨或发现莴笋有轻微裂茎时应提早采收上市。

第三节　芹　菜

一、品种选择

选择纤维少、叶色黄绿、叶柄宽厚、脆嫩口感好、株型紧凑、商品性状优良、抗空心、耐低温、耐抽薹、抗病性和抗逆性强、产量高的品种。

1. 高犹它

中国农科院蔬菜花卉研究所由国外引入,经本所试种选出的优良品种。定植到采收 90~120 d。生长势强,株高 70~80 cm,叶深绿色,叶片较宽,株型紧凑。叶柄绿色,长 34 cm,宽 2.46 cm,厚 1.71 cm。实心,质地柔嫩,纤维少。单株毛重 1 000~1 200 g,净重 700~850 g,净菜率 72% 左右。前期苗生长缓慢,定植缓苗后生长迅速。抗逆性强,适应性广。

2. 文图拉

北京市特种蔬菜种苗公司经销。定植到采收 80 d 左右。大株型,叶片肥大,叶柄浅绿,横断面实心半圆形。腹沟较浅,叶柄肥大宽厚,基部宽 3~5 cm,叶柄第

1 节长 27～30 cm,株高 80 cm。叶柄抱合紧凑,质地脆嫩,纤维少,品质优,单株重 1 000 g 以上。对病毒病、叶斑病和缺硼有较强的抗性。叶柄中含有丰富的维生素和矿物质,营养价值高,有香味,能促进食欲,风味好。

3. 加州王

美国引进。定植到采收 80 d 左右。植株高大,生长旺盛,株高 80 cm,叶片大,叶色绿,叶柄绿白色,有光泽。叶柄第 1 节长度可达 30 cm,基部宽 3～4 cm,叶柄抱合紧凑,品质脆嫩,纤维极少。抗病性强,尤其对枯萎病和缺硼症有较强的抗性。单株重 1 000 g 以上,每亩产量 6 000～7 000 kg。

4. 法国皇后

由法国 Tezier 公司引进。早熟,定植到采收 70～75 d。株形紧凑,株高 80～90 cm,叶柄长 30～50 cm。耐低温,抗病性强。色泽淡黄,有光泽,不空心,纤维少,商品性好,产量高。

5. 圣菲

法国引进。中早熟,定植到采收 65～70 d。株型紧凑,株高 70～80 cm,单株重 500～1 500 g。叶柄黄绿色,纤维少。耐抽薹,抗病性强,产量高。适宜保护地及露地栽培。

6. 天津玻璃翠

天津市蓟农种子有限公司经销。早熟,定植到采收 70～75 d。生长势强,株高大,株高约 100 cm。最大叶柄长 60 cm 以上。叶柄粗,实心,纤维少,肉质脆嫩,品质佳。不易老,色如玉,透明发亮。耐热、耐寒、耐贮运,不易抽薹开花。单株重 500 g 左右,一般每亩产量 5 000～7 000 kg。

7. 津南实芹

由天津市津南区地方品种经过多年提纯选育而成。株高 90 cm,植株直立,基本无分支,有叶柄 7～8 条。叶柄腹沟深,颜色淡绿。叶片肥大,实心,纤维少,口感脆嫩,品质佳,商品性状好。抗逆性强,适应性广,耐寒耐热,生长速度快,不易先期抽薹。

8. 津南实芹二号

天津市双港镇农科站与宏程芹菜研究所选育。叶绿色,叶片锯齿较大,叶柄实心,黄绿色,叶柄横切面呈半圆形,表面光滑。根系发达,生长速度快,叶柄长 60 cm,株高 90 cm,单株重 600 g。其品质鲜嫩,营养丰富,葡萄糖、维生素 C 含量明显高于其他芹菜品种。

9. 赛莹

天津科润蔬菜研究所选育。中晚熟,定植到采收 75～80 d。株高 75 cm 左右,叶柄浅绿色,纤维少,实心、有光泽。单株重可达 1 000~1 500 g,亩产量可达 8 000 kg。抗病,适宜露地及保护地栽培。

二、育苗

一般于 2 月下旬至 3 月上旬采用营养土育苗,或穴盘育苗。

三、施肥整地

芹菜喜凉爽、湿润、较耐阴、寒,不抗高温和干旱。属浅根性蔬菜,须根多,栽培密度较大,生长量大,产量高,肥水需求量大,在土质疏松肥沃、富含有机质、保水性好、灌排条件便利的壤土和沙壤土地块栽培有利于其优质、高产。芹菜连作,病虫草害加重,产量下降,品质变劣。前茬可选择架豆、瓜类和十字花科等蔬菜进行轮作。定植前 5~7 d,结合整地,每亩施腐熟有机肥 3 000~4 000 kg、氮磷钾复合肥 40~50 kg、硼砂 0.5~1.0 kg。地块深翻 20~30 cm,使土壤和肥料混合均匀,耙细整平。做成畦宽 100~120 cm、沟宽 30~40 cm、沟深 15~20 cm 的高畦,畦面覆 120~140 cm 地膜。

四、定植

(一)定植时间

一般于 5 月上中旬。成苗标准为叶片完整、叶色深绿、无病斑、株高 10~15 cm、真叶 5~6 片、根系布满基质、无褐色坏死根。

(二)定植方法

选择晴天定植,定植前 1 d 给假植苗适度浇水,育苗基质见干见湿,以便于与容器分离。定植时淘汰病株、弱株,栽植深度以根部基质表面与畦面相平为宜,并使根部与土壤紧密相接,用土封严定植孔。定植后立即浇小水护苗。随后叶面喷施碧护 1 次,用量为 1 g 兑水 15 kg,以促进缓苗,同时可预防低温冻害。

(三)定植密度

每畦 5~6 行,行距 20 cm,株距 20 cm,一般每亩定植 14 000~15 000 株。

五、田间管理

芹菜抗旱能力差,喜肥水,应注意浇水管理。定植幼苗时浇灌 1 次定植水,4~5 d 后轻灌 1~2 次缓苗水。定植后 15~20 d,为促进新根和新叶的发生,需中耕控水蹲苗,促根生长。当外叶生长结束进入立心期后,茎叶生长迅速,应加大肥水管理,每隔 10~15 d 视天气情况结合追肥浇水 1 次,结合浇水每次每亩追施复合肥 20 kg;后期复合肥应低氮高钾,采收前 10 d 停肥。此外,芹菜对硼需求量较大,缺硼芹菜叶柄易发生劈裂,可每亩追施 0.50~0.75 kg 硼砂。

六、收获

(一)采收标准

株高 55~65 cm 时,单株重 500~1 000 g,可根据菜商的要求和标准及时采收出售。采收时做到无虫眼、无病斑、无污染。

(二)适时收获

过早收获不能丰产,过晚收获则影响品质,加之蔬菜价格波动较大,因此在收获季节要掌握芹菜的生长情况,根据天气和市场行情适时收获。切记:收获最好选择在晴天的上午进行,因为这时芹菜的叶柄脆嫩,叶片新鲜。

七、高山芹菜栽培中常见问题及预防措施

(一)先期抽薹

1. 产生原因

芹菜主要以叶柄和叶片供食用,采收时植株已长出花薹称为先期抽薹。发生先期抽薹的植株,其营养优先供应花薹生长,导致叶柄、叶片的产量和品质下降。一般而言,芹菜植株只有通过春化才会发生先期抽薹,而发生春化需具备两个条件,即幼苗长有 2~3 片真叶以及幼苗或成株持续处在 10℃ 以下温度条件下 10 d 以上。通过春化的植株在高温长日照条件下长出花薹进入生殖生长。

2. 预防措施

(1)选用冬性强的品种

选择适宜高山栽培的耐抽薹芹菜,使其通过春化需要更低的温度和更长的时

间,从而可避免发生先期抽薹。

(2)选择新采收的、籽粒饱满的种子。

新种子经过休眠后具有很强的生命力,植株营养生长旺盛,可抑制生殖生长,减少先期抽薹发生。

(3)加强栽培管理

①提高苗期温度。育苗期,为避免幼苗发生春化,应尽量提高苗畦温度,即保持白天 5~20℃、夜间不低于 8℃。

②加强水肥管理。定植后加大水肥供应,促进植株营养生长,抑制其抽生花薹。定植后不蹲苗,保持地面湿润,小水勤浇,增施氮肥;及时中耕除草、防治病虫害,以促进芹菜根系发育,从而使植株能够旺盛生长。

③喷施赤霉素。赤霉素具有促进芹菜营养生长、改善品质、减缓先期抽薹的作用。为此可在芹菜旺盛生长期喷施 30 mg/L 赤霉素溶液,一般 7~10 d 喷施 1 次,连喷 2~3 次,并在采收前 15 d 停止喷施。

(4)适时采收

应根据市场行情及时采收。采收较晚的植株极易抽薹。

(二)空心

1. 产生原因

(1)芹菜空心是一种生理性病害,高山芹菜一般在生长中后期采收不及时、气温下降,芹菜植株易发生空心。

(2)缺水缺肥、根系发育不良、叶片光合同化能力低、叶柄养分供应不足,也易造成芹菜植株空心。

2. 预防措施

(1)选用实心品种

目前市场上的芹菜品种分为实心种和空心种。应根据市场需求,选用实心芹品种。

(2)加强栽培管理

芹菜植株发生空心的主要原因是生长后期缺水缺肥。因此,定植后要适当蹲苗、勤中耕,促进根系发育,培育壮苗。旺盛生长期要勤浇水,保持土壤湿润,结合浇水可每亩追施尿素 20 kg、硝酸钾 10 kg,15 d 追施 1 次。高山芹菜栽培易发生叶斑病和斑枯病,植株染病后叶片光合同化能力下降,无法合成叶柄薄壁所需要的营养物质,也可造成植株空心,对此,应及时防治病虫害。采收前 15 d,叶面喷施0.5%硼砂溶液可预防芹菜空心。

(3)适时采收,科学贮藏

适时早收可避免发生空心。采收过晚,植株生长势减弱,叶片制造营养物质能力下降,芹菜因老化造成空心。芹菜贮藏期间,环境干燥或植株受冻后迅速解冻可导致细胞失水,造成空心。因此,芹菜贮藏期应适时喷水保持芹菜表面湿润,受冻后不要急于见光解冻。

(三)叶柄开裂

1.产生原因

叶柄开裂是指芹菜茎基部或叶柄裂开,是芹菜常见的一种生理性病害。叶柄发生开裂后,植株易染病腐烂,严重影响芹菜的经济效益。叶柄发生开裂的原因有二:一是菜心叶生长期缺硼,二是低温干旱时突遇高温、大雨或浇大水,使植株快速吸水后组织迅速膨大造成。

2.预防措施

①培育长有4~5片真叶、根系发达、未发生徒长、无病虫害的壮苗;②保护地栽培,定植前提早扣棚以提高地温,定植后勤中耕以促进根系发育;③保持夜间温度不低于10℃,整个生长期水分供应均匀,禁止大水漫灌;④每亩撒施充分腐熟有机肥3 000~4 000 kg、硼砂0.5~1.0 kg的混合物,并深翻土壤,以促进芹菜根系发育,提高植株抵御干旱和低温的能力;⑤生长中后期及时浇水并追施速效性氮肥和钾肥,以促进植株旺盛生长;⑥叶面喷施0.1%~0.3%硼砂溶液可防治芹菜生理性缺硼,7 d喷1次,连喷2~3次。

(四)纤维含量增高

1.产生原因

粗纤维含量是评价芹菜品质优劣的一个重要指标。叶柄脆嫩,说明其纤维含量低、芹菜品质好。纤维含量增高的主要原因是栽培管理不当,如温度偏高及水肥缺失导致厚壁组织增加、薄壁细胞减少等。

2.预防措施

(1)选用纤维含量低的品种

不同芹菜品种的纤维含量差异较大,一般叶柄颜色较绿的品种纤维含量高,叶柄黄绿色或白色的品种纤维含量低,实心芹较空心芹纤维含量低。

(2)加强栽培管理

生长前期外界温度较高,若水分供应不足,叶柄纤维含量则易增高。为此,在晴天可采用覆盖黑色遮阳网、勤浇水等措施,以保持土壤湿润,降低田间温度,防止叶柄纤维含量增高。在生长中后期,应及时防治病虫害,同时结合浇水每亩追施尿素 20 kg、硝酸钾 10 kg,每 10 d 左右追施 1 次,可预防叶柄纤维含量增高。

(五)黑心腐烂

1. 产生原因

(1)缺钙引起

芹菜缺钙时,生长点的幼嫩组织初为褐色,后变黑直至枯死;同时病害向下延伸到茎基部和根部,致使茎表面变褐干枯。剖开生长点后可见内部中空,呈褐色干腐状,略有酸味。土壤呈酸性和降水量较大的地区植株易缺钙,偏施氮肥、土壤干旱也会加重病情。

(2)缺硼引起

芹菜对硼敏感,土壤缺硼或因干旱、偏施氮肥造成植株缺硼,会造成茎秆和叶柄开裂,细菌由此侵入,使芹菜心叶变黑腐烂。

(3)黑腐病引起

由茎点霉真菌侵染引起,病菌从茎基部或叶柄基部侵入,使植株近地面处发病,随后向上侵染,造成心叶腐烂。病部呈黑褐色腐烂状,有时会产生小黑点(病菌分生孢子器)。主要由种子带菌引起,苗期可造成猝倒死亡,而多数在移栽后发生,从而造成植株大量死亡。

(4)软腐病引起

在生长中后期封垄遮阴、地面潮湿的情况下易发病。主要发生于叶柄基部或茎上。一般先从柔嫩多汁的叶柄基部开始发病,发病初期先出现水浸状,形成淡褐色纺锤形或不规则的凹陷斑,后呈湿腐状,变黑发臭,仅残留表皮。病菌多从伤口侵入,借水传播。

2. 预防措施

(1)种子处理

用 50 ℃温水浸种 20~30 min 后放入冷水中冷却,捞出晾干再播种。

(2)农业措施

①选用抗病品种。

②实行2~3年轮作。

③合理安排定植密度,防止茎叶郁闭。

④在定植、中耕、除草等各种操作过程中,应避免伤根或使植株造成伤口。定植不宜过深,培土不应过高,以免叶柄埋入土中。

⑤防止大水漫灌,雨后及时排水,及时摘除病叶、病株,收获后立即彻底清理病残体。

(3)培育壮苗和合理密植

由于成熟的芹菜对黑心病十分敏感,所以确定播种期时应尽量避免其收获前期处于高温和高湿的季节里。育苗床宜选择阴凉的地块,播前结合苗床精细整地,施用腐熟优质农家肥和磷肥,播后覆盖薄膜,以利出苗。

(4)均衡配方施肥

由于芹菜根系浅,栽培密度大,所以需肥量很高,通常将肥料总用量的30%~40%作基肥、70%~60%作追肥。基肥包括全部有机肥和磷肥,磷肥主要是过磷酸钙或钙镁磷肥等,与有机肥混合堆沤一段时间后施用效果更好。缺硼土壤可施入少量的硼砂,每亩可施用硼砂1 kg。在施用有氮、钾肥,腐熟农家有机液肥,尿素或硫酸铵、硫酸钾等时,要根据作物营养临界期和最大效率期分次进行,以确保肥料适时有效地被作物利用。

(5)水分平衡管理

黑心腐烂与水分平衡管理密切相关,适时适量进行灌溉,避免土壤忽干忽湿对控制黑心腐烂极为重要,特别是在初夏季节,温度急剧上升时,一定要保持畦面湿润。高温干旱期间不能缺水,注意遮阴降温、小水勤浇,防止土壤干旱。浇水宜在早晨或傍晚进行,避免大水漫灌。夏季注意排水防涝,及时中耕松土,降低土壤湿度。

第八章 高山茄果类蔬菜栽培技术

第一节 辣椒

一、品种选择

选用优质、抗病、高产、稳产、抗逆性强、商品性好的品种。

（一）羊角椒品种

1. 中椒 209 号

中国农业科学院蔬菜花卉研究所选育。中早熟,从定植到始收 65 d 左右。植株生长势较强,株型较直立,株高 100 cm 左右,开展度 50~60 cm,始花节位平均 10 节,果实羊角形,全果面纵向有褶皱,果实纵径平均 19.6 cm,果实横径平均 2.9 cm,果肉厚平均 0.25 cm,2~3 心室,平均单果重 31.5 g,平均亩产量 1 200 kg。味辣,商品果绿色或红色。中抗病毒病 CMV、病毒病 TMV、疫病,较耐低温弱光。

2. 海丰 14 号

北京海花生物科技有限公司经销。早熟,植株生长势强,坐果率高,始花节位为第 8~9 节,果实羊角形,纵径 22 cm 左右,横径 3 cm 左右,果肉厚 0.2 cm 左右,单果重 70 g 左右,平均亩产量 3 000 kg。商品果浅绿色,生理成熟果鲜红色,果面光滑、顺直,果味中等,耐贮运性强。中抗病毒病 CMV、病毒病 TMV 和疫病,耐低温弱光能力较强。

3. 京辣 2 号

北京市农林科学院蔬菜研究中心选育。中早熟,持续坐果率极强,平均单株坐果 60~80 个。果实长羊角形,果实纵径 13~15 cm,果实横径约 2.0 cm,肉厚约 0.2 cm,鲜果重 20~25 g,平均亩产量 2 500 kg。中抗病毒病 CMV,抗病毒病

TMV和疫病。辣味强,耐热性较强,耐寒性一般。

4. 金椒20号

兰州金桥种业有限责任公司经销。中早熟,生长势强,株高80 cm,开展度56 cm,茎基横径1.9 cm,叶绿色。始花节位为第10~12节。柱头白色,花冠白色。单株结果16~26个,青熟浅绿色,果实羊角形,果顶较尖,果纵径24 cm,果肩横径5.8 cm,单果重82 g左右,平均亩产量4 000 kg。口感好,抗病毒病CMV、病毒病TMV、疫病、炭疽病,耐低温。

5. 金椒18号

兰州金桥种业有限责任公司经销。中早熟,生长势强,株高89 cm,开展度81 cm,茎基横径2.0 cm,叶绿色。始花节位为第10~12节。柱头白色,花冠白色。单株结果19~29个,青熟果绿色,果实羊角形,果顶较尖,果纵径26 cm,果肩横径5.1 cm,单果重94 g左右,平均亩产量4 000 kg。口感好,抗病毒病CMV、病毒病TMV、疫病、炭疽病,耐低温。

6. 陇科5号

兰州金桥种业有限责任公司经销。中早熟,生长势强,株高79 cm,开展度48 cm,茎基横径1.8 cm,叶绿色。始花节位为第10~12节。柱头白色,花冠白色。单株结果18~28个,青熟果浅绿色,果实羊角形,果顶较尖,果纵径26 cm,果肩宽4.8 cm,单果重86 g左右,平均亩产量4 000 kg。味微辣,抗病毒病CMV、病毒病TMV、疫病、炭疽病,耐低温。

7. 兴蔬208

湖南省蔬菜研究所选育。中早熟,株高80~85 cm左右,开展度80~90 cm,首花节位为第8节左右。果实牛角形,青果浅绿色,果纵径22~25 cm左右,果横径3.4~3.8 cm,果肉厚3 mm左右,单果重40 g左右,平均亩产量2 300 kg。中抗病毒病CMV,抗病毒病TMV、疫病、炭疽病,耐低温和弱光能力强。

8. 螺椒2号

河南鼎优农业科技有限公司经销。早熟,开花结果期96 d。株高85 cm,开展度72 cm,株型紧凑。果实羊角形,果纵径35 cm,果横径4.1 cm,果肉厚度0.3 cm,单株结果数23个。单果重125 g左右,平均亩产量3 000 kg。商品果颜色亮绿,高抗病毒病CMV、病毒病TMV、疫病、炭疽病,耐低温,较耐高温。

9. 陇椒10号

甘肃省农业科学院蔬菜研究所选育。早熟,播种至青果始收期130 d。生长势强,株高84 cm,开展度77 cm,单株结果数24个。果实羊角形,果纵径28 cm,

果横径3.1 cm,肉厚0.25 cm,果色绿,果面皱、味辣。平均单果重62 g,平均亩产量4 000 kg。耐低温,中抗病毒病CMV、病毒病TMV,抗疫病、炭疽病。

10. 金帝4号

甘肃田福农业科技开发股份有限公司经销。早熟,播种至始花期95 d,播种至青果始收期122 d。株高73 cm,开展度60 cm,单株结果数35~42个,果实长羊角形,果色绿,果面交皱、味辣。果纵径28~32 cm,果横径3 cm,肉厚0.3 cm,单果重45~55 g,平均亩产量2 500 kg。耐低温,耐寒、抗旱能力较强,较耐运输,抗病毒病CMV、病毒病TMV、疫病和炭疽病。

11. 金鼎绿剑

兰州东平种子有限公司经销。中早熟,株高85 cm,开展度70 cm,单株结果数30个左右,果形为羊角形,果纵径30 cm左右,果横径4 cm。肉厚皮薄,果深绿色,成熟后转红色,果面褶皱,味中辣。单果重40~50 g,平均亩产量4 600 kg。抗旱性、耐高温性强,耐涝性弱,中抗病毒病CMV、疫病、炭疽病,感病毒病TMV。

12. 乐椒1号

合肥丰乐种业股份有限公司经销。早中熟,始收期90~105 d。株型紧凑,株高55~60 cm,开展度60~65 cm,首花节位为第9~10节。叶片披针形,叶色绿色,花冠白色,花药蓝紫色。果实长羊角形,青熟果浅绿色,成熟果鲜红色,辣味浓,皮薄质脆。果纵径25~30 cm,横径1.5~2.0 cm,平均果肉厚0.2 cm,平均单株结果量70个,单果重25~35 g,平均亩产量2 700 kg。抗病毒病CMV、病毒病TMV和炭疽病,中抗疫病。

13. 骄辣98

萧县丰裕种业有限公司经销。早熟,生长期100 d左右。植株生长健壮,株型紧凑,株高77 cm,开展度50 cm,果实羊角形,果形顺直美观,嫩果深绿色,熟果鲜红色,果实纵径25~28 cm,果横径约1.5 cm,肉厚约0.3 cm。辣味适中,单果重14 g左右,平均亩产量4 700 kg。抗病毒病CMV、病毒病TMV,中抗疫病和炭疽病,耐热、耐湿性一般。

(二)甜椒品种

1. 中椒7号

中国农业科学院蔬菜花卉研究所选育。中早熟,生长势强,株高37~70 cm,开展度44~60 cm,始花节位为第8~9节。果绿色,果实灯笼形,果实纵径约9.6 cm,横径约7 cm,肉厚0.40~0.45 cm。3~4心室,胎座小,单果重100~

120 g,平均亩产量1 500 kg。味甜,较耐低温,中抗病毒病CMV、病毒病TMV和疫病。

2. 绿甜1号

北京中农绿桥科技有限公司经销。早熟,植株长势强,始花节位为第9~11节,茎绿色,叶色中绿,叶面光滑,叶柄及叶脉绿色。花单生,花梗下弯,花冠大,白色,果实方灯笼形。果横径8~10 cm,果纵径9~12 cm,果色中绿,果面光滑,光泽度强。果实3~4心室。单果重220~300 g,平均亩产量4 500 kg。味甜,耐高温性好,抗病毒病CMV、病毒病TMV和疫病,中抗炭疽病。

3. 黄星1号

北京市农林科学院蔬菜研究中心选育。早熟,生长健壮,始花节位为第8~9节,持续坐果能力强。整个生长季果形保持较好,果实方灯笼形,果面光滑,果实纵径约10.5 cm,果实横径约8.5 cm,果肉厚约0.65 cm。单果重160~220 g,平均亩产量2 500 kg。青熟果绿色,成熟果黄色,既可作绿椒品种,又可作黄椒品种。味甜,耐热、耐湿性较好,耐低温性一般,抗病毒病TMV。

4. 紫星2号

北京市农林科学院蔬菜研究中心选育。中早熟,植株生长健壮,持续坐果能力强。果实长方灯笼形,果实纵径约10 cm,横径约8.5 cm,果肉厚约0.6 cm。单果重150~240 g,平均亩产量2 700 kg。商品果为紫色,成熟时退紫转暗红色,果面光滑,味甜。耐热、耐湿性较好,耐低温性一般,抗病毒病TMV。

5. 海丰25号

北京海花生物科技有限公司经销。早熟,植株生长势强,连续坐果能力强,始花节位为第8~9节,膨果速度快。果实长方灯笼形,果面略皱,纵径14 cm左右,横径9 cm左右,果肉厚0.3 cm左右。单果重250 g左右,平均亩产量3 500 kg。商品成熟果绿色,生理成熟果色红色,果味中辣。耐低温,中抗病毒病CMV和疫病,感病毒病TMV。

6. 海丰166

北京海花生物科技有限公司经销。中早熟,植株长势旺,始花节位为第10~11节,连续坐果能力较强,茎秆略披毛。果实长方灯笼形,果纵径12 cm左右,横径9 cm左右,果肉厚0.5 cm左右。果色浅绿,果面光滑有光泽,果味甜。单果重200 g左右,平均亩产量5 000 kg。耐低温,感病毒病CMV和疫病,中抗病毒病TMV。

7. 天惠

辽宁东亚农业发展有限公司经销。早熟,株高65 cm,开展度56 cm,株型半直立。果实灯笼形,果纵径 11.51 cm。果横径 7.92 cm,果肉厚度 0.45 cm。商品果颜色绿偏深,单株结果数 20 个,单果重 110 g,平均亩产量 3 500 kg。耐热性好,结果期长,不易坠秧。感病毒病 CMV 和疫病,抗病毒病 TMV、炭疽病和白粉病。

8. 黄大将

北京圣华德丰种子有限公司经销。中熟,植株长势强,株高 140 cm,叶片深绿色,始花节位为第 7~8 节,节间中等。黄色方椒,青熟果中绿色,商品果亮黄色,果实方形,3~4 心室,果面光滑,光泽度强。果纵径 10~12 cm,果横径 8~10 cm,果肉厚 7~8 mm。单果重 220 g,平均亩产量 4 500 kg。耐低温,连续坐果能力强,果实硬,耐贮运,口感微甜。感病毒病 CMV 和炭疽病,抗病毒病 TMV、疫病和青枯病。

(三)牛角椒品种

1. 中椒 106 号

中国农业科学院蔬菜花卉研究所选育。中早熟,植株生长势强,株高 60 cm 左右,开展度 52~62 cm,始花节位为第 9~11 节。商品果绿色或红色,果实牛角形,果实表面光泽强。果实纵径约 15 cm,果实横径约 5 cm,肉厚 0.5~0.6 cm。单果重 60~100 g,平均亩产量 4 600 kg。微辣,连续结果力强,较耐涝,抗病毒病 CMV 和病毒病 TMV。

2. 湘椒 47 号

湖南省蔬菜研究所选育。早熟,株型较紧凑,株高 60 cm 左右,开展度 60~65 cm。分枝中等,早期坐果性好,叶绿色,第 1 花节位为第 11~12 节。果实长牛角形,果面光滑有光泽,成熟果黄绿色。果皮薄,果肉厚,肉质脆嫩,果实空腔小,辣味适中。果纵径 20.0 cm 左右,果横径 3.5 cm 左右,果肉厚 0.4 cm 左右。单果重 50.0 g 左右,平均亩产量 3 000 kg。耐热、耐旱能力强,较耐寒,较耐贮运。抗病毒病 CMV、病毒病 TMV、疫病和炭疽病。

3. 紫龙

北京市农林科学院蔬菜研究中心选育。中早熟,持续坐果能力强,果实牛角形,果面光滑,商品果为紫色,成熟果红色,味辣。果实纵径 16~18 cm,果实横径 4.2~4.8 cm,果肉厚 0.4 cm。单果重 70~120 g,平均亩产量 2 200 kg。抗病毒病 TMV,耐低温性较好。

4. 兴蔬早惠

湖南省蔬菜研究所选育。早熟,株高 68 cm,开展度 70 cm,株型较紧凑。果实牛角形,果纵径20.2 cm,果横径2.1 cm,果肉厚度0.18 cm。青果绿色,生理成熟果红色,开花结果期125 d。单株结果数60个,单果重20.0 g,平均亩产量2 000 kg。耐寒性较强,抗病毒病CMV、病毒病TMV和疫病,中抗炭疽病。

5. 宝剑2号

宁夏天缘园艺高新技术开发有限责任公司经销。早熟,株高75 cm,开展度69 cm,株型直立,商品果浅绿色。果实牛角形,果纵径34.5 cm,果横径5.2 cm,果肉厚度0.35 cm。单株结果数14个,单果重175 g,平均亩产量5 000 kg。开花期长,耐低温,抗病毒病CMV、病毒病TMV、疫病和炭疽病。

(四)螺丝椒品种

1. 中椒109号

中国农业科学院蔬菜花卉研究所选育。早熟,从定植到始收65 d左右。生长势较强,株型较直立。株高100 cm左右,开展度50~60 cm,始花节位平均10节。青熟果实绿色,成熟果实红色,果实羊角形,果基部有褶皱,下部较顺直。果纵径20~25 cm,果横径约3.5 cm,肉厚约0.25 cm。单果重40~50 g,平均亩产量1 500 kg。中抗病毒病CMV和病毒病TMV,感疫病。

2. 中椒509

中国农业科学院蔬菜花卉研究所选育。中熟,从定植到始收70 d左右。植株生长势强,味辣,果面有坑凹、螺旋,果色由绿变红。果皮薄、品质优良,单果重90 g左右,坐果多,连续坐果性强。横径4.5 cm,纵径20~25 cm。适宜高山露地栽培。

3. 螺辣2号

绵阳市绵蔬种业科技有限公司经销。早熟,从定植到始收青椒65 d。植株半紧凑,株高50 cm,开展度40 cm。始花节为第9~10节,果实牛角形,螺丝状,上皱下旋,果面微皱有光泽。花萼不包被,果顶不凸出,果实青熟果绿色,老熟果红色。果纵径22 cm,果横径3 cm,果肉厚3 mm。单果重40 g,平均亩产量2 700 kg。耐疫病、炭疽病、病毒病。

4. 蛟龙8号

四川种都高科种业有限公司经销。中早熟,定植至始收红椒80 d左右,开花结果期80 d。株型半直立,株高72 cm,开展度67~70 cm。始花着生于第10~12节,商品果颜色绿色,老熟果红色。果实羊角形,螺丝状,果纵径30~35 cm,果横径3.8~4.5 cm,果肉厚度0.25~0.32 cm。单株结果数45个,单果重70~

100 g,平均亩产量 3 000 kg。果基部皱褶明显,光泽度好,皮薄肉脆,辣味浓,口感好。抗病毒病 CMV、炭疽病,中抗病毒病 TMV、疫病。

(五)线椒品种

1. 博辣 8 号

湖南省蔬菜研究所选育。中早熟,植株生长势较强,侧枝少,茎绿色,有紫节。叶片小,叶色浓绿,始花节位为第 11~12 节。株高 81.8 cm,植株开展度 80.4~85.8 cm。果实细长线形,青熟果为绿色,成熟果鲜红色。果面光亮微皱,果皮薄,肉质脆,味辣。果纵径 24.1 cm,果横径 1.7 cm,肉厚 0.23 cm。单果重 21.2 g,平均亩产量 1 200 kg。耐寒、耐热、较耐旱,中抗病毒病 CMV、病毒病 TMV,抗疫病和炭疽病。

2. 黑线 211

萧县丰裕种业有限公司经销。中熟,始收期 50 d 左右,生长期 135 d 左右。植株生长健壮,株型紧凑,株高 70 cm,开展度 65 cm,生长习性直立。果实线形,果形顺直美观,嫩果黑绿色,熟果红色。果实纵径 25~28 cm,果横径约 1.5 cm,肉厚约 0.4 cm。平均单株结果数 40 个,单果重 25 g 左右,平均亩产量 4 000 kg。辣味适中,耐热性、耐旱性一般。中抗病毒病 CMV、病毒病 TMV、疫病和炭疽病。

3. 鼎辣 33

河南鼎优农业科技有限公司经销。早熟,生长期 125 d 左右。平均株高 60~80 cm,平均开展度 55~70 cm,始花平均着生节位 9~12 节。果实为线形,青果亮绿色、红果艳红色、果面光滑、条形顺直、口感香辣。果实纵径 23~35 cm,果实横径 1.3~1.8 cm,果肉厚 0.1 cm 左右。单果重 22~30 g,平均亩产量 3 400 kg。耐低温、耐湿,抗病毒病 CMV、病毒病 TMV、疫病和炭疽病。

4. 红秀 404

北京百欧通种子有限公司经销。中早熟,定植 55~70 d 开始采收。生长势强,坐果性强。青果绿色,商品鲜椒红色,有极强光泽度,果实光滑,果实线形,辣味弱。果实纵切面窄三角形,果纵径 15.5 cm,果横径 1.8 cm,果肉厚 0.2 cm。商品鲜椒单果重 15 g,平均亩产量 2 200 kg。耐旱,不耐涝,感病毒病 CMV、病毒病 TMV 和炭疽病,抗疫病。

5. 中椒 L1

中国农业科学院蔬菜花卉研究所经销。中熟,开花结果期 35 d。株高 180.2 cm,开展度 77.3 cm,株型直立。果实线形,果纵径 26.7 cm,果横径

1.5 cm,果肉厚 0.22 cm。商品果绿色,中辣。单株结果数 80 个,单果重 21.0 g,平均亩产量 2 400 kg。较耐热,中抗病毒病 CMV,感病毒病 TMV 和炭疽病,抗疫病。

二、育苗

根据采收时间,一般于 3 月上旬到 5 月中旬采用营养土育苗,或穴盘育苗,或漂浮育苗。

三、施肥整地

结合施肥进行深翻土地,每亩撒施腐熟有机肥 4 000～5 000 kg。开沟起垄时,垄下集中施蔬菜专用复合肥 50 kg、磷酸二铵 30 kg。带形起垄覆膜,垄面宽(窄行)50 cm,铺膜,垄两侧栽植辣椒,垄沟(宽行)70 cm,垄高 15～20 cm。

四、定植

定植时选用株高 15 cm 左右,4 叶 1 心,叶色深绿,现蕾株不超过 20% 的壮苗。5 月 20 日以后,当地温高于 12℃、气温高于 18℃ 时进行定植。采用起垄覆膜定植,宽行距 80 cm,窄行距 40 cm,平均行距 60 cm。单株栽植,每亩定植 4 000～4 400 株,株距为 25～28 cm。双株栽植,每亩定植 3 500～3 800 株,株距为 30～32 cm。

五、田间管理

(一)搭架

辣椒植株因结果多、果实大,地上部的负担较重,容易发生倒伏,应设置支柱或搭简易支架防止倒伏。支柱或简易支架,一般用小竹木逐株立柱,或在垄面两侧搭成栅栏形支架,再逐株用塑料绳绑在支架上。

(二)浇水追肥

辣椒是连续生长结果而分批采收的蔬菜,浇水追肥可采用水肥一体化技术,根据发棵情况和植株长势及时随浇水追施速效肥。注意氮、磷、钾三要素的合理搭配施用。原则上苗期以追施氮肥为主,开花、结果期要保证氮肥,增施磷、钾肥。

1. 定植至坐果前

定植后浇定植水,缓苗后浇缓苗水,缓苗后至开花前要进行蹲苗,尽量不浇水。采用中耕进行保墒,浇水应做到小水轻浇。

2. 开花坐果期

开花期视土壤湿度适当控制浇水量,门椒长至 3 cm 时结合浇水进行第 1 次追肥,每亩追施尿素 7~10 kg,或大量元素水溶肥 5 kg,或硫酸钾 5 kg,3 种肥料交替使用。

3. 盛果期

每 3~5 d 浇 1 次水,隔水追肥,结合浇水,每亩追肥用蔬菜专用肥或氮磷钾复合肥 5 kg,浇水应在傍晚进行,大雨过后及时排水。

(三)整枝

门椒采收后,植株基部易长出侧枝消耗养分,应及时除去。进入开花结果后期,下部果实采收后,要及时摘除植株下部老叶、黄叶、病叶,以利于通风透光和防止病害发生。长势一般或较差的植株一般不打侧枝。

六、收获

及时采收。一般前期尽早采收,生长弱的植株更应注意及时采收。采收的基本标准是果皮大部分转红并初具光泽。采收宜在早晨或傍晚进行,采后的果实要放到阴凉处,及时分级包装,可用纸板箱包装后迅速装上冷藏车进入冷库预冷,并及时销售。

七、高山辣椒栽培中常见问题及预防措施

(一)脐腐病(蒂腐果、顶腐病)

在辣椒果实顶端出现暗绿色水渍状斑点。由于该病发展速度较快,病斑直径很快扩大到 2~3 cm,甚至扩展到果实一半以上。病斑组织皱缩、坚硬、凹陷、褐色,后期斑面上常长出黑色霉状物(腐生菌)。

1. 产生原因

(1)缺钙引起。当土壤缺乏钙元素或植株营养生长过旺时,钙都被分配到叶芽中,果实中只分配到少量的钙;或高温、干燥、多肥、多钾等条件,使钙的吸收受到阻碍,在植株发生脐腐病。

(2)遇高温干旱天气,土壤缺水或水分供给不足,导致辣椒果实顶端细胞失水死亡,并逐渐向内延伸,也可发生脐腐病。

2. 预防措施

(1)结合整地,多施有机肥,增强土壤的保水力。

(2)合理用水,果实膨大期保持土壤一定程度湿度,防止土壤过干。

(3)补充钙锌元素。在施基肥时,每亩施氯化钙 2~4 kg,与有机肥堆沤;或中后期喷洒 0.2%~0.4% 氯化钙或过磷酸钙 100 倍液,7~10 d 喷 1 次,连续喷 2~3 次。

(二)日灼病

多发生在果实生长中后期。发病初期,裸露果实向阳面出现褪绿,病健界限非常明显。病斑后变为淡褐色或灰白色,呈皮革状,失水变干后易破裂,表面常产生一些黑色霉菌(腐生菌)。

1. 产生原因

主要是阳光灼烧果实表皮细胞,引起水分代谢失调。引起日灼病的根本原因是植株株型不好,造成叶片遮阳不佳。土壤缺水、天气过度干热、雨后暴晴、土壤黏重、低洼积水,以及植株因水分蒸腾不平衡等因素均可诱发日灼病。在病毒病发生较重的地块、因疫病等引起死株落叶较多的地块、过度稀植的地块等,日灼病发生尤为严重。

2. 预防措施

(1)选用适宜本地栽培的耐热和耐日灼品种。

(2)合理密植和间作,采用大垄双行或一穴双株的方法密植,可使植株、叶片互相遮阴,减少果实在阳光下的暴露。与玉米等高秆作物间作,利用高秆作物遮阳,可减轻日灼的危害,还可改善田间小气候,增加空气湿度,减轻干热的危害。

(3)合理灌水,适时、适量、适当浇水。结果盛期以后,应小水勤灌,保持土壤温湿。一般应上午浇水,避免下午浇水,特别是黏性土壤,应防止浇水过多而造成缺氧性干旱。

(三)畸形果

指不同于正常果形的辣椒果实,如弯曲、扭曲、皱缩、僵小果。有的果实横剖可见果实种子很少或无种子。有的果实发育受到严重影响,果皮内侧变成褐色,失去商品价值。

1. 产生原因

形成畸形果的主要原因是受不良环境因素的影响,导致授粉受精不完全或果实生长发育不良。如当温度高于30℃时,花粉的发芽率降低,容易产生不正常果;当温度低于13℃时,基本不能受精,形成单性结实果,产生僵果;当花柱雌蕊比雄蕊短时,授粉困难,容易落花或形成单性果;如果肥水不足、光照不良,果实得到的同化养分少或不均匀;当根系发育不好时,由于地上部与地下部生长失去平衡等因素,均易出现顶端变尖的果实等。

2. 预防措施

加强肥水管理,保证植株同化作用旺盛,适当增施磷肥,坐果后可喷洒0.1%~0.2%的磷酸二氢钾液,以促进植株健壮生长。

(四)落叶、落花和落果

在辣椒生长过程中,因叶柄、花蕾梗、果柄基部组织形成离层,与着生组织自然分离脱落。夏季高温干旱,或高温多雨造成涝害,可阻碍根系吸收,加上辣椒不耐热的生理特性,很易造成全株落叶。伴随落叶的同时,出现大量落花、落果。植株落叶后,通过精心管理、整枝,在外界条件适宜时,还可重新发出枝叶来。

1. 产生原因

(1)花芽分化不良

花芽分化时的温度太低、光照不良、干旱、水渍、营养不良、分苗过度伤根等均可导致花芽分化不良,使花器构造有缺憾,或胚珠退化,导致开花不正常而落花。

(2)授粉、受精不正常

开花期土壤干旱,容易引起离层的产生而落花;开花期低温,特别是夜温低于15℃,花粉管不能正常生长,易导致受精不正常;开花期高温,特别是夜温高于22℃,也可引起花粉管伸长不良,造成受精不正常;土壤的过度干旱、空气湿度过大或过小、阴雨天气等均会影响花粉发芽,造成受精不正常而引起落花。

(3)营养不良

辣椒授粉受精后光照不足、营养供应不充分、营养生长过旺、夜温过高、营养消耗太多、蹲苗过度等,都是导致供给花芽营养不充足的因素,均会引起落花。

(4)坐果后,光照不足、温度过高或过低、土壤干旱或过涝、肥料不足、植株营养生长过旺、徒长等因素,均会造成果实生长营养不充足而落果。

(5)病虫及有害气体的为害也导致落叶、落花及落果。

2.预防措施

(1)选用适宜本地种植的抗病、抗逆性强、耐高温和低温、耐寒和耐涝的品种。

(2)培育适龄壮苗、健苗。

(3)合理密植,保持良好通风、透光的群体结构。

(4)合理灌溉和施肥。适当、适量、适时浇水,避免土壤干旱,同时避免水渍,保持田间湿润为宜。结合整地施入充分腐熟有机肥作基肥,同时根据苗情施好返苗、促苗和供果肥。采用配方施肥技术,防止生长后期脱肥。

(5)及时防治因疮痂病、炭疽病、病毒病、烟青虫等病虫为害而造成的落叶、落花和落果。

(6)当果实由淡黄色转为青色时,及时采摘青果。

(五)空秧

辣椒的"空秧"指辣椒在定植后,全株茎叶虽生长茂盛,但不结辣椒果实或结得很少。

1.产生原因

(1)肥水管理不当。

(2)种植密度过大,造成营养生长与生殖生长失调,引起徒长,长秧不结果。

2.预防措施

(1)加强肥水管理

辣椒叶片小,水分蒸腾量也少。定植时浇水不要太多,过 4~5 d 后浇 1 次缓苗水,连续中耕 2 次。缓苗至辣椒采收,应根据墒情适时、适量、适当浇水,待第 1 层果实开始收获时,每亩追施磷酸二铵 18~20 kg、硫酸钾 10~15 kg,以后根据植株长势再追肥 2~3 次。

(2)合理密植

应依据品种和栽培方式不同确定种植密度。

(3)使用生长激素保花保果。开花结果期可以用辣椒灵,每亩用6~8 g,每1 g兑水6~8 kg喷雾,也可以用50 mg/L萘乙酸喷雾。药液不要喷到生长点和嫩叶上,以免发生药害。

第二节 番 茄

一、品种选择

选择果形圆润周正、果肉硬度好、不裂肩、粉红色、货架期长、耐旱、耐热、抗病、优质、丰产、适应性强的品种。

1. 金棚1号

西安金棚种苗有限公司经销。中熟,无限生长型,植株根系发达,长势旺盛,开花整齐,坐果率高。果实大小均匀,平均单果重180~200 g,果实呈高圆形,表皮光滑亮丽,果色粉红,皮薄肉厚,空洞果少,果汁多,味甜。高抗病毒病,中抗叶霉病、晚疫病、青枯病等病害。

2. 西润2007

渭南市农业科学研究所选育。中熟,无限生长类型,生长势强,茎秆粗壮,叶色绿,第6~7片真叶着生第1花序,以后每隔2~3片叶着生1个花序。坐果率高,连续结果能力强,每株可连续坐果6穗以上。果实高圆,果柄短,无绿色果肩,果脐小,表面光滑润泽,果色深粉,外形美观。果实商品率高、硬度高、耐贮运、耐低温、耐弱光,货架期长。单果重200 g左右,一般每亩产量7 500 kg左右。抗灰霉、根结线虫等。

3. 金鹏8号

西安金鹏种苗有限公司经销。中熟,无限生长类型,植株长势强,叶量大,果实微扁或圆形,幼果无绿肩,成熟果深粉红,低温下果色不易变黄。果面光滑,亮度高,果脐小,畸形果率极低。单果重200~250 g,每亩产量10 000 kg左右。果实大小均匀、商品率高、硬度大、货架期长、长途运输损耗率低。其连续坐果能力强,可连续坐5~7个果穗。抗番茄花叶病毒(TY)。

4. 齐达利

先正达种苗(北京)有限公司经销。中熟,无限生长类型,植株节间短。果实椭圆形偏扁,萼片开张,单果重约220 g。果实硬度高,耐贮运。抗番茄黄化卷叶病毒、番茄花叶病毒、枯萎病及黄萎病。

5. 毛粉 802

陕西省西安市蔬菜研究所选育。中熟,无限生长类型,果实圆球形,成熟果粉红色,单果重约 200 g,最大果达 560 g,每亩产量 10 000 kg 左右。高抗烟草花叶病病毒,抗黄瓜花叶病毒病,对蚜虫或白粉虱具有较强的趋避作用。耐肥性强,稳产高产。

6. 硬粉 8 号

北京市农林科学院蔬菜研究中心选育。中熟,无限生长类型,花序紧凑,叶色浓绿,抗早衰,粉色硬肉,果形圆正,以圆形和稍扁圆形为主,未成熟果显绿肩,成熟果粉红色。单果重 200~300 g,每亩产量 5 000 kg 左右。果肉硬、果皮韧,耐裂果、耐运输。

7. 中杂 201

中国农业科学院蔬菜花卉研究所选育。中早熟,无限生长类型,长势中等,其果实均匀整齐,成熟果粉红色,近圆形,单果重 180~220 g。商品率高、硬度高、耐贮存。抗番茄病毒、叶霉病和枯萎病。

二、育苗

一般于 3 月上旬到 4 月中旬采用穴盘育苗或漂浮育苗。

三、施肥整地

基肥用量要占到总施肥量的 85% 以上,结合整地,每亩施腐熟优质农家肥 5 000 kg、碳酸氢铵 50 kg、过磷酸钙 50 kg。翻地、整平后做畦,畦宽 60 cm、高 10 cm,畦面呈弧形,中间高,两边低。

高山番茄生长发育所需的水分几乎全依靠自然降水及土壤蓄墒供应,因此在 5 月至 6 月上旬定植前的时间段内,遇雨应及时翻地、整畦,并覆盖地膜(地膜宽 60~80 cm),这样既能满足养分需要,又能增温保墒,起到改善田间小气候的作用。

四、定植

于 5 月下旬至 6 月中旬定植。选植株健壮、根系发达、茎秆粗壮、节间短、叶片肥厚浓绿,具有 4~5 片真叶且不带花蕾苗定植。定植方法为在垄沟两膜结合处,按 40 cm 的间距挖穴,点水补墒定植,栽后压好地膜结合处,每亩定植 2 800 株。将番茄苗定植于垄沟内,下雨时垄膜上的雨水会集中渗入垄沟,可提高植株的保墒抗旱能力。

五、田间管理

(一)中耕除草

垄沟内有草时需及时中耕或拔除,地膜破损后膜下极易生长杂草,要及时清除。

(二)追肥

番茄追肥以速效性肥料为主,分次追施。定植后 5~7 d 追 1 次催苗肥,每亩追施 5.0~7.5 kg 尿素;第 1 果穗开始膨大时用施肥枪穴施催果肥,每亩施 20~25 kg 复合肥;采收第 2 穗果时,每亩施 10~15 kg 尿素和过磷酸钙,同时叶面喷施 0.3% 的磷酸二氢钾。以后可视情况每结 1 层果追肥 1 次。

(三)植株调整

当株高 30 cm 时,及时搭人字形架。一般采取单干整枝法,侧枝长至 6~8 cm 时摘除。高山栽培的番茄植株相对较弱,每穗花序下的侧枝应留 1 叶后再摘除,一可防止日烧,二可提高产量,特别是对植株叶片数量较少的品种来说尤为重要。

(四)保花保果

高山番茄结果期正值高温多雨季节,易落花落果,可在花蕾期喷防落素保花。每株番茄留 4~6 穗果,每穗留果 3~5 个,多余的花、果除去。最上一穗果留 2 片叶后摘心,也可在早霜来临前 30 d 摘心。生长中后期要及时摘除植株上的病、残、老叶,减少养分和水分的消耗。

六、收获

外销番茄在果实充分长大,进入绿熟期或转色期后采收;当地销售的番茄在果实成熟后采收。采收时用专用剪刀靠近果蒂剪下,果蒂尽量与番茄平齐但保持花萼片完整,以提高商品性。果蒂过长容易刺破果皮,使番茄失去商品性。采后的番茄用塑料筐转运到屋内阴凉处,及时分级包装。可用塑料箱包装,用纸铺垫箱内,以防止果实损伤,并及时销售。

七、高山番茄栽培中常见问题及预防措施

(一)裂果

番茄果实在成熟时,在果蒂附近发生放射状的裂痕,为放射型裂果;在果肩部出现同心状龟裂,为同心状裂果;但多数是两种裂果现象同时出现的混合型裂果。

1. 产生原因

(1)在果实生长后期遇到夏季高温干旱,或暴雨、烈日暴晒,土壤水分供应不匀,或由于果实皮薄,果肉含水量多,果皮组织与果实生长不均衡,均可造成膨压增大。

(2)土壤中缺钙和硼,易引起果皮老化,引起裂果。因品种间差异,一般长果形,果蒂小,棱沟浅的小果型品种较大果型品种抗裂;叶片大,果皮木栓层薄的红果型品种较粉红型品种抗裂。

2. 预防措施

(1)选择抗性强,适宜本地种植的品种。

(2)果皮老化主要是由太阳光直射果皮引起的,定植时注意将番茄的花序安排在畦的内侧,使结果后番茄的叶片起到遮阴保护作用;如果阳光太强,也可用报纸做成纸筒,套在花穗上。

(3)在果实的上方用大的叶片把果实遮住最好。

(4)增施有机肥,保持土壤湿润,保持水分均匀供应。

(5)根据不同品种特性,做到合理整枝打杈和摘心,防止阳光直射果实。

(6)可喷0.1%硫酸锌溶液,以增强果实抗裂能力。

(7)增施钙肥和硼肥,一般可喷0.2%~0.3%的氯化钙和0.1%~0.2%硼砂溶液,7~10 d喷1次,连喷2~3次。

(二)日灼病

由于强烈的阳光直接照射果皮致使果实膨大期绿果出现日灼,果实的向阳面出现大块褪绿变白的病斑,与周围健全组织界限比较明显。病斑部后期变干,革质状变薄,组织坏死。有时叶片也可出现日灼,初期叶的一部分褪绿,以后变成漂

白状,最后变黄枯死。

1. 产生原因

(1)栽植密度过稀,整枝打杈时,摘叶过重、过多。

(2)天气干旱,土壤缺水,暴雨后猛晴。

(3)品种的特性存在差异。

2. 预防措施

(1)选择抗日灼,适宜本地栽培的品种。

(2)合理密植,适时适度整枝打杈,使茎叶相互掩蔽,果实不受阳光直射。

(3)加强田间管理,使植株生长健壮,防止各种由病原物侵染引起的落叶病害;注意作物行向,一般南北行向日灼病发病较轻。

(4)及时灌水,降低植株体温。

(5)阳光过强时,可隔畦覆盖帘子或遮阳网。喷施 0.1% 硫酸锌或硫酸铜溶液,增加番茄抗日灼能力。

(三)脐腐病

在番茄的顶端、脐部及附近,初显水渍状、暗绿色不规则斑块,直径 1~2 cm,边缘不明显,扩大后为暗褐色至黑褐色,有时可扩大到半个果面以上。由于病部果肉崩溃与腐烂,以及水分逐渐消失,后期病斑向内凹陷,呈扁平状,革质柔韧,病健界限明显,常在病部表面产生墨绿色或粉红色的霉状物(腐生菌)。受害较重的果实,病斑外缘绿色部分多提早变红。此病多发生在第 1 层和第 2 层花穗的果实上,是一种生理性病害。

1. 产生原因

植株生长期间水分供应失调和缺钙、缺硼引起,一般多在雨后接着干旱,或前期灌水过多而后期不灌水的情况下发病重,且为害绿色果实。

2. 预防措施

(1)加强田间管理,适时、适量灌水,或采用地膜覆盖,保持土壤湿润,既满足番茄生长发育需消耗的大量水分,又可控制真菌病害的发生蔓延。

(2)增施有机肥料,特别是基肥。应尽量使用充分腐熟的有机肥,以沼气肥最好,使土壤营养保持良性循环。

(3)高温干燥期间,避免使用浓度过高或含氮量过多的化学肥料。喷施含硼、钙等营养元素的叶面肥,适当增施钙肥,喷洒 1% 过磷酸钙,或 0.1%~0.2% 氯化钙,或 0.1% 硝酸钙等溶液,从初花期开始喷,共 4~5 次效果较好。

(四)生理性卷叶

1. 产生原因

由于土壤干旱、过量偏施氮肥,或由于植株整枝打杈过早、过重及选择种植的品种不当易于卷叶。其表现为叶片小叶纵向上卷,卷叶的程度差异较大。从整株看,有的植株仅下部或中下部叶片卷叶,有的所有叶片均卷叶。从叶片卷叶的程度看,有的叶片向上卷,有的卷成筒状,卷叶重时,往往叶片厚且脆而硬。卷叶减少了叶片的光合作用面积,对产量有较大的影响,尤其是果实膨大期直接影响果实膨大。卷叶后易使一些果实暴露在太阳光下,引起日灼病。

2. 预防措施

(1)选择不易卷叶的品种,培育壮苗。番茄壮苗标准一般要求叶色绿,具有 7~8 片真叶,带花蕾而未开放,茎粗 0.5 cm 以上,苗高 20 cm 以下,根系发达。

(2)适时定植,及时中耕培土,提高土温和土壤通透性,促进根系发育。适时均匀供水,避免土壤过于干旱。

(3)施足基肥。每亩施 5 000~6 000 kg 充分腐熟有机肥。在追肥上,施充分腐熟的人粪尿(或沼液最好),每亩每次施 600~800 kg。

(五)顶端停止生长

1. 产生原因

缺硼导致。硼素过分缺少时,顶端部发生黄化并停止生长,甚至枯死。

2. 预防措施

土壤中增施硼肥,将其作为基肥施用。用 200~250 g 硼砂与有机肥一块堆沤后施用,或用 0.1%~0.15% 硼酸,每亩每次喷施药液 30~75 kg,喷 3~4 次为好。

(六)顶部嫩叶黄化

1. 产生原因

番茄顶端的嫩叶发生黄化,这可能是由于缺铁或受除草剂的药害所致,也可能是由于使用劣质塑料育苗钵而引起。

2. 预防措施

(1)如果是缺铁,可补充铁肥。在沤制基肥时,每亩掺入硫酸亚铁 1~2 kg 一起沤制施用;因有机肥中铁元素含量较高,故可重施充分腐熟的优质有机肥,每亩

5 000~6 000 kg。

（2）如果因施用除草剂而引起番茄顶部的嫩叶黄化，那么在使用除草剂时，一要选择合适的品牌，二要注意浓度，三要注意使用方法。

（3）在使用塑料营养钵育苗时，为了预防劣质塑料带来的危害，一定要选择质量合格的营养钵。

（七）落花

番茄开花后大量脱落，这是高山番茄栽培中一个比较普遍的现象。

1. 产生原因

（1）营养不良。土壤营养及水分不足，植株损伤过重，根系发育不良，整枝打杈不及时，高夜温下养分消耗过多，植株徒长，养分供应不平衡等原因都可引起落花。

（2）生殖发育障碍。温度过低或过高，开花期多雨或过于干旱，都会影响花粉管的伸长及花粉发芽，产生畸形花而引起落花。

（3）低温或植株损伤。

（4）高温多湿引起落花。

2. 预防措施

（1）选择高产、优质、抗逆性强，适宜本地种植的品种。

（2）加强育苗和田间管理，培育壮苗，适时定植，使植株生长健壮，花芽分化好，抗逆性强。

（3）合理密植，适当适时整枝，改善通风透光条件，提高光合效率。正确使用植物生长调节剂，如使用番茄素（番茄灵）25~50 mg/L 蘸花，可有效防止落花。

（八）空洞果

果实的果肉不饱满，胎座组织生长不充实，致使种子腔成为空洞，严重影响果实的质量和品质。

1. 产生原因

（1）受精不良，使用生长调节剂浓度过高等均易产生空洞果。

（2）在果实生长期间，温度过高，阳光不足。

（3）施用氮肥过多、营养生长过旺、果实碳水化合物积累少等，也会形成空洞果。

（4）根系发育不好，造成伤害，不能很好地吸收水分和养分，也易形成空洞果。

2.预防措施

(1)加强田间管理,使番茄生长健壮。

(2)尽量不使用人工激素处理番茄,使番茄果实能正常成熟。

(3)加强根系的管理和保护,要护根、保根、促根,使根发育良好。

(4)加强生长中后期的肥料管理,以防中后期产生脱肥现象。应从结果初期开始,根据植株长势适时追肥,一般每隔 7~10 d,每亩追施磷酸二铵 10~15 kg、硫酸钾 5~10 kg、多元微肥 1~2 kg,或浇施充分腐熟人畜粪尿或沼液 600~800 kg,连续施 4~5 次。

(5)疏花疏果,避免或减少果实间对同化养分的竞争,防止出现空洞果。

第九章 高山葱蒜类蔬菜栽培技术

第一节 洋 葱

一、品种选择

选择高产、稳产、优质、抗病、耐先期抽薹、耐贮运、适应性强、皮薄、色亮、形好、不易掉皮、鳞茎收口紧、综合性状优良的长日照型品种。

1. 红地球

济南睿袤农业科技开发有限公司经销。中晚熟,中长日照品种。成株叶片7~8片,生长势旺。鳞茎苹果形,纵径8~9 cm,横径7~8 cm,外皮红色,光泽亮度好,干后半革质。内肉白色、鲜嫩,色鲜味美,产量高,单球重290~400 g,每亩产量8 000 kg以上。抗病性能强,耐抽薹。

2. 红太阳

陕西省华县辛辣蔬菜研究所选育。中熟,中长日照品种。鳞茎球形,单球重350~450 g,每亩产量6 000~7 000 kg。果皮艳红色,长势中等,球形整齐,抗抽薹,商品率高。

3. 红帝

广州市农业科学研究院选育。中晚熟,从定植到收获需125 d。株高95 cm,生长势旺盛。叶片淡绿色,鳞茎圆球形,外皮红色,皮色鲜亮,纵径9.6 cm,横径9.2 cm,单球重347 g,每亩产量2 000 kg左右。球形指数1.04,收口适中,硬度好,不易脱皮;鳞茎横径≥6.0 cm的商品葱头合格率为91.2%。

4. 紫冠

北京市农林科学院蔬菜研究中心选育。早熟,生长期125 d左右。植株长势强壮,株高65~75 cm,有管状功能叶9~11片,叶片上冲,灰绿色,叶面蜡粉多。葱头高桩球形,横径8~9 cm,纵径8~10 cm。外皮深紫红色,内部鳞片浅紫色,有鲜亮光泽,单球重400 g以上,每亩产量6 000 kg以上。品质脆嫩,有甜味,辣味较浓。抗霜霉病与紫斑病,耐贮存,适应性广,较耐旱,耐抽薹。

5. 紫星

北京市农林科学院蔬菜研究中心选育。中早熟。植株直立,长势旺,株高60~70 cm,6~8片管状叶,叶色浓绿,蜡粉多且厚。假茎细,耐抽薹,鳞茎结球紧实,无分球,鳞茎厚扁球形,球形整齐。球茎大,纵径7.0~7.5 cm,横径10~12 cm,球形指数0.70,单球重316 g。外皮深紫红色,有光泽,内部鳞片浅紫色,单心率高达98%。辛辣味淡,口感脆甜,品质好,抗逆性强,高抗紫斑病和霜霉病。

6. 红鹤

纽内姆(北京)种子有限公司经销。中晚熟,从定植到成熟124~130 d。株高85 cm,生长势旺,叶片深绿色。鳞茎圆球形,深红色,皮色亮,球形指数1.02。收口适中,硬度好,不易脱皮。鳞茎横径6.0 cm以上的合格率为88.9%,单球重368 g。抗霜霉病、紫斑病和软腐病。

7. 天正201

山东省农业科学院蔬菜花卉研究所选育。植株生长势强,管状叶直立,绿色,成株叶片8~10片。鳞茎近圆球形,球形指数约0.85。外皮红色,有光泽,假茎较细,收口紧,硬度较高,商品性好。内部鳞片表皮浅红色,肉质柔嫩,辣味淡,口感好,适于生食,干物质含量9.78%,单球重330 g左右。耐分球,耐抽薹,耐贮存,抗灰霉病、紫斑病及霜霉病。

8. 紫星1号

邯郸市蔬菜研究所选育。中熟。洋葱植株长势强,株高65~75 cm,有管状功能叶9~11片,叶片上冲,灰绿色,叶面蜡粉多。葱头扁圆形,横径8~9 cm,纵径6 cm。外表皮深紫红色,有鲜亮光泽,内部肉质白色。品质脆嫩,有甜味,辣味较浓。单球重250 g左右,最大单球重400 g以上,每亩产量6 000 kg以上。适应性广,较耐旱,耐抽薹,抗霜霉病和紫斑病,耐储存。

9. 金罐1号

陕西省华县辛辣蔬菜研究所选育。中晚熟,中长日照品种。鳞茎高桩罐形,外皮淡棕色,生长势强。抗抽薹,单心率达85%。商品率85%,单球重350~450 g,每亩产量6 000~7 000 kg。抗霜霉病、紫斑病、灰腐病,耐红粉病,耐贮运。

10. 奥迪

纽内姆(北京)种子有限公司经销。中晚熟,从定植到成熟122~130 d。株高95 cm,生长势旺,叶片深绿色,鳞茎圆球形,外皮深铜色,皮色亮,球形指数1.05,

收口适中,硬度好,不易脱皮。鳞茎横径 7 cm 以上的合格率为 87.6%,单球重 357 g。抗霜霉病、紫斑病和软腐病。

11. Peso

荷兰引进。中晚熟,生长期 110~133 d。叶绿色,株形直立,鳞茎圆球形,纵径 8.9~10.4 cm,横径 8.6~9.8 cm。单球重 382.2~513.5 g,每亩产量 2 000 kg 左右,属大球型品种。外皮铜色,着色 3 层,皮色亮,硬度高,假茎收口紧,干皮厚度中,不易脱皮,耐贮运。纵、横径≥7 cm。

二、播种育苗

苗床应选择土质疏松、肥沃、保水性强的地块。一般每亩苗床用种量 4~5 kg,可定植 45 亩大田面积。播种前施足充分腐熟的有机肥和氮磷钾复合肥,然后翻耕,精细整地,做成 1.5~2.0 m 宽的畦,浇透水,待播。于 3 月上中旬土壤解冻后就可播种,采用干籽撒播,播后覆盖细土,以不见种子为宜。盖土后,每亩苗床可用 33% 的除草通 100 mL 喷雾,除治苗床上的杂草。播种后,在畦面上盖一层山皮土或采用遮阳网遮盖,有利于保湿、防高温和防雨。到出苗前应一直保持土壤湿润,当苗床上有 60% 左右的苗长出时就可揭除覆盖物,视天气情况及时洒水,防止苗床板结。同时结合浇水追施少量尿素,通过肥水调控培育适龄壮苗。育苗时既要防止幼苗长得过大,引起早期抽薹,又要避免幼苗生长细弱。当秧苗长到 4 片真叶、株高 20~25 cm、叶鞘横径达到 6~7 mm 时即可定植。

三、施肥整地

洋葱不宜连作,也不宜与其他葱蒜类蔬菜重茬。定植前结合整地,每亩施腐熟有机肥 4 000~5 000 kg,再混入硫酸钾复合肥 20~25 kg、磷酸二铵 20~30 kg。耕翻地时充分耙匀,使土壤与肥料均匀混合,然后覆盖地膜,膜带面宽 1.20~1.25 m,膜带间距 0.30~0.35 m,拉紧并压紧。定植前若土壤墒情差,可提前 3~4 d 浇浅水 1 次。

四、定植

大球型品种行距 15 cm,株距 16 cm,每膜带种植 9 行,每亩定植苗 2.3 万~2.5 万株。中球型品种行距 14 cm,株距 15 cm,每膜带种植 10 行,每亩定植苗 3 万株左右。定植前 1 d 打孔或随打孔随定植。苗床起苗时注意剔除病苗、弱苗,按苗大小分级,捆成 1 kg 左右的小捆,随后用 50% 多菌灵可湿性粉剂 500~800 倍液蘸根。定植时如果幼苗叶太长,可剪去上半部叶,留下半部 10~15 cm 长的叶,以防定植后幼叶伏在地膜表面被蒸干或浇水时被冲走。定植深度以茎盘距地面 1.0~1.5 cm 为宜,定植后浅浇 1 次移苗水。若定植前已浇透水,且定植质量好,可延后 10 d 左右再浇水,有利于缓苗。

五、田间管理

定植后 3~4 d,及时查苗、补苗。补苗后及时用细土封孔。需要勤浇水、浅浇水,全生长期浇水 6~8 次。头水至第 2 水的间隔时间一般控制在 20~30 d,此时苗小,需水量少,地温低,蒸发量也少,延长浇水间隔时间有利于提高地温和促进缓苗。第 2 至第 3 水根据天气情况间隔 10~15 d,此时地温回升,幼苗进入生长旺期,需水量增大,要求土壤保持见干见湿,有利于生长。鳞茎膨大期要求土壤保持湿润,10 d 左右浇 1 次水,有利于获得高产。采收前 7~8 d 要停止浇水。洋葱较喜肥,但根系对肥的吸收能力较弱,需要适量多次追肥。结合浇第 2 水每亩追施尿素 10 kg,第 3 水时每亩追施尿素 15 kg,第 4、第 5 水每亩各追施尿素 10 kg。鳞茎膨大期间可叶面喷磷酸二氢钾等叶面肥 2~3 次。

六、收获

植株基部叶片枯黄,上部叶片尚带绿色,假茎失水松软,地上部倒伏,外层鳞片呈角质化时是收获的最佳时期。收获过早,鳞茎尚未充分成熟,含水量高,易腐烂;收获过晚,叶片全部枯死,容易裂球、茎盘腐烂。收获前 10 d 停止浇水。采收应在晴天进行,拔出整株,抖落泥土,原地晾晒 1 d,待鳞茎表皮干燥,在假茎 2 cm 处剪掉上部茎叶,分级、装袋、销售。

七、高山洋葱栽培中常见问题及预防措施

(一)先期抽薹

1. 产生原因

(1)播种太早、营养面积过大,小鳞茎 0.8 cm 以上,5~6 片叶以上,连续的低

温条件通过春化,在长日照高温条件下易发生抽薹。

(2)肥水管理不当,定植前秧苗生长过大等,易发生先期抽薹现象。

(3)缺肥、干旱和弱光等条件容易诱导洋葱花芽分化而发生先期抽薹。

2. 预防措施

(1)选用冬性强、对低温反应迟钝、耐抽薹的优良品种。

(2)选用粒大饱满、新鲜、无病虫的种子可减少抽薹的发生。

(3)定植时选用大小适度的幼苗,一般定植时选用具有4~5片真叶,苗龄50~60 d,苗高15~20 cm,茎横径0.5~0.8 cm,叶鞘横径5~6 mm,单株鲜重4~6 g的幼苗为大小适度、无病虫害的苗。

(4)及时摘蕾、劈薹。摘蕾时间以花苞未开放时产量最高,将花苞摘去而不破坏花薹茎比掐去薹效果要好。这样既可以利用花薹中的养分,又可防止雨水进入引起鳞茎腐烂。

(二)烂头

1. 产生原因

(1)品种抗病性差

洋葱品种间抗病性具有明显的差异,福佳5号、金状元等抗病性差的品种易发生"烂头"。

(2)施肥不合理

生长前期施氮过多,则导致组织柔嫩,抗病性降低。进入鳞茎膨大期,若氮吸收过剩,则表现出缺钙,导致根部和生长点发育受阻,影响鳞茎膨大和品质,引发内部鳞片腐烂(心腐)和外部鳞片腐烂(肌腐)。若是磷吸收过剩,则外部鳞片缺钙,内部鳞片缺钾,茎盘缺镁,也会导致心腐、肌腐和根腐。

(3)叶鞘松动,流进雨水

在鳞茎膨大后期,叶鞘发生中空,导致包裹不紧,若遇到连阴雨,雨水会顺着叶片流入鳞茎内,易受腐败性细菌感染而腐烂。

(4)伤口感染

在田间管理、收获、剪头、晾晒、运输、贮藏过程中,葱头极易受到机械损伤而产生伤口;另外,根蛆蛀食鳞茎也可造成伤口,病菌从伤口侵染也可造成腐烂。

(5)贮藏条件不适

若洋葱贮藏的温湿度偏高,会使养分消耗加快,导致鳞茎发软、中空、迅速发芽的同时,发生"烂头"。

(6)侵染性病害引起

洋葱软腐病(细菌)、颈腐病(真菌)、球茎软腐病(细菌)都可引起鳞茎腐烂。病菌侵染后,病部组织受害发软,继而溃烂。

2. 预防措施

(1)选用抗病品种。

(2)合理施肥,补施钙肥。定植前施入充分腐熟的有机肥,磷、钾肥以作基肥,氮肥以追肥为主。在叶部旺盛生长期可用0.2%硝酸钙溶液,或1%的过磷酸钙液叶面喷施。在收获前10~13 d,向洋葱叶面每亩撒施碳酸钙粉10 kg,或在洋葱地面上部茎叶被切掉之后立即向刀口每亩撒施碳酸钙粉10 kg。

(3)压茎防雨。当洋葱进入休眠期,地上部分变软开始倒伏时,将直立的植株全部人工压倒,以防止雨水流入鳞茎。同时应及时收获,以防雨淋。

(4)防治害虫,减少虫伤,以防感染。及时防治病虫害,生产中应注意尽量减少机械损伤,并注意清理和烧毁田间病残组织及枯枝枯茬。

(5)合理轮作。与十字花科类蔬菜、绿叶类蔬菜和茄果类蔬菜进行轮作倒茬。

第二节 青 蒜

一、品种选择

选择具有休眠期较短、瓣齐、发芽快、幼苗生长快、假茎粗而长、叶片宽大肥厚、黄叶和干尖现象轻、抗病虫、耐寒的春播青蒜优良品种。

1. 绿丰1号

张掖市宏顺通现代农业科学院选育。生长期110~150 d。长势旺盛,植株茎扁平(白色),叶绿色宽而厚,味浓辛辣。个体与群体发育良好,适应性、丰产性、抗逆性表现突出,采收期长,耐贮运,极耐高、低温。顶生花芽,形成花薹实心,断面圆形,基部粗2 cm,长80 cm,每亩产量5 000 kg左右。青蒜生长期间抗寒耐热,生长势强,能经受38℃左右的高温和-10℃~10℃左右的低温。生长适宜昼温18~22℃,夜温12~13℃。

2. 民乐大蒜

张掖市民乐县地方品种。早熟,生长期90~100 d。株高78 cm,株幅34 cm,

假茎纵径12 cm,横径1.2 cm。株型直立,叶片披针形,色墨绿,单株叶片数16片,最大叶长66.5 cm,宽2.4 cm。蒜薹粗壮,纵径40~45 cm,横径0.5~0.7 cm,单薹重20~25 g。蒜头近圆形,横径5.2 cm,外皮紫红色,单头重50 g左右,香味浓、易脱皮,每头6~7个蒜瓣,平均蒜瓣重7 g。抗病毒病和紫斑病。具有生长势强、耐寒、抗病、优质、丰产等优点。

3. 九队大蒜

白银市靖远县地方品种。红皮、个大、味辣、味鲜、醇香、辛辣、黏度大、品质优良,存放期限长,隔年不腐。

4. 酒泉红皮蒜

酒泉市地方品种。紫皮大蒜,蒜头横径5~7 cm,分瓣6~8个,具有蒜瓣大、头齐、皮薄、色紫,蒜味纯正浓郁、辛辣醇香、蒜薹粗壮脆嫩等优点。

5. 阿城大蒜

哈尔滨市阿城区地方品种。阿城大蒜分紫皮蒜和白皮蒜两种。紫皮蒜鳞茎外皮紫色,大瓣种,瓣少而个体肥大,蒜头有5~7个蒜瓣,单头重25 g左右。蒜瓣围绕蒜薹座生在茎盘上,外包3~4层蒜皮,茎盘下面连带干枯须根,包裹整个蒜头的蒜皮为紫色,是由叶鞘基部膨大形成的。白皮蒜鳞茎外皮白色,小瓣种,蒜瓣2~7室,每头6~22瓣。

6. 乐都紫皮大蒜

青海省海东市乐都区地方品种。中熟,生长期116~118 d。叶片长披针形,叶长57.0 cm,叶宽2.6 cm,叶片横断面呈月牙形,叶片绿色。叶鞘及假茎浅黄绿色,全株叶片数9片。株高71.1 cm,株幅40.0 cm,单株蒜瓣数5瓣。鳞茎扁圆球形,纵径3.6 cm,横径5.6 cm,外皮紫红色,单个鳞茎重65.9 g,单瓣重9.5 g。具有抗寒性强,耐旱性弱的特点和抗灰霉病、紫斑病中等的优点。

二、施肥整地

选择前茬未种过葱蒜类、有机质丰富、土质疏松、排水条件较好的壤土地块。结合整地亩施充分腐熟有机肥4 000~5 000 kg、氮磷钾复合肥25~30 kg、硫酸钾15~20 kg。严禁将化肥撒施土表,防止烧苗。施肥后对田块深耕(深度20~25 cm),使土壤与肥料均匀混合。青蒜一般采用平畦栽培,以畦宽5 m、畦长20 m左右为宜,做到土细、畦平、畦垄直。

三、种子处理

(一) 晒种

播种前剥下蒜瓣,将有虫蛀、霉烂、干腐、带伤、破碎的蒜种剔除。掰蒜瓣时按大小分级,种蒜蒜头先晾晒 2~3 d。

(二) 消毒

用 25% 多菌灵可湿性粉剂 1 000 倍液,或 75% 百菌清可湿性粉剂 1 000 倍液在蒜种上均匀喷洒,然后翻种 3~5 次,使蒜种与药剂接触均匀,即可播种。

四、播种

(一) 播种时间

青蒜喜冷怕暖,季节性强,生长最适温度在 20℃ 左右,从播种到 4~6 叶约需 60~70 d。作青蒜种植,高山地区的适宜播期为土地解冻后进行顶凌播种。具体播种期可根据收获青蒜时间前推 90 d 左右,如太白高山地区在 6 月中下旬采收青蒜,应在 3 月中下旬播种。

(二) 播种方法

采用插栽种植,行距 15~20 cm,株距 3~5 cm,亩用种量 180~220 kg,每亩保苗 4 万~4.5 万株。播种时蒜瓣的弓背面与腹面连线都向一个方向排列,将蒜种瓣以蒜尖向上、蒜蒂向下插入土中。播种深度以蒜尖微露为宜,将表土稍微压实,使蒜瓣与土壤紧密接触。

五、田间管理

(一) 中耕除草

大蒜出苗后应进行除草,当苗高 10~13 cm 有 2~3 片叶时进行第 1 次中耕,苗高 26~33 cm 有 5~6 片叶时进行第 2 次中耕。

（二）追肥

一般苗期每隔 10 d 施肥 1 次，以施用速效性肥料为主，以后每隔 15 d 施肥 1 次，亩撒施氮磷钾复合肥 7.5~10.0 kg。施肥应选择晴天下午进行，每次追肥都要结合浇水。

（三）浇水

播种后及时浇足定根水，以利蒜种吸水膨胀，促进发芽发根，出苗齐整。出苗后，一般 7~10 d 浇水 1 次，青蒜生长期间应经常保持土壤湿润。

六、收获

当青蒜长至 6~8 片叶，蒜头即将膨大，株高达到 40~50 cm，基部粗 2 cm 以上即可采收。青蒜收获期应根据市场需求调节，采收不宜过晚，否则青蒜老化或蒜头膨大而失去商品价值。收获时连根挖起，去除根部泥土和下部黄叶，扎成小捆上市。

七、高山青蒜栽培中常见问题及预防措施

（一）叶尖枯黄

1. 产生原因

(1) 连作种植。

(2) 土壤排水不良，根系呼吸受阻，植株受湿害。

(3) 土质黏重而且耕土层浅，根系分布浅，土壤过干过湿。

(4) "断奶"（也叫"退母"或"烂母"）枯黄，这是一种生理现象。

2. 预防措施

(1) 合理轮作。大蒜不能连作，头茬种过大蒜的田土不能接着再种。连作种植不但植株会出现叶尖枯黄现象，还会产生其他病害，而且长势不好，影响产量和质量。

(2) 选择地下水位较低、排水良好的沙壤土种植。

(3) 实行高畦栽培，加深耕土层，促进根系发达；维持比较稳定的土壤湿度，

避免忽干忽湿。

(4)及时追施"断奶"肥。"断奶"枯黄是作物普遍的正常生理现象,它标示所播作物块茎或种子即"母体"营养已消耗殆尽,植株进入从土壤中吸收营养的旺盛生长期,肥水需求增加。因此,在"断奶"前一定要追肥供水,使土壤中有足够的营养供应。"断奶"肥一般以在播种后 20~30 d 追施为宜,每亩追施尿素 15~20 kg。用 0.1% 的磷酸二氢钾溶液作叶面追肥,这样便可减轻或避免植株叶尖枯黄的发生。

(二)出苗慢和出苗差

1. 产生原因

(1)盖土过厚。蒜种播种后盖土以 2~4 cm 为宜,盖土厚度超过 5 cm,就会对出苗有影响。

(2)降雨影响。播种后出苗前,若遇中雨以上强度的降雨天气或连阴雨天气,会导致土壤表面板结,影响出苗。

(3)土壤中残留除草剂的危害。绿麦隆用于防除大蒜田杂草效果比较好,但绿麦隆是一种残效期较长的化学除草剂,长期使用会造成绿麦隆在土壤中积累,对作物种子萌发和出苗产生不良影响。

(4)蒜种冷处理的温度过高、过低和处理时间不足。通过冷处理打破蒜种的休眠状态,要求必须在一定的低温条件下处理一定的时间,若冷处理期间的温度控制过高和处理时间不足,不但不能彻底打破蒜种的休眠,而且大蒜播种后往往不能很快发芽;而冷处理温度过低,也不能快速打破蒜种的休眠,还会抑制种瓣幼芽的萌动和根系的萌发,这样的蒜种播种后出苗也往往较慢。

(5)蒜种在贮运过程中发热造成烂种。蒜种收获后晾晒不充分、蒜种受潮都会使蒜种的呼吸作用增强,在这种情况下,若未能及时摊开晾晒,蒜种呼吸作用产生的水分和热量不能及时散发,就会进一步增强蒜种的呼吸作用,使蒜种堆码内部温度不断上升,最终将蒜种烫死而造成烂种。

2. 预防措施

(1)播种后应根据土壤质地等综合考虑盖土厚度。一般来讲,土质偏沙、土壤有机质含量高的田块盖土可稍厚,而土壤偏黏、土壤有机质含量低的田块宜浅盖。

(2)播种后遇降雨,应在雨后表土稍干时,及时用疏耙刮疏表土层,破除土表所结硬皮,为出苗创造疏松的土壤条件。

(3)注意各种除草剂的交替使用,并严格控制用药量。

(4)蒜种冷处理一般需要经 3~5℃ 低温春化处理 40 d 左右才可打破休眠。一般来说,当占 5% 左右的种瓣基部可见到颗粒状的幼根突起、80% 以上的种瓣内部幼芽伸长达种瓣长度的 2/3 以上时,可确定蒜种已通过休眠。用这样的蒜种播种,一般可在播后 7~10 d 大量出苗。

(5)蒜种在贮运过程中要防止雨淋,堆放不宜过厚过密,要注意通风。播种前也应认真挑选蒜种,剔除因发热产生的烂种。

(三)幼苗生长停滞、死苗

1. 产生原因

(1)土壤瘠薄,保水能力差。青蒜不耐瘠薄,也不耐干旱,往往在土壤肥沃、地下水适中、灌水充分的条件下生长较好。而在土壤瘠薄、地下水位较低、灌水不足的条件下长势较差,甚至于停止生长或发生死苗。

(2)土壤酸性过强。青蒜对酸性土壤的反应较敏感,当土壤 pH<4.5 时会造成死苗。

(3)连作障碍。青蒜不耐连作,多年连作种植大蒜的田块,由于土壤中土传病害的病源基数逐年增加,青蒜自身产生的有毒有害物质逐年积累,会对自身生长发育造成严重影响。

2. 预防措施

(1)选择土壤肥沃、排灌水方便的田块种植。

(2)在强酸性土壤上种植时,应在整地时施用石灰调节土壤酸性。每亩石灰用量一般掌握在 50~100 kg。

(3)注意合理轮作,应与非葱蒜类作物间隔 3 年以上。

第三节 大 葱

一、品种选择

选择耐寒、耐旱、耐热、适应性强、不分蘖、葱白长、质地细腻、商品性好,抗紫斑病、黑斑病、霜霉病和灰霉病的品种。

1. 玖美

上海惠和种业有限公司经销。葱白长 40~50 cm,叶片厚实,植株紧凑性好,便于收获,商品性好,产量高。特抗寒、耐抽薹,田间整齐度好,节间硬度、紧密性优良,成品率高。

2. 惠和6号

上海惠和种业有限公司经销。葱白长45 cm左右,葱白顺直,整齐度和均匀性好。叶色深绿色,叶片硬、折叶少。长势旺盛、早熟、产量高,耐热、耐涝、耐寒性好,抗病性强,缺棵少,易于栽培。

3. 日本钢葱

日本引进。葱叶直立,抗风,不易倒伏。葱白紧实,葱白长35~40 cm,茎横径2.0~3.5 cm。叶中长,叶距紧凑,叶色浓墨绿色,白蜡质多,外形粗壮,葱白硬实。肉质鲜嫩,辛辣味浓,抗霜霉病,抗冻,耐抽薹、耐运输,每亩鲜葱产量5 000 kg左右。

4. 郑研寒葱

郑州市蔬菜研究所选育。株高95~120 cm,葱白长40~50 cm,横径2~3 cm,功能叶5~7片。管状叶上冲,叶色浓绿,蜡粉多。单株鲜重0.25~0.65 kg,每亩产量5 200 kg以上。葱白洁白致密,辣味浓,有香味,风味佳。抗寒性强,抗紫斑病、霜霉病和锈病,抗倒伏。

5. 青杂3号

石家庄市农林科学院蔬菜研究所选育。株高150 cm左右,葱白长60~65 cm,横径3.5~4.0 cm。生长期间有功能叶5~6片,叶片深绿色、较短,叶面蜡质层厚,抗风、抗倒伏能力较强。葱白质地紧密,口感甜脆多汁,抗寒能力强。每亩产量7 500 kg左右。

6. 盛京2号

沈阳市农业科学院选育。株高125 cm左右,葱白长50~55 cm,葱白横径3.0~4.0 cm。叶片深绿色,叶表蜡粉多,抗风能力较强。生长期间功能叶4~6片,叶片直立,开展度小,整齐度高。营养生长期间独棵不分蘖。平均单株鲜重300 g,平均亩产量5 000 kg。较抗灰霉病和紫斑病。

二、育苗

(一)育苗时间

一般在2月上中旬。

(二)育苗设施及育苗床准备

选用日光温室、塑料大棚等设施。选择未种过葱蒜类、疏松肥沃的沙壤土作苗床,要求耕翻细耙,同时施入充分腐熟过筛的有机肥、草木灰与土壤充分混匀后耙平,使土壤呈潮湿、疏松状态。

(三)播种方法

播种前覆床土10 cm,床面整平,浇足底水,湿润至床土深10 cm,水渗下无积水后用营养土薄撒一层,将种子均匀地撒播于苗床上。播后覆营养土0.5 cm,播种后盖地膜。一般亩用种量400~500 g。70%幼苗出土后及时揭去地膜。

(四)苗期管理

1. 温度

幼苗出土前,白天温度20~26℃,夜间不低于13℃;齐苗后白天保持18℃左右,夜间不低于8℃;定植前1周昼夜大通风,白天温度保持10~12℃,夜间0℃以上。

2. 水肥

在整个育苗期只需在齐苗后和真叶2片时浇2次水,叶面喷施0.1%尿素+0.2%磷酸二氢钾2次。

3. 壮苗标准

苗龄60~70 d,苗高25~30 cm,3~4片叶,茎横径0.6~1.0 cm,叶色深绿,无病虫害。

三、施肥、整地、覆膜

选择前茬未种过葱蒜类、有机质丰富、土质疏松、排水条件较好的地块。结合整地每亩施充分腐熟有机肥4 000~5 000 kg、氮磷钾复合肥40 kg、草木灰100 kg。施肥后耙耕20~25 cm,地块耕翻后整平,做成畦宽3 m的平畦,长度依地块长度而定。铺膜时要求地膜平展紧贴地面,四周用土压严、压实。

四、定植

(一)定植时间

一般在 4 月上中旬。

(二)定植方法及密度

定植时剔除病苗、弱苗,按株行距 12 cm,在地膜上用锥扎 15 cm 深洞,插入葱苗,因地膜定植不能培土,所以要深栽,深度一般为 12 cm 以上,以不埋住生长点为宜。每穴 1 株,定植时应垂直插葱,不能弯曲,防止秧苗折断。一般每亩定植 4.5 万~4.8 万株。

五、田间管理

(一)查苗补苗

定植后 2~3 d 查苗,缺苗要及时补栽,发现地膜下面有苗,要及时放出。

(二)肥水管理

定植时浇定植水,因植株小、根系弱、需水量少,故要小水多浇,注意雨后排水。以后根据天气情况浇水,一般 15 d 左右浇 1 次水。缓苗后植株进入生长盛期,每亩追施碳酸氢铵 30 kg,整个生长期追肥 2~3 次,叶面喷施富万钾、磷酸二氢钾等高效肥料 2~3 次。

六、收获

定植后 100~120 d,当地上部长到 70~90 cm、葱白长 20 cm 左右、横径 2~3 cm 时,可及时收获上市;或者根据市场行情,在不影响产品品质的前提下灵活掌握。

七、高山大葱栽培中常见问题及预防措施

(一)干尖黄叶

1. 产生原因

(1)酸性土壤危害。大葱生长适宜于中性土壤,以 pH 7.0~7.4 较适宜。当有机肥施用少,大量使用硫酸铵、过磷酸钙时会使土壤酸化,从而引起葱叶枯黄,生长缓慢细弱。

(2)栽种过程中不注意浇水,造成土壤干旱,植株缺水易引起干尖。

(3)空气湿度过大。大葱叶的表面有一层蜡质,具有保护水分散失的作用,蒸腾作用较小。夏秋季节连阴雨天较多,空气湿度较大,抑制了蒸腾作用。这样根系的吸收作用就减少,通过吸收水分带到叶片的营养元素如磷、氮、钾、硫、钙、镁、锌等微量元素也就大大减少。

(4)微量元素缺乏。土壤缺钙易导致大葱心叶尖黄化,生理活动受阻,缺镁可导致大葱外叶尖黄化。

(5)病害造成干尖。病害主要有霜霉病、灰霉病两种。灰霉病引起的干尖,最初叶上为白色斑点,后向下发展干枯,湿度大时产生灰色霉层;霜霉病引起的干尖为椭圆形灰白色病斑,湿度大时病斑处产生白色霉层;种蝇幼虫为害根部引起地上叶片干尖,也就是人们经常说的根蛆,受害严重时根部变褐腐烂。

2. 预防措施

(1)选择地势较高、排灌方便的地块种植,前茬至少 2 年未种植大葱、韭菜、大蒜等百合科蔬菜,土质以沙壤土为好。

(2)使用经过充分腐熟的有机肥,并每亩施 150 kg 氧化钙。

(3)加强田间管理,保持适宜的田间湿度是控制病害发生的关键。合理密植,遇旱浇水,雨后及时排出田间积水,保持田间通风,避免高湿郁闭;注意田间卫生,及时清除田间枯叶、病叶及病株残体,并带出田外烧掉;增施磷钾肥、优质有机肥,增强植株抗性;30℃以上高温天气要注意浇水降温。

(4)土壤缺钙时,可喷施 0.1%~0.3% 硝酸钙;缺镁时,可喷施 0.1% 氯化镁。

(5)防治病害应掌握"早发现,早治疗"的防治原则,发病初期立即施药。防治霜霉病,常用 50% 甲霜铜可湿性粉剂 800 倍液,或 72.2% 普力克水剂 800 倍液喷雾;防治灰霉病,可用 50% 速克灵可湿性粉剂 1 500 倍液,或扑海因可湿性粉剂

1 000～1 500 倍液喷雾。由于灰霉病易产生抗药性,应尽量减少用药量和施药次数,要注意轮换、交替或混合用药。生产上,通常用50%扑海因2 000倍液加万霉灵1 000倍液,或65%硫菌霉威1 000倍液,效果良好。大葱种蝇要注意成虫和幼虫的综合防治。成虫盛发期用2.5%功夫乳油4 000倍液喷雾,每5～7 d喷雾1次,连续2～3次。

(二)烂根

1. 产生原因

(1)降雨。大葱是典型的耐旱不耐涝作物,尤其是大葱生长旺盛期,正值雨季到来的季节,如果降雨频繁,且遇到雨水较大的年份,加上种植地块排水不是很通畅,水涝造成土壤过于湿润,在高温的作用下很容易诱发烂根。

(2)积水造成沤根。大葱叶片水分蒸腾少,根系吸水能力弱,消耗水分较少,喜湿怕涝。在生长期间若大水漫灌,容易使大葱田间积涝成灾,如遇高温天气更易发生沤根,且出现干尖、黄叶现象,最终死苗。

(3)低温天气。地温低于12℃,且持续时间较长,则易发生烂根现象。如长期处于5～6℃低温,尤其是夜间的低温,会导致大葱生长点停止生长,老叶边缘逐渐变褐,致使大葱苗干枯死亡。

(4)连作。连作种植是造成大葱烂根的关键因素,由于连作种植,土壤中病原菌增多,如根腐病、软腐病等连作病害容易发生,危害大葱根部,极易造成大葱根部腐烂以及死棵现象。

(5)除草剂药害。在使用除草剂过程中,如果使用不当,使用浓度过大,易使大葱生长受限,叶部发黄干枯,根部发褐腐烂,最后全株死亡。

(6)病虫危害。连续多年种植作物的土地没有经过杀菌消毒,如果雨天排水不畅或者土壤的透气排水性能受影响,根部面临的外界环境就会比较差,抗菌能力减弱,则很容易感染大葱根腐病、软腐病、炭疽病等病害。同时,如果大葱的根部遭受根蛆、蝼蛄等为害后形成孔道,则容易引起根部腐烂,以致叶片萎蔫、枯黄,最后死亡。

2. 预防措施

(1)选择抗病、耐病品种。应根据土壤肥水条件、管理水平等选择种植高抗根腐病等病害的高产、优质大葱品种。

(2)深耕土壤。种植大葱应尽量选择土层深厚、保湿力强的沙壤土,深耕土壤,使耕层达到30 cm以上。深耕时大量增施腐熟有机肥,改善土壤结构,提高土壤缓冲能力,改善通气、透气条件,以减少烂根的发生。

(3)及时排水。降雨过后,对于地势低洼、有积水和内涝的大葱地块,应及时采用机械排水和开沟排水等措施将积水排出田外,防止因积水和渍害导致植株死亡。积水排出田外后要及时中耕,散墒通气,减少烂根。

(4)科学施肥。大葱施肥要以充分腐熟有机肥为主、化肥为辅,合理施用氮肥,增施磷钾肥。在施足基肥的基础上,及时进行追肥。每亩基施有机肥 2 000 kg、三元素复合肥 50~60 kg,配合增施钙、硼等微量元素;在大葱生长旺盛期,每亩追施尿素 2~3 次,每次 10 kg 左右,以促进大葱快速生长。

(5)合理浇水。禁止大水漫灌,要小水勤浇,促进根系发育,增强根系吸收养分、水分的能力。要根据天气状况、土壤干湿状况、中耕情况灵活对大葱进行浇水。

(6)合理轮作倒茬。实行轮作倒茬种植,减少土壤中的病原菌,一般 3~5 年轮作倒茬 1 次。

(7)安全使用除草剂。使用大葱田除草剂时,一定要采用二次稀释法,均匀喷雾。根据温度(15~25℃)、土壤湿度(65%以上)适时用药,禁止在高温(30℃以上)、干旱、高湿、低温条件下使用除草剂。如果出现除草剂药害,应及时浇水稀释药液并追施尿素等速效肥使其尽快恢复生长。

第十章 高山其他类蔬菜栽培技术

第一节 鲜食玉米

一、品种选择

应根据高山气候特征、品种特性及市场需求三方面因素,因地制宜,选择适应性广、抗性强、商品性优良的品种。

1. 金冠218

北京中农斯达农业科技开发有限公司和北京四海种业有限责任公司选育。出苗至鲜穗采收期90 d。幼苗叶鞘绿色。株形半紧凑,株高253.4 cm,穗位高103.8 cm,成株叶片数17~20片。花丝绿色,果穗筒型,穗长23.1 cm,穗粗5.0 cm,穗行16~18行,穗轴白色,籽粒黄色、甜质型,百粒重(鲜籽粒)34.8 g。中抗大斑病,感丝黑穗病。皮渣率5.97%,还原含糖量9.56%,水溶性含糖量29.50%。

2. 正甜89

广东省农业科学院作物研究所选育。生长期100 d。株高182~187 cm,穗位高48~50 cm,穗长18.5~18.8 cm,穗粗4.8~4.9 cm,秃尖长0.9~1.3 cm。单苞鲜重294~307 g,单穗净重222~247 g,千粒重295~326 g,出籽率62.47%~63.85%,一级果穗率74%~82%,果穗筒形,籽粒白色。倒伏率0.33%~0.71%,倒折率0.83%~0.85%。可溶性糖含量30.9%~39.5%。高抗茎腐病和大、小斑病,抗纹枯病。

3. 米哥

先正达种苗(北京)有限公司经销。出苗至采收鲜果穗75 d左右。幼苗叶鞘绿色。成株株型较松散,株高211 cm,穗位58 cm,全株叶片数11~13片,雄穗分枝16个,花粉量大,颖壳淡黄色,花药淡黄色,花丝白色。果穗筒形,穗轴白色,穗长 21.3 cm,穗粗 4.6 cm,秃尖 1.5 cm,穗行数 18 行。籽粒黄色,行粒数 36 粒,出籽率 67.3%,鲜籽粒百粒重 35.9 g。千籽粒还原糖(干基)9.05%,总糖 11%。

4. 澳甜糯 65

四川方圆种业科技有限公司经销。出苗后 68~70 d 可采收,采收期可达 5~7 d。株高 200 cm,穗位 80 cm,籽粒白色,晶莹剔透,甜糯粒比为 1∶3。穗长 19~23 cm,穗粗 5.7 cm,穗行 16 行。口感好、糯性强,抗病性、抗逆性突出,抗倒性极强。每亩产量 1 200~1 400 kg,是抢早上市创造高产值的首选品种。

5. 万糯 2000

河北省万全县华穗特用玉米种业有限责任公司选育。出苗至鲜穗采摘期 115 d。幼苗叶鞘浅紫色,叶片深绿色,叶缘白色,花药浅紫色,颖壳绿色。株型半紧凑,株高 243.8 cm,穗位高 100.3 cm,成株叶片数 20 片。花丝绿色,果穗长筒形,穗长 21.7 cm,穗行 14~16 行。穗轴白色,籽粒白色、硬粒型,百粒重(鲜籽粒)44.1 g。抗丝黑穗病,感大斑病。支链淀粉占总淀粉含量的 98.72%,皮渣率 3.86%。

6. 京科甜 112

北京市农林科学院玉米研究中心选育。中早熟,播种至采收为 110 d 左右。株高 280 cm,平展株形。穗位高 108 cm,穗长 20 cm 左右,穗粗 5 cm,穗行 16 行,行粒数 35~40 粒,锥形穗。不秃尖,穗行整齐,籽粒金黄色,雄穗发达,花粉量大。叶色深绿,较抗病虫害。果皮柔嫩,营养丰富,甜度高且口味纯正,适口性好,品质优于国内外同类品种。蔗糖含量占籽粒干重的 35% 以上,是普通玉米的 2 倍。

7. 西星甜玉 2 号

山东登海种业股份有限公司西由种子分公司选育。生长期 86 d。株型半紧凑,株高 217 cm,穗位高 73 cm,幼苗叶鞘绿色,成株叶片数 19 片左右。雄穗分枝数 8 个左右,颖壳、花药、花丝均为绿色。苞叶覆盖较完整,旗叶短、宽,果穗锥形,穗轴白色,籽粒黄白色,秃尖略长。空秆率 0.4%,穗长 19.6 cm,秃尖长 2.5 cm,穗粗 4.9 cm,穗行 14 行,行粒数 36.2,百粒重 36.5 g。抗大斑病、小斑病、纹枯病、茎腐病和穗腐病,田间倒伏(折)率 2.01%。

8. 和甜五号

上海惠和种业有限公司经销。早熟,播种出苗到鲜穗采收 76 d 左右。株高约 180 cm,穗位高约 55 cm,株型平展。果穗筒形,穗长约 20 cm,穗粗约 5.1 cm,穗行 14~16 行。籽粒深约 1.1 cm,籽粒黄色,皮薄,柔嫩多汁,含糖量高,食后无渣。

9. 粤甜619

广东省农业科学院作物研究所选育。生长期110 d。株型清秀,叶色深绿,植株高160~175 cm,穗位高50 cm左右,穗长19.5~21.5 cm,穗粗4.8~5.1 cm,秃尖0.0~1.5 cm。单苞鲜重360 g左右,穗行14~16行,行粒数35~41粒,粒深0.9~1.1 cm。果穗筒形,穗形美观,籽粒纯白色,色泽均匀,排列致密整齐,出籽率高,皮薄光亮,渣少,爽脆,口感清甜,后期保绿度好,鲜食品质突出,抗倒伏,抗病性好,适应性较强。

10. 粤甜520

广东省农业科学院作物研究所选育。生长期110 d。植株高200 cm左右,穗位高50 cm左右,叶色鲜绿,穗长19.5~21.0 cm,穗粗5.0~5.2 cm,秃尖1.0 cm左右。单苞鲜重330~400 g,穗行14~16行,行粒数35~39粒,粒深0.9~1.0 cm。果穗筒形,苞叶青绿色,穗形美观,籽粒白色,色泽均匀,粒大,甜度高,口感好,鲜食品质突出。生长势壮旺,抗病性好,抗倒伏,适应性强。

11. 粤甜316

广东省农业科学院作物研究所选育。生长期平均115 d。生长壮旺,叶色鲜绿,植株高190~200 cm,穗位高50 cm左右,穗长20~22 cm,穗粗5.0~5.2 cm,秃尖0.5 cm左右。单苞鲜重350~400 g,穗行14~16行,行粒数40粒。果穗筒形,苞叶青绿色,穗形美观,黄白双色。籽粒对比度好,甜度高,皮薄,色泽光亮,爽脆。抗病性强,抗倒伏,适应性好。

12. 紫美人

上海惠和种业有限公司经销。早熟,播种出苗至鲜穗采收75 d左右。株高210 cm左右,穗位高84 cm左右,株型半紧凑。果穗呈圆筒形,穗长约18 cm,穗粗约5 cm,穗行14~16行,每行约39粒。籽粒紫黑色,最佳采收期糖度达16.5%。皮薄、渣少、花青素含量高,风味佳,生吃熟食皆宜。

13. 双色之巅

上海惠和种业有限公司经销。早熟,播种出苗至鲜穗采收约74 d。平均株高163.2 cm,穗位高33.8 cm,穗长19.6 cm左右,穗粗4.8 cm左右。穗行14~16行,每行粒数35粒左右,果穗长筒形,籽粒含糖量高(17.5%以上)。籽粒黄白相间,色差明显,果皮薄、鲜嫩、汁水多,风味好,适口性极好。

二、施肥整地

冬闲地应适时深翻冻垡,耕深 30~35 cm,耕作层深浅保持一致,做到翻地无漏耕。翻出杂草根部,使虫卵暴露在外,减少越冬害虫数量。播前 7 d 左右视天气和土壤墒情及时旋耕,做到耙碎整平,上虚下实,无较大土垡。结合整地,亩施腐熟有机肥 3 000~5 000 kg,氮磷钾复合肥 50 kg,将地整平耙细。机械起垄、覆膜。垄宽 50 cm,垄高 10~15 cm。宜选用延展性好、适宜机械作业的宽 70 cm、厚 0.01 mm 的加厚地膜或黑色地膜,便于后期田间管理。

毁茬地及时抢墒耕地,耕深 15~20 cm,精耕细耙,平整地面。在一些土壤水肥条件较好、土质较为松软的田地上,对地面的残茬处理完后,可进行免耕播种。

三、直播、育苗移栽

(一)直播

1. 播期确定

当土壤 5 cm 深地温达到 12℃时开始播种,一般在 3 月下旬至 6 月上中旬。

2. 播种方法

一般亩播种量为 2.0~2.5 kg。按种植密度要求确定株距,破膜挖播种穴,每穴播 2~3 粒种子,覆土 3~5 cm。播种时要求种穴深浅一致、覆土均匀。

3. 种植密度

应根据选用品种特性确定。一般低山地区每亩为 3 500~4 000 株;高山地区每亩为 3 000~3 500 株。

(二)育苗移栽

于 3 月下旬开始采用穴盘育苗,或漂浮育苗,待 2 叶 1 心时开始定植。定植时把叶片与行向垂直,按株距实行错窝等距离定植,这样可以充分利用阳光,提高光合作用效率。

四、隔离种植

与其他生长期相同的普通玉米品种同期播种时,空间隔离距离 300 m 以上。

达不到空间隔离要求的采用时间隔离,播期和定植期间隔 20 d 左右。

五、田间管理

(一)补种

播种后出苗前及时检查田间种子发芽情况,如发现大量烂种现象,应及时浸种催芽进行补种。

(二)补苗

缺苗达到 5% 以上时应及时补苗,在幼苗 2~3 叶期带土取苗补栽,并浇定根水,以保证苗齐。

(三)间苗

当幼苗达到 3~4 片可见叶时及时间苗,去病留健,去杂留纯,去弱留壮,去小留齐。

(四)定苗

幼苗达到 5~6 片可见叶时及时定苗,每穴留苗 1 株,有少数缺株处可留双苗。

(五)中耕除草

一般定苗后进行两次中耕除草。在幼苗 5~6 片可见叶时结合追施苗肥进行第 1 次中耕除草,在 12~13 片可见叶时结合追施穗肥,进行第 2 次中耕除草。

(六)水肥管理

掌握好"巧施攻秆肥,重施攻苞肥,以促为主"的施肥原则。在拔节期(7~8 叶),施好攻秆肥,亩施尿素 10 kg;在大喇叭口期(抽雄前)重施攻苞肥,每亩施尿素 12 kg。每次追肥均宜采用穴施,施肥后及时覆土的方法,以减少挥发;追肥后应及时浇水,以提高肥料利用效率。穴施肥结合中耕除草及培土进行,以增强玉米的抗倒伏能力。苗期、拔节期保持土壤湿润,大喇叭口期至灌浆期是需水关键期,遇旱要及时浇水。

（七）植株调整及化学调控

1. 打杈除蘖

鲜食玉米具有分蘖、分枝或多穗特性，为保证果穗的产量和等级，应及早打杈除蘖。每株只保留最大的 1 个玉米苞，其余的果穗全部摘除，操作时尽量避免损伤主茎及叶片。

2. 健壮素化控

玉米大喇叭口期，每亩用 30 mL 玉米健壮素兑水 15～20 kg，均匀喷施于植株上部叶片，可防止玉米倒伏，促进根系发育，提高结实率，缩短生长期。

3. 硝酸钾增甜

鲜食玉米从抽雄至抽雄后 10 d 内，结合防虫治病，叶面喷施 2.5% 硝酸钾液，以提高幼粒含糖量。

4. 及时去雄

有条件的，要在雄穗刚露头尚未开花散粉时隔株去雄，以利集中养分提高穗重。

5. 及早拔除空秆株、病株

要及时拔除田间的空秆及黑穗等病株，以改善田间通风透光条件。

六、收获

适时采收才能保证玉米的甜度、糯性和风味。过早采收，玉米籽粒嫩、水分多、色泽浅、风味差、产量低；过迟采收，籽粒变老，甜度下降，风味也差。一般甜玉米在吐丝后 20～28 d 采收，糯玉米在吐丝后 23～30 d 采收。鲜食玉米以人工收获为主，收获时连苞叶一起收获，以防止水分流失而影响口感。最佳采收期的把握标准一般为花丝变为黑褐色，剥开果穗苞叶，用手指掐穗中间有少量浆液为最佳采收适期。

当天采收没有处理完的，可以临时贮存在通风、阴凉、卫生干净的环境里，但不应堆码，且必须进行冷贮处理。

七、鲜食玉米生产中应注意的问题

(一)以销定产,适量种植

鲜食玉米适宜的采收时间较严格,采收后在常温下不能长时间贮藏,一般应在 24 h 内销售或加工完。因此,种植鲜食玉米首先要考虑市场及贮藏加工能力,根据销量决定种植面积。

(二)选用适当的品种类型

甜玉米品种可分为普通甜玉米、超甜玉米和加强甜玉米三类。普通甜玉米乳熟期籽粒的含糖量较低,只有普通玉米的 3 倍左右,且鲜穗的适宜采收时间较短,若以甜玉米作为加工罐头的原料,可栽培这一类型品种;超甜玉米和加强甜玉米,乳熟期籽粒含糖量高,可达普通玉米的 10 倍左右,鲜穗的适宜采收时间也较长,既可用于果穗鲜食,也可用于加工。

(三)作好隔离,分期播种

1. 严格隔离

鲜食玉米开花时,若授以普通玉米的花粉,其籽粒即失去甜玉米的特性。因此,种植鲜食玉米时必须利用地形、空间或时间进行隔离,严防与大田栽培的普通玉米串粉,以保证产品的品质。若采用空间隔离,隔离距离应在 300 m 以上;若采用时间隔离,应根据生长期的长短适时播种,确保鲜食玉米与附近大田播种的普通玉米花期不遇,播种期应相差 20~30 d。另外,也可利用地形或高秆植物进行隔离。

2. 选肥地,精播种

种植鲜食玉米应选择土壤肥沃,有水浇条件的地块。另一方面,多数甜玉米种子小,籽粒瘦瘪,胚乳贮藏有机养分少,发芽率低,幼苗顶土力弱。为保证苗全苗壮,播种前要精细整地,使土壤细碎疏松,并结合整地施足基肥,做到精播种。鲜食玉米鲜穗的适宜采收期较短,为了保证新鲜果穗的均衡上市,延长市场供应时间,播种时应分期播种;或者同时播种几个生长期不同的品种,利用生长期不同来延长收获期和上市时间。

3. 适时收获,及时销售

鲜食玉米一般在授粉吐丝后 30 d 左右采收最佳。因为这时鲜食玉米籽粒含糖量高,风味最好。收获过晚,籽粒含糖量降低,种皮变厚、渣多,品质下降,失去应有的清香风味。糯玉米的收获时间可适当延长,一般可延迟到受粉后 27 d 左右收获。

4. 收后及时销售或加工

鲜食玉米耐贮性差,收获后籽粒含糖量随存放时间的延长而下降。采收后剥去苞叶的果穗籽粒含糖量的下降速度明显快于带有苞叶的果穗。在常温条件下,带有苞叶的果穗经 24 h 以后,其含糖量明显降低,而在 -30℃低温冷冻条件下贮藏,籽粒含糖量变化不很明显。因此,为了延缓果穗品质下降,常温条件下采收的果穗不要剥去苞叶,要带苞叶在 24 h 内完成销售。若有冷藏贮运条件,销售时间可以适当延长。若进行加工,也应当天收获当天加工,当天加工不完的果穗应冷藏保存。

第二节 魔 芋

一、魔芋生产概况

魔芋是天南星科魔芋属多年生草本、药食同源植物。其块茎富含的葡甘聚糖是目前世界上公认的最好的膳食纤维之一,广泛应用于食品、医疗保健、纺织印染、石油钻探、环境保护、日用化工等领域。魔芋因其独特的理化特性和生物功能,被西方发达国家称之为"工业味精"原料和"东方魅力"产品。魔芋产品的研发也被誉为 21 世纪的朝阳产业。

(一)栽培种植情况

在我国,魔芋主产地为四川、陕西、云南、贵州、安徽、湖北等贫困山区,栽培面积约 190 万亩。魔芋加工企业约 130 家,年产魔芋精粉、微粉 25 000 t,收入 30 多亿元。陕西魔芋种植面积约 30 万亩,集中分布在秦巴山区的安康、汉中、商洛等地,秦岭北麓的周至、长安、眉县、岐山等地有少量栽培。全省建有魔芋加工企业 20 多家,年产魔芋精粉和微粉 5 000 t,魔芋综合产值约 6 亿元。目前,随着科技的进步及人们保健养生意识的增强,国内外市场对魔芋产品的需求攀升,鲜芋原料供不应求,魔芋产业的发展已成为广大山区群众脱贫致富的主要途径之一。

(二)生产中存在的问题

随着魔芋供需矛盾的加大,栽培面积逐年增加,同一田块连作现象普遍,加之缺乏有效的病害防治技术,导致土传病害流行,轻者减产,重则绝收,严重挫伤了广大群众的生产积极性。尤其是软腐病的频发,已成为魔芋发展的瓶颈,引起了魔芋主产区各级政府部门及业界同人的高度关注。

二、抗病栽培措施

魔芋生产是一个自然开发的过程,丰产栽培牵扯到各个环节。包括选地培肥、选种与种芋杀菌处理、间作遮阴、栽培方式、放线菌剂与有机肥配合施用等环节。

(一)种植前的准备

1. 地块选择

魔芋原始种来源于热带雨林,喜在温暖、湿润及遮阴条件下生长。应选海拔 500~1 300 m,坡度小于 30°的丘陵地或稀疏林地、幼龄果园栽培;与玉米等高秆作物间作,也可获得良好效果。种植地块宜选土层深厚、肥沃、有机质含量高、疏松湿润而无积水的壤土或沙壤土。魔芋是喜微酸性土壤的植物,pH 在 5.5~7.5 的范围内,表明土壤呈微酸至中性,适宜魔芋种植;pH 低于 4 或大于 7.5 的土壤不宜种植。同一地块连续种植 3 年必须倒茬,尤其是前茬种植过向日葵、辣椒、马铃薯、烟草等作物的地块切忌连续种植魔芋。

2. 整地培肥

魔芋是典型的块茎类植物,适于肥沃疏松的土壤环境,喜农家肥及磷钾肥。整地时要做到适时翻耕,精细平整;疏松土壤,上虚下实;清除杂草,保墒防渍。因魔芋根系水平分布主要在距植株 30 cm 范围内,垂直分布集中在距地面 6~25 cm 的土层中。因此,翻地深度应大于 30 cm,秋季种植应在下种 15~30 d 前深翻;春季种植,在先年冬季深翻的基础上再次翻耙,翻地前应施足基肥,肥料种类以有机肥为主,适当配以磷钾肥。基肥施肥量应占全年总施肥量的 80%,要求亩施充分腐熟有机肥 2 000~3 000 kg、硫酸钾 15~20 kg、过磷酸钙 25~30 kg,施后旋耕均匀。

魔芋基肥施用有以下 3 种方式。

(1)撒施

适于土壤肥沃和肥料充足的地方,即土壤翻耕后,先均匀施入基肥,再整地、做畦。此法的优点是基肥能充分与土壤混合,不致因基肥造成烂种;缺点是肥料分散,用量大,不利于魔芋集中吸收。

(2)穴施

做畦整地开穴后,把基肥施入穴中,盖一层薄土,然后再放种芋进行覆盖。这种施入法有利于基肥集中吸收利用。

(3)沟施

适宜于种子或根状茎及过小球茎种密植情况下的施肥。无论采用哪种方法,切忌魔芋种与肥料直接接触,避免烧种。

3. 芋种选择

种芋品质的优劣,直接影响魔芋的产量、质量及经济效益,因此在考虑、确定魔芋品种时,应以当地自然条件为依据,所选品种必须在本地生长良好并具有较高的加工、利用价值,且主芽饱满、无畸形、无病虫及机械损伤。商品芋种植,种芋重量应达到 250~500 g。种芋尽量就地选购调运,避免伤损。由于魔芋主要以无性繁殖为主,同一品种中的选优工作也很重要,除选择无病虫、无损伤的小球茎作种,在球茎形状等性状上也要选择。花魔芋球茎以高桩型作种较好,白魔芋则以纯青杆或麻杆为好。另在选种的同时按不同重量对芋种进行分级。

4. 种芋杀菌处理

魔芋软腐病、白绢病危害是当前限制魔芋产业发展的主要瓶颈之一,尤其是软腐病。芋种携带病菌(菊欧文氏菌、菊欧氏杆菌、菊果胶杆菌)是诱发病害的最直接因素,因此魔芋种植前对种芋实施杀菌处理至关重要。经试验测定,将选好的魔芋种用 30% 乙铝乙酸铜可湿性粉剂 200 倍液,或 72% 农用链霉素可湿性粉剂 2 000 倍液浸种 10 min(或均匀喷雾),或用汰腐净 375 倍液浸种 30~60 min,自然晾干,种芋表面细菌的致死率可达到 96.0%,既简单实用,防病效果又好。

(二)种植时应注意事项

1. 种植时期与密度

(1)种植时期

根据魔芋具有生理性休眠的特性,应在休眠期解除后播种。春季种植,一般在平均气温达到 10 ℃ 时播种。秦巴山区一般于 3 月下旬至 4 月上中旬播种;若冬季种植,收获时随采随种即可。

(2) 种植密度

种植密度应依据种芋大小而定,种芋大的适当稀植,种芋小的适当密植。大面积种植,一般情况下,250～500 g 的种芋,株行距为 50 cm×60 cm,每亩种植 2 200 株左右;150～200 g 的种芋,株行距为 40 cm×50 cm,每亩种植 3 300 株左右;100 g 以下的小种芋,株行距为 30 cm×40 cm,每亩种植 5 500 株左右;根状茎繁殖的 50 g 以下的小种芋,株行距为 15 cm×30 cm,每亩种植 1.3 万～1.5 万株。

2. 种植方式

按照不同的立地条件,魔芋种植一般有以下 3 种方式。

(1) 垄作

垄作可增加熟土层厚度、改善通风透光条件,方便排灌,利于魔芋球茎的膨大。垄作适宜于旱地及缓坡地,可单行起垄或双行起垄。商品芋种植,种 1 行的垄面宽 50 cm,种 2 行的垄面宽 100 cm。种植时开深 20 cm、宽 30 cm 的垄沟;繁殖种芋的,垄面宽度 100 cm,每垄种植 3 行。

(2) 穴植

坡度较大的地块采用挖坑穴植,在不同水平线上,将坑穴按一定距离设置成"品"字形,同一水平线上根据地形及种芋大小确定合理的株行距。

(3) 沟植

缓坡地、沙壤土种植魔芋,可采用开沟种植,一般按 60 cm 的行距开沟,深度 30 cm、株距 50 cm,种植时主芽向上,种芋上覆盖一层薄土后再盖一层腐熟的有机肥,最后按种芋大小适量覆土。

(三) 实行立体间作

立体间作是魔芋栽培的主要核心技术,立体间作应遵守以下原则:

1. 提高土地利用率

魔芋具有喜阴怕晒的特性,把魔芋种植和林果、农作物栽培有机结合,上、下立体经营,既满足了魔芋需要适当遮阴的要求,又节约了土地资源,缓解了山区粮食与经济作物争地的矛盾,提高了复种指数和经济效益。如在陕南山区刺槐幼林,于先年秋季整地,次年 4 月初播种 200～300 g 重球茎种,亩纯收入可达 1 500 元以上;大田采取"魔芋—玉米"间作,既提高了土地利用率,又可获得较好的经济收入。

2. 互利共生

合理间作可以增加收入,但在选择间作套种对象时,要根据其生物学特性,使两者互利共生,达到"双赢"。如"魔芋—玉米"间作,因魔芋出苗较晚(5月中下旬),魔芋种在垄上,玉米种在垄沟,双方有各自的营养空间,玉米长高后可给魔芋进行遮阴、施肥管理等促进魔芋生长。

3. 充分利用养分

作物种类不同,对养分的需求也不同;根系深浅不同,在土壤中吸收养分的层次也不同。如"核桃—魔芋"套种,核桃以产果为主,需要以氮磷为主、磷钾配合;而魔芋则需钾较多,两者需肥特点各异。核桃根系较深,主要吸收土壤深层的水分和营养,而魔芋根系主要分布在土表15 cm左右,吸收上层土壤养分和水分,两者间套,能使土壤养分得以充分利用。

4. 适当遮阴

合理的遮阴可有效减轻魔芋病害的发生,提高魔芋单产和经济效益。魔芋喜阴,在间作套种对象的选择上,应选择林木、果树、农作物为其遮阴。通过试验,魔芋生长较理想的遮阴度为50%~60%。小于50%,遮阴效果差,生长不良;大于60%,光照不足影响魔芋产量与品质。

5. 间作套种

间作套种后,由于光、热、水、气等条件的变化,生长过程中一定要加强共生期间的田间管理,注意修整枝条,调节光照及补充肥水,把多种多收与精细管理统一起来,提高总体经济收入。

生产中常见的间作套种模式如下:

(1)"魔芋—刺槐、核桃、板栗"套种模式

海拔600~1 000 m,坡度小于25°,4~8年生刺槐林地、核桃、板栗等林地。刺槐株行距为1.5 m×2 m,核桃、板栗等株行距为4 m×5 m,遮阴度50%~60%。当年秋季整地,次年4月上旬平均气温达10 ℃时种植魔芋。重200 g左右的球茎种,株行距为40 cm×50 cm;重250~400 g左右商品芋,株行距为50 cm×60 cm。种植前,需对种芋进行杀菌处理。

①种植方法

采用行间垄作种植。在距离树木主干0.8~1.0 m外,按40~50 cm株距,50~60 cm行距,开深15 cm的种植沟。每株施有机生防放线菌肥50 g,菌肥上覆少量细土,其上放置种芋,种芋上覆土10 cm左右,做成25 cm高垄即可。

②田间管理

种植后要经常注意观察,发现杂草及时拔除;生长旺季应适当追肥,还应及时对树木枝条进行合理修剪,保持50%左右的遮阴度,努力创建上有树木为魔芋遮

阴,下种魔芋改善土壤环境条件,"林—芋"互利共生,综合效益大幅提升的良性生态环境。

(2)"魔芋—油菜—玉米"套种模式

上年秋冬季播种油菜,翌年3月下旬在油菜地里挖穴种植魔芋,魔芋种植株行距为40 cm×40 cm;每种植4行魔芋预留1行玉米,玉米行距2 m;待油菜收获后,在预留的玉米行按20 cm株距点播玉米,玉米与魔芋可相继出苗,共同生长。

(3)"魔芋—玉米"套种模式

150 cm带型的,2~3行魔芋间作1行玉米。种芋重150~300 g的,2行魔芋(魔芋行距60 cm)预留90 cm间作1行玉米(株距25 cm),魔芋每亩种植密度2 000~3 000株;种芋重50~150 g的,3行魔芋(魔芋行距40 cm)预留70 cm间作1行玉米,魔芋每亩种植密度3 000~4 000株;200 cm带型的,3行魔芋间作2行玉米(魔芋行距50 cm,株距30~35 cm),预留100 cm间作2行玉米,玉米株行距为30 cm×35 cm。每亩玉米种植密度2 000株、魔芋种植密度2 800~3 000株。

(4)"魔芋—猕猴桃"模式

猕猴桃株行距为2 m×4 m,在猕猴桃行间距离猕猴桃植株1.0~1.2 m外种植魔芋。魔芋株行距为50 cm×60 cm,每两行猕猴桃间种植250~400 g重的商品魔芋4行,每亩种植魔芋1 600株左右。

(四)加强田间管理

1. 水肥管理

魔芋喜湿润怕积水,不同生长时期对水分要求不同。从整个生长期需水规律看,苗期植株矮小,叶面积不大,耗水量少;加之块茎中含有大量水分,因此需水量不大,只要经常保持土壤湿润,以利扎根即可。7~8月是块茎膨大盛期,植株高大,蒸腾作用旺盛,需水较多,如果气候干旱,宜在早晨或傍晚及时灌水,以确保植株正常生长。入秋后,气温日渐降低,需水量减少,应做到少灌或不灌,但切勿过分缺水,防止叶片早衰。魔芋怕渍,雨天要注意及时排水。魔芋追肥适期在球茎膨大期,追施腐熟的淡人畜粪尿,以加速块茎膨大。

2. 中耕除草

魔芋的根状茎、球茎、根系的分布较浅,锄得过深易使魔芋受到损伤。所以,除草松土时应掌握适应的深度。在每次除草松土的同时,要给魔芋植株基部进行培土,以防膨大的球茎和根茎外露。

三、魔芋软腐病综合防治

(一)症状表现

一般7~9月份为魔芋软腐病发病的高峰期,植株发病后,叶片或块茎变软、发黑腐烂,并具酒糟味。发病部位多在叶柄中部及顶部叶脉分枝处。从病部流出的带菌汁液具有较强传染性,严重时可引起魔芋成片倒苗。出苗期苗尖弯曲,叶不完全展开,叶柄和种芋均腐烂。若叶展后种芋发病,则叶片向叶柄弯曲,呈拥抱状,植株像一个蘑菇,叶色稍黄,种芋腐烂。生长期块茎发病,植株一边发黄,俗称"半边疯",或全部发黄。叶片稍萎蔫,从块茎与叶柄交界处折断叶柄,可发现断处有部分叶柄组织变褐。随着块茎及根腐烂程度的加剧,吸收水分和养分功能逐渐减弱,叶片出现枯萎,随后全株枯死。挖出块茎时,哪边叶片发黄萎蔫,哪边的块茎即腐烂,全株发黄的则整个块茎腐烂,严重时只剩下一层空皮。贮藏期发病,发病初期块茎局部腐烂发臭,然后腐烂部位逐渐扩大、蔓延直至整个块茎。引起魔芋软腐的病菌有3种,为欧氏杆菌属的2种细菌及新发现的菊果胶杆菌。病菌寄主范围广,病原的生长温度为8~40℃,最适温度为25~30℃,最适pH为7.0。魔芋软腐病周年发生危害。

(二)生物防治技术

近年来,西北农林科技大学魔芋课题组与陕南秦巴山区安康、商洛等地市魔芋技术推广部门协作,对陕西魔芋软腐病进行了调查,发现林下间作魔芋软腐病发病率普遍在10%以下,且生长健康,种植效果明显好于大田。为追其缘由,项目组多次深入岚皋、镇安等魔芋产区,采集连作魔芋农田软腐病病株与健康植株的地上及地下全部植物材料和土壤;采集刺槐林、核桃林地健康植株土壤与软腐病株土壤。通过对所采样品中的微生物数量与种类进行分离、培养、鉴定与系统分析,发现了1种新的魔芋软腐病致病菌——菊果胶杆菌,其致病性比原来报道、大家公认的两种细菌(菊欧氏杆菌和菊欧文氏菌)致病性更强、危害更大。由此推断,菊果胶杆菌是陕西魔芋软腐病的主要病原菌。同时发现刺槐林、核桃林魔芋根区、根表及根外土壤中有益优势微生物数量及其所占比例远高于农田,有害微生物数量远低于农田。这个发现,从本质上揭示了林下魔芋健康生长的内在原因。项目组依托西北农林科技大学微生物资源研究室长期从事园艺作物土传病害生物防治研究,已形成的完整的关于生防菌筛选、生防作用检测及生防菌剂制作的技术体系及研究室保存的大量的可供筛选的菌种的优势,继续开展了以菊果胶杆菌为靶标菌的拮抗放线菌筛选、发酵工艺及应用技术研究。通过反复试验,最终筛选出了对魔芋软腐病病原菌——菊果胶杆菌具有专一性抑制作用的生防放线菌——娄彻氏链霉菌,并试验研制出对魔芋连作障碍有良好修复效果的防病促生活菌制剂及放线菌剂与有机肥配合施用的菌肥互作增效技术。经盆栽、大田试验,对软腐病的防效达74.9%,促进鲜芋增产22%,块茎葡甘聚糖含量提高14%,达到了控病促生的预期效果。

在种植魔芋时增加了一道工序,即在种芋上每株加施放线菌生物有机肥50 g。不管是大田种植还是林下间作,按照"选地—整地—培肥—种芋杀菌处理—合理的密度与种植方式—每株加施50 g放线菌生物有机肥—种芋上覆土",完成种植工序。

(三)化学防治技术

化学防治应坚持"预防为主,防治结合"的方针。在魔芋主产乡镇组建专业技术服务队伍,在主产村开展病害统防统治。实行五个统一,即"统一器械、统一时间、统一药剂、统一收费标准、统一连片防治",力争将污染控制在最低限度。

1. 药剂选择

湖北禾得乐药肥有限公司生产的魔芋灵、汰腐净是目前预防魔芋软腐病的新药剂。传统的20%噻菌铜可湿性粉剂、75%百菌清可湿性粉剂、77%可杀得可湿性粉剂也可使用。

2. 药剂使用方法

(1)魔芋灵、汰腐净

魔芋出苗散叶后(90%左右),用375倍汰腐液净叶面喷布1次,1周左右再用375倍魔芋灵液叶面喷布1次;隔1~2个月后,分别用同样的方法喷布1次。共打药3次。

(2)噻菌铜、百菌清、可杀得

从魔芋叶片散盘展开起,选1种药剂,每隔10 d左右,轮换交替喷布1次。以上3种药剂也可与72%农用链霉素可湿性粉剂2 000倍液混合使用,连续喷施5~7次。

喷药应选择在晴天或雨后叶片表面干燥时进行。

第三节 食用百合

一、品种选择

选择抗寒性强、含糖量高、抱合紧密、品质细腻无渣、色白如玉、香绵醇甜、商品性佳的品种。

1. 川百合

商州市柞水县地方品种。鳞茎扁球形或宽卵形,纵径2~4 cm,横径2.0~4.5 cm;鳞片宽卵形呈卵状披针形,纵径2.2~3.5 cm,横径1.0~1.5 cm,白色。株高60~100 cm,茎秆带紫色,密被小乳头状突起。叶多数散生,在中部较密集,条形,先端极尖,边缘反卷并有明显的小乳头状突起,中脉明显,往往在上面凹陷,在背面凸出。叶腋有白色茸毛,但不着生珠芽,叶绿色,无柄,纵径10 cm。花单生或2~8朵排成总状花序,花橙色,下垂,花瓣6个,有紫黑色斑点,花被内轮宽于外轮,并向外反卷。

2. 兰州百合

兰州市地方品种。属于川百合的变种。鳞茎白色,球形或扁球形,鳞片扁平,肥厚宽大,洁白如玉,品质细腻无渣,纤维少,含糖量高,香绵纯甜,无苦味。鳞茎纵径2~4 cm,横径高2.0~2.4 cm,6年生鳞茎平均纵径6.3 cm,横径8~10 cm,平均重200 g,大的达500 g以上。株高1 m左右,无茸毛,绿色。叶密生,互生,带形,无柄,绿色,叶腋不生珠芽。总状花序,花数达20多朵,花下垂,花被大红色,十分艳丽。7月初开花,花期约10 d,花具香味,花蕾可供食用。生长期较长,耐干旱,适应高寒山区种植。繁种3年,种植3年后,一般每亩产量1 250 kg,最高达1 500 kg。

二、施肥整地

选择地势高、排水畅通、土质疏松、肥沃的地块,忌与葱、蒜类蔬菜连作。栽种前10 d深翻土壤25 cm以上,结合深翻每亩施充分腐熟有机肥2 000~2 500 kg,氮磷钾复合肥30 kg做基肥。施肥后及时耙耕使肥料与土壤混合均匀,避免肥料与种子直接接触。

三、精选种球

选用色泽鲜艳、无病无虫、根系健壮、抱合紧密的中等大小种球。百合的繁殖系数低,播种量大,选用 25 g 左右母籽,或者剥取鳞片后的百合芯做种子。每亩播种量约需 280~300 kg。

四、播种

可春秋两季栽培。春季于 3~4 月播种,秋季于 9~10 月播种。播种前种球用 50% 多菌灵 500 倍液浸种 30 min,取出待表面水分晾干后点播。具体播种方法是:先从栽培田块的一端开第 1 条沟,再按株距 10~15 cm 将种球从靠沟的一侧依次排入,排后再按行距 30 cm 开第 2 条沟,用第 2 条沟的土壤覆盖第 1 条沟,以后逐次进行。播种深度 15 cm,播后用 10 cm 覆土保湿,但切忌覆土过厚。

五、田间管理

(一)中耕除草

播种后 4 下旬至 5 月初出苗,播后出苗前要进行除草,一般用草甘膦、丁草胺等旱地专用除草剂。出苗后不宜再深中耕除草,以免伤害根系,对外露的百合要及时培土。当苗高 10 cm 左右时,及时中耕除草 1 次,做到浅、薄、匀、细,防止间空、土块压苗和损伤根茎。6 月下旬至 7 月上旬现蕾后,进行一次深中耕,中耕时及时培土。中耕除草应根据天气、土壤墒情、田间杂草情况适时进行,做到地净无杂草。

(二)水肥管理

出苗后要适时追肥,结合中耕每亩追施尿素 10 kg,促发新根。苗高 10~20 cm 时,追施专用复合肥 10 kg、尿素 5~10 kg,促进苗粗苗壮。采挖前 40~50 d,每亩追施专用复合肥 20 kg,叶面喷施 0.2% 磷酸二氢钾溶液,促使鳞茎肥大。在百合生长期间,如久旱不雨、土壤干旱,有灌溉条件的田块要及时浇水,做到轻浇、浇透。浇水后要及时松土,以保持土壤疏松。多雨季节及大雨后要及时疏通沟系、排涝降渍。

(三)适时摘除花蕾

地下鳞茎是百合的主要产品。当花茎伸长 2~3 cm 时及时摘除花蕾,不使其开花以免消耗养分。在同一块地中,植株个体显蕾有差异,所以摘除花蕾要分批,连续进行多次才行。摘除花蕾宜在晴天进行,以利伤口愈合。花蕾摘除后,进行 1 次浅中耕,深度 4 cm 为宜。

(四)越冬管理

土地封冻后要及时割去百合的地上植株部分,以促进来年萌发,并清除田园,防止病虫卵越冬。

六、病虫害防治

坚持预防为主、综合防治的原则。选用无病鳞茎作种,播种前做好种球处理,注意轮作换茬,施用经无公害处理的有机肥,增施磷、钾肥。加强田间管理,避免过分密植,适时中耕,雨后及时清沟排水。及时清除病残组织,集中深埋,在病害发生前喷药保护,发病初期及时防治。在采收前 25 d 禁止施用农药。

(一)主要病害防治

叶斑病及鳞茎腐烂病,可用 65% 代森锰锌 500 倍液喷雾防治,每 7 d 喷 1 次,连喷 3~4 次。灰霉病防治,发病初期每亩用 50% 异菌脲悬浮剂 40~80 mL、40% 嘧霉胺悬浮剂 50~70 mL 喷雾。炭疽病防治,发病初期每亩用 50% 多菌灵超微粉 100~120 g 喷雾,叶正、反两面均匀喷雾。注意以上药剂均只能使用 1 次。

(二)主要虫害防治

主要是蛴螬和地老虎为害。可在百合出苗前,每亩用新鲜菜籽饼 5 kg 压碎炒香,加入用适量温水化开的 90% 晶体敌百虫药液 0.7 kg 拌匀,制成毒饵在田间诱杀。出苗后,每亩用 1.1% 苦参碱粉剂 2 kg 均匀撒施或条施进行防治。

蚜虫的防治,可以利用和保护天敌,在田间设置黄板诱杀,出苗期蚜株率达 25% 时,每亩用 10% 吡虫啉可湿性粉剂 15 g 进行喷雾。

七、收获

(一)采收

9月底至翌年3月下旬均可收获。采收应在晴天进行,全株挖起,鳞茎挖出切去地上部分,取掉须根、泥土杂物,避免强光照射,立即运回室内冷藏或真空包装贮藏,以防变色和干瘪,影响经济收益。

(二)贮藏

食用百合较耐贮藏,鳞茎在土壤中能耐 $-8 \sim -7$ ℃低温;在干燥环境中易萎蔫,见光、受热、风吹易使外层鳞片发红。因此,贮藏应注意保持低温,维持一定的湿度和遮光避风。百合可用土藏和沙藏法进行贮藏,贮藏期间要经常检查,防止堆内发热霉烂。

第十一章　高山蔬菜高效栽培模式

第一节　茬口安排

一、生产季节与排开播种

(一)生产季节

蔬菜的生产季节是指从种子直播或幼苗定植到产品收获完毕为止的全部占地时间。对于先在苗床中育苗,后定植到菜田中的,因苗期不占大田面积,苗期可不计入生产季节。

蔬菜生产的季节是由蔬菜的生物学特性、自然和经济条件等许多因素决定的,但在露地生产中气候条件是主要决定的因素。各种蔬菜的生长发育都有其能适应的、最适宜的温度范围,所以,决定蔬菜生产季节的基本原则,就是将各种蔬菜的整个生长适期安排在它们能适应的温度季节里,而将产品器官形成时期安排在温度最为适宜的季节里,以保证优质丰产。同时对光照、雨量及病虫害等问题,要做以全面考量。这一原则只是决定各种蔬菜在露地生产的主要季节,但在实际中如果完全按照这种要求进行生产,必将造成产品成熟期过分集中。因此,在生产上要根据自然规律尽量设法扩大生产季节,延长供应期,以利均衡供应。

(二)排开播种

排开播种是指把同一种蔬菜的不同品种,根据早熟、中晚熟、耐寒、耐热等特性或对同一品种采取多种生产形式,在一年内进行提前、延后、中间、排开、多次播种、多次生产、分期收获,使产品分期分批供应市场。排开播种的顺序是:

第一,提前。是指在蔬菜的适宜播期季节以前,提前春播或秋播,争取在主要收获期以前供应市场。例如,茄果类蔬菜和瓜类蔬菜,通过选用早熟品种,利用保护地育苗,采用塑料薄膜覆盖提早定植大田,从而获得早熟并供应市场。

第二,中间排开。是指在适宜于蔬菜生长的主要生产季节内分期播种、分期生产和分期收获,以避免上市过于集中。

第三,延后。是指延迟播种,在蔬菜的适期播种季节后,延后春播或秋播,争取在主要收获期以后或在设施生产条件下继续供应市场。

第四,不时生产。是指在露地生产季节以外,利用保护地设施进行生产,争取在不能生产该种蔬菜的季节中进行蔬菜生产。

二、生产制度

在一定时期内,在同一块土地上,蔬菜生产的季节茬口和土地茬口的计划布局和安排,称之为蔬菜生产制度。包括蔬菜的轮作、连作、复种和间作、套作及混作等。根据当地的自然和经济条件,制定合理的蔬菜生产制度,创造蔬菜生产的良好生态环境,维持生态平衡,实现蔬菜生产的可持续发展。同时还可充分利用自然资源,制定最经济的生产方案,以期降低生产成本、提高效益、增加农民的经济收入。

(一)连作和轮作

1. 连作及其危害

连作是指在同一块土地上的不同年份内连年生产同一种蔬菜。一年一茬的连作如第一年生产甘蓝,第二年还是甘蓝;一年多茬的连作如第一茬种大白菜,第二茬种植萝卜或白菜。

虽然连作有充分利用同一地块的气候、土壤等自然资源,大量种植生态上适应的具有较高经济效益的作物,且没有倒茬的麻烦,产品较单一,管理上简便等优点,但实际上许多蔬菜作物是不能连作的,连作具有较大的危害性。首先,同一种蔬菜在同一块土地上连续生产,对于其所需要的养分被年年不断地吸取,而对其不需要的养分,则因吸收少被留在土中,造成了土壤内营养元素的失调,使地力得不到充分利用。其次,各种蔬菜地下部根系的分布位置各有深浅,吸收养分范围也各有大小。如果年年连作,不同位置的土壤营养不能得到充分利用,甚至造成根层营养缺乏。再次,各种蔬菜的病虫害的病原常在土中越冬,连作无疑是为病虫害培养寄主,导致病虫害的逐年加重。另外,连作还会造成某种蔬菜根系分泌的有毒物质或有害物质累积,对土壤微生物及其自身都会产生抑制作用。最后,某些蔬菜的连作还会导致土壤 pH 的连续上升或者下降。

2. 轮作及其原则

在同一块地上轮换种植几种不同蔬菜的方法即为轮作。轮作可以克服因连作使土壤中某些养分相对贫乏、病虫害发生加重、根部分泌有害物质的累积等引起蔬菜的生长发育失常,以及产量与品质下降的障碍。轮作有以下优点:

(1) 充分吸收土壤中的各种养分

不同蔬菜对土壤中养分吸收的数量不同。叶菜类要求氮素较多,果菜类要求磷素较多,根菜类要求钾素较多,萝卜、番茄、菜豆等为深根性蔬菜,白菜、甘蓝、葱、大蒜、菠菜等为浅根性蔬菜。如能把以上作物的顺序配合适当,做到轮换种植,不仅可使土壤养分得到充分利用,而且土壤肥力也可得到很好的恢复,是用地和养地相结合的有效措施。

(2) 有利于减轻病虫危害,减少化学农药的使用量

一般来说,相同种类的作物易受到相同的病菌和害虫的危害。如十字花科的白菜、甘蓝、萝卜、芥菜等,都易感软腐病和霜霉病,所有的瓜类蔬菜都易感炭疽病、枯萎病、霜霉病。同时,病菌能在土壤中存活很长时间,长期种植同类蔬菜,不但延长了病菌在土壤中的存活时间,也增加了其积累量。所以,将以上蔬菜合理轮作,避免同科蔬菜连作,且每茬都要调换种植不同科的蔬菜,可使病原菌和害虫失去寄主或改变其生活环境,从而达到减少或消灭病虫害的目的。如种完葱蒜类蔬菜后再种大白菜,可大大减轻软腐病的发生。

(3) 有利于对杂草的抑制

在轮作中,前后茬作物之间要互相创造有利的生长条件。如甘蓝、白菜的外叶能强烈扩展,对杂草有抑制作用,但葱蒜类蔬菜对杂草抑制作用小。所以,这些蔬菜要交错生产。

(4) 促进改进土壤结构,增加有机质

如种植豆类作物后,不仅能增加土壤中的氮,而且能增加有机质。豆类作物后茬可安排需氮多的叶菜类、果菜类作物。而那些栽培较深、需培土、易破坏土壤结构的薯芋类,轮作时则应安排到最后栽培。

(5) 兼顾前后,不误农时

蔬菜生产复种次数多、季节紧,所以安排轮作时,除选用适当种类外,还应根据气候特点,不同品种的特性,分别安排在适宜的季节中种植,前后茬蔬菜要互相照顾。

实行蔬菜轮作,应遵循以下原则:

(1)需求肥料种类不同

白菜、菠菜等叶菜类需要氮肥较多,瓜类、番茄、辣椒等果菜类需要磷肥较多,马铃薯等根茎菜类需要钾肥较多,将它们实行轮作,可以充分利用土壤中的各种养分。所以,将深根性蔬菜与浅根性蔬菜轮作,需肥多的与需肥少的轮作,这样可以充分利用各层次土壤中的不同养分。

(2)互不传染病虫害

不同种类的蔬菜轮作,能改变病虫的生活条件,达到减轻病虫害的目的。如粮菜轮作、水旱轮作,可以控制土传病害;葱蒜类后作种大白菜,可大大减轻软腐病的发生。

(3)改进土壤结构

豆类蔬菜有根瘤菌固氮,可提高肥力,后茬可种植需氮较多的白菜、辣椒等,再次种植需氮较少的葱蒜类。根系发达的瓜类可以加深松土层,改进土壤结构。

(4)不同蔬菜对土壤酸碱度的要求

如种植甘蓝、马铃薯后,土壤酸度增加,而种植南瓜、甜玉米、菜用苜蓿后会增加土壤碱度,互相轮作有利于酸碱平衡。不同蔬菜要求轮作间隔年限不同,如:葱蒜类、菠菜、胡萝卜等实行1年轮作;马铃薯、辣椒等间隔2~3年;番茄、豌豆等间隔3~4年。如果在受客观条件所限不能实行轮作的,可施重茬剂以克服连作障碍。

3. 轮作与连作的年限

根据轮作原则,蔬菜种类不同而轮作年限也不同。如白菜、芹菜、甘蓝、花椰菜等在没有严重发病的地块上可以连作几茬,但需增施有机肥。需2~3年轮作的有马铃薯、辣椒等;需3~4年轮作的有番茄、大白菜、豌豆等。一般十字花科、伞形科等较耐连作,但以轮作为佳;茄科、葫芦科、豆科、菊科连作危害大。

轮作虽有许多优点,但蔬菜生产不可能都实行轮作,连作制度尚不能完全废弃,这就需根据蔬菜种类确定连作年限。黄瓜病虫害较多,连作不可超过2~3年,3年后一定要轮作其他蔬菜;大白菜由于需求量大,生产面积大,虽然病害较重,仍需部分连作,但连作限度不应超过3~4年;葱蒜类忌连作。

(二)间作、套作和混作

1. 间作、套作和混作

两种或两种以上的蔬菜隔畦、隔行或隔株同时有规则地生产在同一地块上,称为间作;在前作蔬菜的生长发育后期,在其行间或株间种植后作蔬菜,前后两作共同生长的时间较短,称为套作;不规则地混合种植,称为混作。

2. 间作、套作和混作增产的原因

(1)有效地利用了土地

蔬菜作物的生长习性不同,高棵蔬菜直立在空间生长,矮棵蔬菜匍匐在地面生长,实行间作、套作和混作可充分利用土地。另外,蔬菜作物从土壤中吸收的营养不同,如番茄套白菜,番茄从土壤中吸收磷、钾多,而白菜吸收氮多,这样就可以利用土壤肥力。同时土壤能够越种越肥沃,因不断地深耕施肥,就会不断地改良土壤的结构。总之,经过多种多收,增加了土壤中残存的根和腐烂的茎叶的腐殖质,可以说,既提高了土壤肥力,又发挥了地力对增产的作用。

(2)充分利用阳光和空气中的氧分

植物生活必须有水分、养分、温度、空气和光照5个条件,其中缺少一个条件便不能存活下去。水分和养分从土壤中吸取,而光照和空气主要从地上的空间得到,高棵作物植株离地高,可以利用较上层的空间。在与高矮棵作物实行间作、套作和混作时,就充分利用了地上和地下的阳光和空气。另外也能给各种作物的生长带来很多好处,因为栽种植株数增多,增加了作物对土壤的覆盖,在高温炎热的夏天,能够保持土壤水分,降低土温,相对地提高了作物周围的温度,有利于作物的生长。

3. 间作、套作和混作的原则

在实行蔬菜的间作、套作和混作时,由于作物间既有互助互利的一面,又不可避免地存在矛盾的一面,因此要根据各种蔬菜的农业生物学特性,选择互利较多的作物互相搭配,还要因地制宜地采用合理的田间群体结构及相应的技术措施,才能保证高产优质高效。如搭配不合理,加剧了互相竞争,反而会导致减产减收。

在蔬菜间作、套作和混作时应掌握以下原则:

(1)合理搭配蔬菜的种类和品种

①高矮结合。高秧与矮秧蔬菜搭配,有利于光能的充分利用,也可增加单位面积株数,对不同层次的光照和气体都能有效地利用,同时还可改善田间小气候条件。

②直立与水平结合。采取直立叶型蔬菜与水平叶型蔬菜相搭配,能有效利用光能。

③深浅结合。深根性蔬菜与浅根性蔬菜种类相搭配,以合理利用不同层次土壤中的营养,同时也避免了同一土壤层次内的根系竞争。

④早晚结合。将生长期、熟性和生长速度不同的蔬菜种类相结合,既可以充

分利用自然条件,又可以创造较好的经济效益。早晚结合是将生长期长的蔬菜与生长期短的蔬菜、生长快的蔬菜与生长慢的蔬菜、早熟的蔬菜与晚熟的蔬菜相搭配。

⑤阴阳搭配。喜强光的蔬菜与耐阴的蔬菜相搭配。

⑥对营养元素竞争小的相搭配。这样可以有效地利用土中不同的营养,如叶菜类蔬菜需氮多,对磷、钾要求较少;果菜类蔬菜需磷、钾较多,它们互相间套作可以互有益处。

⑦互不抑制。应注意某些蔬菜分泌的物质不对其他蔬菜产生抑制。

(2)合理安排田间结构

间作、套作和混作后,单位面积上的总株数增加,所以要处理好作物间争光照、争空间和争肥水的矛盾。

①主副作合理配置。主副作的比例要得当,使二者均能获得良好的生长发育条件。为此可在保证主作密度与产量的前提下,适当提高副作的密度与产量;但不能以副作干扰主作。

②合理安排株行距。高矮结合时,矮生蔬菜种植幅度适当加宽,高秆蔬菜适当幅度变窄,缩小株距,充分发挥边际效应。

③合理安排共生期。主副作共生期越长,相互竞争越激烈,可利用各种措施缩短共生期。如间作者同期播种或定植,但主副作的收获期可以不同。套作者前茬利用后茬的苗期,不影响自身的生长;后茬利用前茬的后期,不妨碍壮苗。有的前作为后作的萌发、出苗、保苗创造了良好的条件。

(3)采取相应的生产技术措施

间作、套作和混作要求比较高的劳力、肥料和技术等条件。如间作中各种条件跟不上,副作采收又不及时,往往会降低主作产量。对于套作,它不仅高度地利用空间,而且也高度地利用时间,增加复种次数。

4. 间作、套作和混作的主要类型

(1)生长期长的和速生菜间套作

其原则是在主作蔬菜旺盛生长之前,间作蔬菜就已收获。

(2)高植株和矮植株间套作

充分利用空间,多收一茬蔬菜,以增加收入。

(3)喜光的蔬菜和喜阴的蔬菜间作

利用喜光蔬菜为喜阴蔬菜遮阳。

(4)一架多用套作

提高架材的利用率。如鲜食玉米生长中后期套种菜豆,玉米败秧后菜豆上架。

第二节 "大白菜—结球生菜"一膜两茬高效栽培模式

一、茬口安排

秦岭、渭北山区高山主要栽培模式。大白菜,于4月中旬进行育苗,5月中旬定植,地膜覆盖栽培,6月下旬至7月上旬收获,每亩产量6 500~7 000 kg。结球生菜,于5月中旬进行育苗,6月下旬至7月上旬大白菜收获后及时清理残枝败叶,利用原地膜定植,8月底到9月中旬收获,每亩产量2 500~3 000 kg。

二、大白菜栽培技术

(一)品种选择

选择冬性强、耐抽薹、中早熟、优质抗病品种。

(二)育苗

4月中旬采穴盘育苗,或漂浮育苗。

(三)施肥、整地、覆膜

应根据土壤肥力适度调整基肥用量。一般覆膜前结合整地,每亩施充分腐熟的有机肥3 000~5 000 kg,或生物有机肥2 000 kg、氮磷钾复合肥30~40 kg,做到早耕多翻,土壤耙细磨平,打碎坷垃,捡净残茬、残膜。多采用平畦栽培。整平地块后按1 m划线,按行距50 cm、间隔50 cm覆盖地膜。盖膜时一定要拉紧、盖平,膜的四周要用土压严,使膜不易被风吹动。

(四)定植

一般苗龄25~30 d,株高8~12 cm,6~8片真叶时为定植适期。覆膜后按行距50 cm、株距45 cm开穴,每畦种植2行,"品"字形栽苗,每亩定植3 000~3 500株。

(五)田间管理

1. 中耕锄草

中耕不仅可消灭杂草,而且还可起到松土、保墒、增温、灭虫、促进根系纵横发育、调节土壤养分和水分的作用,确保幼苗健壮生长。中耕的一般原则是:头遍浅刮,二遍深挖,三遍蹚平,下不伤根,上不伤叶。

2. 水肥管理

大白菜前期需水肥较少,后期需水肥较多,在浇水上要采取"控—促—控"相结合的措施;中期进入快速营养生长阶段,要加强水肥管理,每次追肥后要及时浇水,应掌握中水中肥。包心初期结合浇水可亩追施尿素 15 kg,之后,根据植株长势,叶面喷施 0.2%~0.3%磷酸二氢钾和1%尿素混合液 1~2 次。

(六)适时采收

根据市场需求,叶球长到七成心时,即可收获上市。收获时可捏试大白菜顶部,结球度以手捏稍微发软为最佳。成熟度过大,大白菜易裂球,且遇下雨易腐烂。因此要适时收获。

三、结球生菜栽培技术

(一)品种选择

选择耐寒性强、适应性好、抗病性强和商品性好的中熟品种。

(二)育苗

5月中旬采用穴盘育苗,或漂浮育苗。

(三)定植

一般苗龄 30~35 d,株高 6~9 cm,6~7 片真叶时为移栽适期。大约在6月下旬至7月上旬,前茬大白菜收获后应及时清理残枝败叶,将原地膜表面清理干净,按株距 30 cm 开穴进行定植,一般每亩定植 4 500 株左右。

(四)田间管理

定植后及时浇水,以利缓苗。前期结合浇水分期追肥,并及时中耕除草,保持土壤半湿,促进根系发育和叶片旺盛生长。中后期要不断均匀供水,追施氮肥,结球后期既怕旱、又怕涝,要控制水分,应保持土壤湿润,以免裂球或发生软腐病。采收前 5~7 d 停止浇水,以利收获和贮运。

(五)适时采收

叶球成熟后及时采收,栽培时间过长,容易抽薹及产生病害,降低品质和产量。

第三节 "大白菜—鲜食玉米"一膜两茬高效栽培模式

一、茬口安排

秦岭、渭北山区主要栽培模式。大白菜,3 月中旬播种育苗,4 月上中旬定植,地膜覆盖栽培,6 月下旬收获上市,每亩产量 6 000~7 000 kg。鲜食玉米、大白菜收获时不要损伤地膜,利用前茬地膜,大白菜收获后立即播种鲜食玉米,9 月中下旬采收,每亩产量 4 000~4 500 kg。

二、大白菜栽培技术

(一)品种选择

选择冬性强、耐抽薹、中早熟、优质、抗根肿病和软腐病的优良品种。

(二)育苗

一般于 4 月中旬采用穴盘育苗,或漂浮育苗。

(三)施肥、整地、覆膜

结合整地,每亩施充分腐熟的有机肥 3 000~5 000 kg,或生物有机肥 2 000 kg、氮磷钾复合肥 30~40 kg,做到早耕多翻,土壤耙细磨平,打碎坷垃,捡净残茬、残膜。多采用平畦栽培。整平地块后按 1 m 划线,按行距 50 cm,间隔 50 cm 覆盖地膜。盖膜时一定要拉紧、盖平,膜的四周要用土压严,使膜不易被风吹动。

(四)定植

一般苗龄 25~30 d,株高 8~12 cm,6~8 片真叶时为定植适期。覆膜后按行距 50 cm、株距 45 cm 开穴,每畦种植 2 行,"品"字形栽苗,每亩定植 3 000~3 500 株。

(五)田间管理

1. 中耕除草

中耕不仅可消灭杂草,而且还可起到松土、保墒、增温、灭虫、促进根系纵横发育、调节土壤养分和水分的作用,确保幼苗健壮生长。中耕的一般原则是:头遍浅刮,二遍深挖,三遍蹚平,下不伤根,上不伤叶。

2. 水肥管理

大白菜前期需水肥较少,后期需水肥较多,在浇水上要采取"控—促—控"相结合的措施;中期进入快速营养生长阶段,要加强水肥管理,每次追肥后要及时浇水,应掌握中水中肥。包心初期结合浇水可亩追施尿素 15 kg,之后,根据植株长势,叶面喷施 0.2%~0.3% 磷酸二氢钾和 1% 尿素混合液 1~2 次。

(六)适时采收

6 月下旬叶球长到七成心时,即可收获上市。收获时,要尽量防止损伤地膜。

三、鲜食玉米栽培技术

(一)品种选择

选择早熟或中早熟、适应性强、抗病、优质、高产且商品价值高的品种。

(二)播种

播种前晒种 1 d,然后用 25~30℃ 温水浸泡种子 2~3 h,捞出种子用清水冲洗后放在干净的编织袋中催芽,2~3 d 后种子露白时选发芽的种子播种。大白菜收获后,在 2 行大白菜的中间打孔直播 1 行鲜食玉米,株距 27 cm,每穴 2 粒。播种后覆土深度 4 cm,每亩留苗 3 000 株。

(三)田间管理

及时间苗、定苗。出苗期间,会有部分幼苗没有钻出地膜,对此要及时放苗。

补苗要在3叶1心期前完成,3叶时开始间苗,5片叶定苗,每穴1株。定苗后及时追施苗肥,每亩追施尿素10 kg、硫酸钾3 kg,追肥时注意在距离幼苗3 cm附近破膜追施。11~12片叶大喇叭口期时追施穗肥,离玉米根部10 cm,每亩追施尿素15 kg、硫酸钾5 kg。如果土壤墒情不足,追肥后及时浇水。抽雄授粉期遇干旱要及时浇水。去除小穗,每株玉米只留最上部的1个主穗,将主穗以下的小穗及时剥除。小穗可在花丝吐出2~3 cm时摘除。

(四)适时采收

适宜采收期一般在吐丝后22~28 d。当果穗苞叶青绿,包裹较紧,花丝枯萎转至深褐色,籽粒体积膨大至最大值,色泽鲜艳,挤压籽粒有乳浆流出时,为适宜采收期。采收时间宜在早上进行,防止果穗在高温下暴晒、水分蒸发,影响品质。

第四节 "甘蓝—萝卜"一膜两茬高效栽培模式

一、茬口安排

秦岭、渭北山区主要栽培模式。甘蓝,3月中下旬育苗,4月上中旬定植,地膜覆盖栽培。6月下旬收获上市,每亩产量3 500~4 000 kg。甘蓝收获时不要损伤地膜,利用前茬地膜立即播种萝卜,于9月上中旬采收,每亩产量7 000~7 500 kg。

二、甘蓝栽培技术

(一)品种选择

选择早中熟、抗病、丰产、抗逆性强、商品性好的品种。

(二)育苗

于3月中下旬采用穴盘育苗,或漂浮育苗。

(三)施肥整地、覆膜定植

结合整地,每亩施充分腐熟有机肥3 000~4 000 kg,氮磷钾复合肥30 kg,深翻耙匀、整平,进行划线、起垄、覆膜,垄宽 50 cm,沟宽 40 cm,垄高 15 cm,并用宽 70 cm 地膜覆盖垄面。每垄定植 2 行,按品种熟性确定株距,打孔定植,膜的四周一定要抻紧、压实,栽苗膜孔用土埋严,防止膜下热气从膜孔处逸出而烤伤幼苗。

(四)田间管理

定植后要及时浇定植水,栽后 10 d 左右结合中耕培土追施提苗肥,促早发棵。施肥时可在每株旁边 15 cm 处穴施,采用施肥器进行施肥,每亩施尿素 5 kg 左右,并浇水 1 次。栽后 35 d 左右每亩再施尿素 10 kg、硫酸钾 10 kg,促其包心,并浇透水 1 次。接近封行时,可用爱多收 6 000 倍液加 0.2% 磷酸二氢钾叶面喷施 1 次。结球中期视植株生长情况酌情补肥 1 次,并保持田间湿润,采收前 10 d 要严格控制浇水。

(五)适时采收

定植后 55 d 左右,当叶球横径 15~18 cm、单球重 0.6~1.0 kg、叶球紧实度达到八成、外层球叶发亮时应及时采收。

三、萝卜栽培技术

(一)品种选择

选择生长势强、抗病、耐抽薹、肉质致密、表皮光亮、商品性佳、耐贮运的早熟萝卜品种。

(二)播种

甘蓝收获后,不要拔出甘蓝根系,防止损伤地膜,在每行的相邻两株甘蓝中间等距离点播两穴萝卜,每穴播种 1~2 粒,播种后覆土。

(三)田间管理

1. 间苗、中耕、锄草

2~4 片真叶期间中耕除草 1 次,中耕要浅,划破地皮即可;幼苗长到第 4~5 片真叶时,结合中耕,每穴留 1 株壮苗;12~14 片真叶展开,叶盘纵径 30~40 cm 快封垄时结合中耕培土 1 次,封垄后停止中耕。

2. 追肥浇水

在 6~8 片真叶展开,根部横径 2 cm 左右,叶盘纵径 30~40 cm 时,根据苗情每亩追施尿素 5 kg;当根部横径达 3 cm 时,每亩追施尿素 10 kg。幼苗期为避免幼苗缺水造成生长停滞和发生病毒病,应小水勤浇。4~5 片真叶时要适当控水 5~7 d,进行蹲苗,促进根系下扎,蹲苗结束后立即追肥浇水。肉质根生长盛期,需水最多,必须保证水分充分供应,保持土壤湿润,避免忽干忽湿现象。

(四)适时采收

萝卜出苗后 55~60 d、单根重达 750~1 000 g 时,应及时进行采收。

第五节 "早熟甘蓝—辣椒"一膜两茬高效栽培模式

一、茬口安排

秦岭、渭北山区主要栽培模式。早熟甘蓝,于 3 月上旬采用保护地育苗,4 月中下旬晚霜结束后定植,地膜覆盖栽培,6 月中下旬收获,每亩产量 2 500~3 000 kg。辣椒,于 3 月下旬至 4 月上旬拱棚育苗,6 月下旬定植,8 月下旬至 9 月下旬收获,每亩产量 3 000~3 500 kg。

二、早熟甘蓝栽培技术

(一)品种选择

选择早熟、耐热、耐裂球、抗逆性强、商品性好、不易未熟先期抽薹的优良品种。

(二)地块选择

选择排灌方便、土层深厚疏松、保水保肥性好的地块。

(三)育苗

于 3 月上旬采用营养土育苗、穴盘育苗,或漂浮育苗。

(四)施肥、整地、覆膜

基肥在早春深翻地块时一次性施入,每亩施优质腐熟有机肥 4 000~

5 000 kg、磷酸二铵 50 kg、尿素 25 kg,深翻 25~30 cm。地面整平、整细,划线起垄,垄宽 50 cm,沟宽 30 cm,垄高 15~20 cm,用宽 70 cm 的地膜覆盖垄面。

(五)定植

于 4 月中下旬晚霜结束后定植,在垄面"品"字形定植,每垄定植 2 行,行距 40 cm,株距 20~25 cm。

(六)田间管理

定植后及时浇定植水;7~10 d 缓苗后,结合浇水每亩追施尿素 10~15 kg;莲座期要控水蹲苗 10~15 d,同时叶面喷施 2 g/kg 的硼砂溶液和 3~5 g/kg 的氯化钙溶液;蹲苗结束后,进入结球初期,结合浇水每亩追施尿素 15~20 kg、硫酸钾 10~15 kg;结球后期要控制浇水次数和浇水量,保持土壤湿润即可,以防止叶球开裂,促进叶球紧实。采收前 15~20 d 停止追肥。

(七)适时采收

定植后 55 d 左右,当叶球横径 15~18 cm、重量 0.6~1.0 kg、叶球紧实度达到八成、外层球叶发亮时应及时采收。采收时要切去根蒂,去掉外叶,做到净菜上市。

三、辣椒栽培技术

(一)品种选择

选择早熟、抗病、丰产、耐寒性和耐热性强的辣椒品种。

(二)育苗

一般于 3 月下旬至 4 月上旬采用塑料大棚穴盘育苗,或漂浮育苗。

(三)清理垄面,修补地膜

前茬甘蓝收获后,要对垄面进行全面的杂物清理,保持垄面平整、无根茬、无土块,并对损坏或被风吹起的地膜进行修补并用细土封严压实,以提高保墒效果。

(四)定植

于 6 月下旬定植。定植时选择晴天下午进行,在垄面上按三角形挖穴,每垄定植 2 行,穴(株)距 35 cm,每穴 2~3 株,每亩定植 3 500 穴。

(五)田间管理

定植后垄沟浇足缓苗水。至门椒开始膨大达 2~3 cm 长时再次浇水。追肥结合浇水进行,每次随水每亩追施尿素 15~20 kg。生长中后期可视情况在开花结果期间叶面喷施 2~3 g/kg 磷酸二氢钾溶液 2~3 次。辣椒整个生长期内白粉虱、斑潜蝇、蚜虫较为严重,应选用 40% 氧化乐果乳油 1 000~1 500 倍液、10% 吡虫啉可湿性粉剂 2 000 倍液交替喷施,每 5~7 d 喷施 1 次。

(六)适时采收

一般开花授粉后约 20~30 d 果实已经达到充分的膨大,果皮具有光泽,已达到采收青果的标准,应及时采收。门椒应提前采收,如果采收不及时,果实消耗大量养分,影响以后植株的生长和结果。

第六节 "莴笋—娃娃菜"一膜两茬高效栽培模式

一、茬口安排

秦岭、渭北山区主要栽培模式。莴笋,于 3 月下旬育苗,4 月下旬定植,6 月下旬收获,每亩产量 3 000~5 500 kg。娃娃菜,于 6 月上旬育苗,6 月下旬移栽,9 月上旬收获,每亩产量 6 000~6 500 kg。

二、莴笋栽培技术

(一)品种选择

选择长势强、嫩茎棒棍形、淡绿色、肉质脆嫩、品质佳、抗病性强、不易未熟抽薹、不易裂口的品种。

(二)育苗

于 3 月下旬采用营养土育苗、穴盘育苗,或漂浮育苗。

(三)施肥整地、覆膜定植

选择地势平坦、土层深厚、土壤肥力较好,前茬非莴笋、生菜等菊科作物的地块。4月下旬,当外界气温稳定在13℃以上,地层15 cm土壤温度稳定在10℃以上时即可定植。采用半高垄覆膜栽培,垄宽40 cm,垄高15 cm,沟宽30 cm,沟深15 cm。用幅宽70 cm的地膜覆盖垄面,按株距35 cm在垄上挖穴定植,每穴1株,每垄定植2行,每亩定植5 400株左右。

(四)田间管理

莴笋生长期间应注意促控结合,定植后及时浇缓苗水。定植后至幼苗期浇水2次,为防止徒长,幼苗期要喷施1~2次500 mg/kg矮壮素液。莲座期浇水2次,结合浇水每穴追施尿素8 kg、磷酸二铵15 kg。为防止温度较高时莴笋抽薹,影响产量和品质,莲座期也要喷施2~3次350 mg/kg矮壮素液。嫩茎膨大期是需肥较多的时期,也是形成产量和保证质量的关键时期,需浇水2次,结合浇水追施尿素10 kg、硫酸钾20 kg。为了防止莴笋生长后期发生空心,在嫩茎膨大期要喷施0.3%的硼砂2~3次,一般每隔7 d喷1次。

(五)适时采收

当莴笋肉质茎充分膨大,主茎顶端与最上部叶片的叶尖相平时为最佳采收期。采收过晚,则花茎伸长、纤维多、肉质变硬、品质降低。

三、娃娃菜栽培技术

(一)品种选择

选择生长期短,外叶直立、浓绿色,内叶嫩黄,结球快、包心紧实、口感好、品质佳、商品率高、抗病性强的品种。

(二)清洁地块

莴笋收获后,用小铁铲及时清除垄上的残留根茎并封穴;清除田间残枝败叶和地膜表面的浮土,做到垄面整洁,达到一膜两用的目的。

(三)育苗及定植

娃娃菜育苗及幼苗管理与莴笋育苗管理相同。6月上旬育苗,苗龄20 d左右,5~6片真叶时定植。按株距20 cm在垄上挖穴定植,每穴定植1株,每垄定植2行,每亩定植10 000株左右。

(四)田间管理

定植后及时浇水,以利缓苗。缓苗后以促为主,适时浇水追肥。浇水时做到沟内不积水、垄面不见水、植株不缺水。幼苗期结合浇水每亩穴施尿素10 kg促进发棵;莲座期结合浇水每亩穴施磷酸二铵18 kg,促进团棵;包心期结合浇水每亩追施硫酸钾25 kg以利于包心。同时视植株长势叶面喷施0.1%~0.2%磷酸二氢钾2~3次。

(五)适时采收

当娃娃菜株高25~30 cm、包心紧实后,即可根据市场需求采收。采后整株运回冷库,包装时剥去外叶,削平基部,用保鲜膜打包,置于冷库中1~3℃条件下预冷24 h即可外运出售。

第七节 "西葫芦—鲜食玉米"一膜两茬高效栽培模式

一、茬口安排

秦岭、渭北山区栽培模式。西葫芦,于3月中下旬育苗,4月中下旬定植,地膜覆盖栽培,6月份收获,每亩产量3 500~4 000 kg。鲜食玉米,于5月上旬育苗,6月下旬至7月上旬定植,9月上中旬收获,每亩产量4 000~4 500 kg。

二、西葫芦栽培技术

(一)品种选择

选择耐寒、抗逆、抗病、瓜条长棒形、油绿色果皮、商品性好、植株生长势强、连续坐瓜能力强、产量高的品种。

(二)育苗

于3月中下旬采用塑料大棚穴盘育苗。

(三)施肥、整地、覆膜

选择地势平坦、土层深厚、土壤肥力较好,前茬非葫芦科作物的地块。土壤开始解冻后,结合深翻整地,每亩一次性施入充分腐熟有机肥3 000~4 000 kg,氮磷钾复合肥30~40 kg,及时耙细整平,做成垄宽80 cm、垄高20 cm、垄距60 cm的半高垄,垄面覆1 m宽的地膜。

(四)定植

1. 定植时间

一般4月中下旬晚霜结束后定植。

2. 壮苗标准

苗龄在30 d左右,株高15~20 cm,茎粗色绿,节间短,叶片大、面绿,定植前达4叶1心,根系发达,吸收根多,无病虫害和机械损伤。

3. 定植方法

选择晴天下午,按株距破膜挖穴,然后给穴中浇透水,水渗下后栽苗覆土固定。每垄定植2行,行距60 cm,穴距80 cm,每亩定植1 700~2 000株。

(五)田间管理

1. 水肥管理

苗期需控水促壮苗。5月中旬后为西葫芦盛瓜期,需肥需水量较大,应浇水2~3次。同时结合浇水追肥1~2次,每次追施磷酸二铵15~25 kg,以促其旺长,增加产量。进入采瓜期间,要及时疏除基部侧芽和老黄叶。

2. 及时蘸花

开花期每天9:30~11:30,将西葫芦灵涂抹在雌花花冠内下侧一圈和柱头等处,以提高坐瓜率、增加产量。同时对瓜码过密的植株应适当疏花疏果。

(六)适时采收

西葫芦授粉后10~15 d,瓜条具备商品价值,应及时采收。6月下旬后西葫芦长势较差(叶面发黄、瓜形不均匀)时及时拔除,并清理干净田间病残体。

三、鲜食玉米栽培技术

(一)品种选择

选择早熟或中早熟、适应性强、抗病、优质、高产且商品价值高的优良品种。

(二)育苗

一般于5月上旬采用穴盘育苗,或漂浮育苗。

(三)定植

在6月下旬至7月上旬进行定植,2叶1心苗龄时定植成活率最高。选择晴天下午,在收获后的西葫芦行内按照株距25~30 cm,破膜挖穴。每穴1株,点稳苗水定植,深度3~5 cm。为防止水分蒸发,定植后用细土覆土封严定植穴,每亩定植密度3 000~3 500株。

(四)田间管理

1. 人工隔离

鲜食玉米的质量性状多由隐性基因控制,其他玉米的花粉极易授到鲜食玉米上,致使品质受到影响。为避免严重影响品种质量的外界干扰,要求与其他玉米品种至少相距300 m,或选择山岗、村庄、树林等自然屏障隔离种植。

2. 科学追肥

肥水管理上应做到早追肥、早中耕、促早发。一般在5~6叶期追施尿素6~9 kg,7月上中旬拔节期追施尿素10 kg,7月下旬至8月上旬玉米大喇叭口期追施尿素15 kg。每次追肥完后应培土压根,促进根系生长。

3. 去除小穗,隔行去雄

鲜食玉米具有多穗性特点,为保障果穗商品性的优良,每株应保留果穗1~2个。同时为促进成熟期提前,可在鲜食玉米抽雄期进行隔行去雄,促其提前5~7 d上市。

(五)适时采收

授粉后20~25 d是鲜食玉米采收的适期。此时采收的鲜食玉米才具有营养丰富,糯、甜、脆、香、嫩等特点;若采收偏晚,则玉米表皮变硬,籽粒皮和残渣较多,口感变差;若采收偏早,各种营养成分积累不达标,口感较差,营养价值相对较低。采收时应连苞叶一起采收,随采收随上市,才能确保较高的品质和口感。

第八节 "莴笋—甘蓝"一年两熟高效栽培模式

一、茬口安排

秦岭、渭北山区主要栽培模式。莴笋,于3月上旬育苗,4月上中旬定植,地膜覆盖栽培,6月中下旬即可收获,每亩产量在3 000 kg以上。甘蓝,于5月下旬育苗,7月上中旬定植,地膜覆盖栽培,9月中旬收获,每亩产4 000 kg左右。

二、莴笋栽培技术

(一)品种选择

选择长势强,嫩茎棒棍形、淡绿色,肉质脆嫩、品质佳、抗病性强、不易未熟抽薹、不易裂口的品种。

(二)育苗

一般于3月上旬采用营养土育苗、穴盘育苗,或漂浮育苗。

(三)施肥、整地、覆膜

选择地势平坦、土层深厚、土壤肥力较好,前茬非莴笋、生菜等菊科作物的地块。春季土壤解冻后结合整地,每亩施充分腐熟有机肥3 000~4 000 kg、氮磷钾复合肥25 kg。定植前1周整地起垄覆膜,垄宽60 cm,垄面覆宽80~100 cm的地膜。

(四)定植

4月上中旬,苗龄25~30 d,5~6片叶时定植。每垄定植2行,按株行距30 cm×24 cm,打孔穴播定植。定植深度以埋到第1片叶柄基部为宜,定植后及时浇缓苗水。

（五）田间管理

在莲座叶形成前,适当蹲苗促进根系下扎和叶丛生长。莲座叶形成后,嫩茎开始肥大时结束蹲苗,及时浇水追肥。追肥以水溶性肥料和叶面喷施为主。随着莴笋茎部不断膨大,需水需肥量也不断增加,要加强肥水管理,以保证水肥供给。切忌久旱后大水漫灌而造成茎部开裂或先期抽薹。一般 10 d 浇水 1 次,可结合浇水适量追肥,每次亩追肥尿素不宜超过 10 kg。

（六）适时采收

莴笋应在"平口"期进行采收,"平口"即莴笋主茎顶端与最高叶片的叶尖相平。此时莴笋质地脆嫩、含水量大、口感香甜可口,采收后品质及商品性最佳。可根据市场行情和田间生长状况,适当分批采收。采收早了产量会降低,采收晚了莴笋易抽薹,导致肉质发硬变老,纤维素含量增加,出现大量空心,食品品质下降,在市场上难以出售。

三、甘蓝栽培技术

（一）品种选择

选择生长期在 60~70 d,优质、丰产、耐热、抗病、耐贮运、商品性好的中熟品种。

（二）育苗

在 5 月下旬采用营养土育苗、穴盘育苗,或漂浮育苗。

（三）整地

在莴笋收获后及时进行整地。可参照上茬莴笋整地标准执行。

（四）定植

一般苗龄 40 d 即可定植。按每垄双行、株距 40~45 cm 打孔进行定植。膜的四周一定要押紧、压实,栽苗膜孔用土埋严,以防止膜下热气从膜孔处逸出而烤伤幼苗。

(五)田间管理

定植后,及时浇缓苗水。进入莲座期后,蹲苗6~8 d,促进莲座叶生长和结球叶分化。当心叶开始抱合时,结合浇水进行追肥,促进结球。5~6 d 施 1 次肥,每次亩施尿素或硫酸铵 10~15 kg,同时用0.2%的磷酸二氢钾溶液叶面喷施,整个生长期施肥 2~3 次,并根据田间杂草情况及时中耕除草。

(六)适时采收

根据田间生长情况,结合市场需求,可陆续采收上市。采收必须在用药安全间隔期后采收。在叶球大小定型、紧实度达到八成时即可采收。采收时要去除黄叶和有病虫斑的叶片,有条件的可适当晾晒后装箱出售,但最晚必须在霜冻前收获。

第九节 "马铃薯—早熟甘蓝"一年两熟高效栽培模式

一、茬口安排

秦岭、渭北山区栽培模式。马铃薯,于3月中旬至4月上旬栽种,地膜覆盖栽培,7月上旬收获,每亩产量 3 000~3 500 kg。甘蓝,于5月上中旬育苗,7月中下旬定植,地膜覆盖栽培,9月中下旬收获,每亩产量 3 000~4 000 kg。

二、马铃薯栽培技术

(一)品种选择

选择早熟性好、芽眼浅、无病虫、单个重 25~30 g 的小粒薯作种薯,如费乌瑞它、克新 4 号、中薯 2 号、早大白、紫花白等品种。

(二)施肥整地

马铃薯适应性广,最适合生长的土壤是轻质壤土。选择质地疏松、易灌易排田地,播种前一次性施足基肥,每亩施充分腐熟有机肥 4 000 kg、硫酸钾 30 kg、硼肥 1.5 kg。深耕 25～30 cm,翻耙均匀,做成宽 95 cm、沟宽 25 cm、高 25 cm 的垄。

(三)种薯处理

播种前 10～15 d,种薯尚未通过休眠的要打破休眠,具体方法如下:

1. 切块

将种薯从顶部纵切成数块,每块有芽眼 1～2 个,切口要贴近芽眼。

2. 浸种

用 5～10 mg/L 的赤霉素浸 5～10 min。

3. 催芽

选用冷床、温室或塑料大棚均可。地面铺干净湿润的沙土(以手捏成团,手松便散为宜),厚约 10 cm,床宽 1 m。将浸过种的种薯晾干后均匀摊于苗床上,将种薯芽眼向上,再用湿润的沙土覆盖薯块 2 cm 厚,保持 25～28℃。芽长 2～3 cm 即可栽种。

(四)适期栽种,合理密植

于 3 月中旬至 4 月上旬栽种。每亩栽种 5 000 株,需种薯 125～150 kg。每垄栽种 2 行,株距 20 cm,栽种深度 10 cm。栽种时每个种薯只留 1 个壮芽,薯芽一律朝上,覆土厚度为 10～12 cm。栽种后及时覆盖地膜,有利于保墒、提高地温和及早出苗。

(五)田间管理

1. 及时破膜

栽种 20～25 d 后陆续出苗顶膜,在晴天下午及时破膜放苗,并用细土将破膜孔掩盖,以防止幼苗遭受热害。

2. 水肥管理

出苗前一般不浇水,雨后土壤板结,应耙破土壳,保证通气。出苗后要早追肥、早浇水、早松土。齐苗后,结合浇水,每亩追施尿素 5～10 kg,促进发棵。发棵期结合中耕进行浅培土,薯块膨大期结合清沟、中耕进行大培土。

3. 合理化调

马铃薯施氮过多,易发生徒长,在始花期到盛花期每亩用多效唑 30 mL,加水 50 kg 均匀喷雾,可有效防止徒长。

4. 防治病虫危害

马铃薯病虫害主要有晚疫病、病毒病和地下害虫。应坚持绿色植保理念,做到预防为主、综合防治,优先采用农业防治、物理防治和生物防治,合理使用化学防治。晚疫病可选用35%甲霜灵锰锌、58%瑞毒锰锌等农药交替喷施防治,每隔7 d喷1次,连续防治2~3次;病毒病以防治蚜虫为主,可用吡虫啉喷雾防治;地下害虫蛴螬、大小地老虎可用敌百虫灌根和诱杀。

(六)适时采收

7月上旬,当马铃薯在植株大部分叶由绿转黄,达到枯萎,块茎停止膨大的生理成熟期时开始采收,也可根据需要在商品成熟期及时采收上市。

三、早熟甘蓝栽培技术

(一)品种选择

选择早熟、抗寒、抗病、优质、结球紧实、耐运输、市场销售好的优良品种。

(二)育苗

5月上中旬采用营养土育苗、穴盘育苗,或漂浮育苗。

(三)施肥整地、覆膜定植

马铃薯收获后及时清除残枝败叶及残地膜。结合整地,每亩施充分有机肥3 000~4 000 kg、氮磷钾复合肥30~40 kg作基肥。可采用平畦栽培,畦宽120 cm,畦埂宽50 cm,覆宽幅140 cm的地膜,每畦定植4行;也可起垄进行半高垄栽培,垄高15~20 cm,垄底宽25~30 cm,垄距50 cm,覆宽幅70 cm的地膜,每垄定植2行。

(四)田间管理

定植后加强肥水管理,适时浇水,保持土壤湿润。莲座期蹲苗5~7 d,以控制莲座叶生长过旺,促进球叶分化,及早转入结球期。在莲座期末期、结球初期和中期,追施速效性肥料。结球期,在增施氮肥的基础上,增施磷、钾肥,尤其是钾肥能使叶球充实,对提高产量有显著效果。

(五)适时采收

当甘蓝进入结球中后期要适时采收,做到丰产丰收。

第十节 "香菜—娃娃菜"一年两熟高效栽培模式

一、茬口安排

秦岭、渭北山区一种一年两熟高效栽培模式。香菜,于3月中下旬直播,6月上旬至7月采收,每亩产量1 500~2 000 kg。娃娃菜,于5月下旬至6月上旬育苗,6月下旬至7月上旬定植,地膜覆盖栽培,9月上中旬收获,每亩产量6 000~6 500 kg。

二、香菜栽培技术

(一)品种选择

选择耐寒性强、不易抽薹、品质好、风味极佳、植株高大、适应性强的优良大叶形香菜品种。如澳洲大叶香菜、胶研大叶香菜、北京香菜、白花香菜等。

(二)施肥整地

香菜生长期较短,主根粗壮,为浅根性蔬菜,且芽软,顶土能力差,吸肥能力强。应选择较肥沃,保水、保肥性能好,旱能浇、涝能排,通透性良好的土壤种植,切记不可重茬。土地解冻后,结合整地,每亩施充分腐熟有机肥3 000 kg、磷酸二铵10 kg、硫酸钾10 kg,耙磨后将土地整平。

(三)催芽播种

播前可将种子摊放在平整的地面上,用不太坚硬的器物均匀用力搓开,使其外壳破裂,然后可直接播种;或者将种子放入盆里进行浸种催芽,先用40~50℃的温水浸种15 min,然后放入15~20℃的清水中浸泡24 h,搓洗2~3遍后将种子用纱布包好保湿,每天用清水冲洗1次,放入20~25℃条件下,一般10 d后80%的种子露白即可播种。采用条播或撒播,条播、撒播均盖土2~3 cm,一般每亩用种3~4 kg,保苗40万株左右。播后用平整工具镇压,以利出苗,同时还应注意土壤板结导致幼苗顶不出土的现象发生。播后应及时查苗,如发现幼苗出土时有土壤板结现象,要抓紧时间喷水松土,以助出苗。

(四)田间管理

1. 疏苗、中耕、除草

苗期要进行疏苗、中耕、除草。一般整个生长期中耕、除草3次,第1次在幼苗顶土时,用小耙进行轻度松土,消除土壤板结层,同时拔除杂草,以利幼苗出土生长;第2次在苗高2~3 cm时进行疏苗,保证苗距为2~4 cm,可用小平锄适当深松土,拔除杂草;第3次是在苗高5~7 cm时进行。及早中耕、除草,可促进幼苗旺盛生长,待叶部封严地面后,不再中耕松土,但要注意拔除杂草。

2. 水肥管理

播种后要保持土壤湿润。苗高4~5 cm时开始追肥,每亩随水追施尿素10 kg;当苗高约10 cm,进入生长旺盛期,应勤浇水但不宜过多,保持土壤湿润即可,并结合浇水追施氮磷钾复合肥20 kg、尿素10 kg。

(五)适时采收

一般生长到25 cm后即可开始陆续采收。采后要做到净菜上市,按品质、颜色、个体大小、重量、新鲜程度、有无病伤等进行分级。

三、娃娃菜栽培技术

(一)品种选择

选用早熟、抗病、抗逆性强、耐抽薹、商品性好、耐储运的品种。

(二)育苗

于5月下旬至6月上旬采用穴盘育苗,或漂浮育苗。

(三)施肥、整地、覆膜

7月初香菜收获后,及时清理地块。结合整地,每亩施充分腐熟有机肥3 000~4 000 kg,或商品有机肥150 kg、氮磷钾复合肥30 kg、钾肥10 kg,均匀撒施后深翻耙糖整平。做成垄宽50 cm、垄高10 cm、沟宽40 cm的半高垄。垄面覆70 cm宽幅地膜。

(四)定植

于6月下旬至7月上旬定植,按行距25 cm、株距18~20 cm破膜挖穴定植,每亩定植7 000~10 000株。

(五)田间管理

定植后及时浇水,以利缓苗。缓苗后以促为主,适时浇水追肥,浇水时做到沟内不积水,垄面不见水,植株不缺水。幼苗期结合浇水每亩穴施尿素10 kg促进发棵;莲座期结合浇水每亩穴施磷酸二铵18 kg促进团棵;包心期结合浇水每亩追施硫酸钾25 kg以利于包心,同时视植株长势情况叶面喷施0.1%~0.2%磷酸二氢钾2~3次。

(六)适时采收

娃娃菜长到株高25~30 cm,叶球纵径约15 cm,最大横径7 cm,中部稍粗,结球紧实后一次性采收。叶球过大或过于紧实易降低品质。

第十一节 "鲜食玉米套种架豆"一年两熟高效栽培模式

一、茬口安排

秦岭、渭北山区主要栽培模式。鲜食玉米,4月上中旬播种,地膜覆盖栽培,7月上中旬鲜食玉米采收上市,每亩产量4 000~4 500 kg。架豆,7月中旬玉米采收前套种下茬架豆,在玉米株间播种架豆种子。玉米收后及时打光叶片,以玉米茎秆作架棍。9月上中旬架豆采收上市,每亩产量2 000~3 000 kg。

二、鲜食玉米栽培技术

(一)品种选择

选择早熟或中早熟、适应性强、抗病、优质、高产且商品价值高的品种。

(二)施肥整地

选择土层深厚、排水良好、地力较强的沙壤土为好。每亩施鸡粪 2 m³ 或优质有机肥 3 m³ 作基肥,4月初结合整地时一次性施入,然后深耕 20 cm,地块耙平后做成 55 cm 宽的小高垄。

(三)播种

4月上中旬播种,按行距 55 cm,株距 33 cm 距离刨穴。穴深 7~8 cm,穴土堆放在株边,随后每穴浇水 200 mL,水渗下后播种。每株播出芽的种子 2~3 粒,覆土 1 cm 左右厚。再均匀喷洒乙草胺除草剂,每亩用药 0.2 kg,兑水 40 kg 进行地表层封闭,随后覆膜。采用宽 110 cm、厚 0.008 mm 的地膜,一膜覆两垄,两边用土压平、压实,防止风大揭膜。

(四)田间管理

玉米出苗顶膜时,于上午打孔通风炼苗。随着气温的增高和苗龄的增大,通风孔逐渐扩大。待到5月初左右终霜过后,将玉米苗用手拨出膜外,随后落膜,用土封严苗眼。玉米长到9片叶时,打孔追肥,每亩施尿素 20 kg。

(五)适时采收

7月中旬玉米收后将叶片打光,秸秆留作架豆的架棍。

三、架豆栽培技术

(一)品种选择

选用生长势强、丰产、耐热、耐涝、抗病品种。

(二)播种

播种过早与玉米共生期相应延长,不利于生长;播种过晚,产量和效益会下降。一般在7月上中旬玉米抽丝期播种较为适宜。在距玉米根部 15~20 cm 处开穴直接点播,每穴播种 2~3 粒,覆土 1.5~2.0 cm 厚。播种时随种每亩施入磷酸二铵 5.0 kg 作种肥。

(三)田间管理

架豆(菜豆)生长期短,在伏天播种,霜前生长结束。生长初期是在高温长日照条件下生长,中期温度由高到低,日照逐渐缩短。这样,菜豆需在短期内快速分化许多花芽。植株在花序间以及花序内的各花朵之间争夺营养,加之套种后菜豆与玉米又有一段共生期,因此必须加强管理。营养生长期应以壮根壮秧为主,协调营养生长与生殖生长的矛盾;出苗后进行中耕松土,促根壮苗,避免草荒。要注意控水蹲苗和引蔓,使蔓尽早爬到玉米秆上,以促进其迅速生长,争取短时间内建成强大植株,及早开花结实。为促进主蔓生长,应进行整枝,即可将第1穗花以下的腋芽抹掉,待主蔓爬到玉米雄穗时摘去顶心,促进侧枝生长,侧枝长到一定程度也要摘心。

(四)适时采收

9月上中旬开始采收,一直可以采收到早霜来临前。

第十二节 "甘蓝套种鲜食玉米"一年两熟高效栽培模式

一、茬口安排

秦岭、渭北山区一年两熟高效栽培模式。甘蓝,于3月上中旬育苗,5月上旬定植,地膜覆盖栽培,7月上中旬采收,每亩产量3 000~3 500 kg。鲜食玉米,于4月上旬育苗,5月中下旬定植,8月中下旬收获,每亩产量3 000~3 500 kg。

二、品种选择

甘蓝选择冬性强、结球紧实、品质好、不易未熟先期抽薹、适于密植的早熟或中早熟优良品种。鲜食玉米选择适应性广、抗性强,商品性好、中早熟优良品种。

三、育苗

甘蓝于3月上中旬,鲜食玉米于4月上旬采用营养土育苗、穴盘育苗,或漂浮育苗。

四、施肥、整地、做畦覆膜

选择土壤疏松、土层深厚、透水性好的地块,四周和普通玉米要求隔离距离在300 m以上。早春土地解冻后,结合整地,每亩一次性施入充分腐熟有机肥4 000~5 000 kg、氮磷钾复合肥40 kg,深翻15~20 cm后将地块耙平。按一个套种带140 cm宽在田间做平畦并覆膜,畦面宽140 cm,畦距40 cm,要做到行端畦直、畦面平整、畦间土细。

五、定植

当地层10 cm地温稳定在5℃以上、气温稳定在10℃(一般4月中旬至5月上旬),将甘蓝定植到大田,定植畦宽140 cm,每畦栽4行,行距35 cm,株距35~40 cm,每亩定植4 500株。甘蓝缓苗后定植鲜食玉米,每畦套种3行,株行距均为40 cm,每亩定植3 000株左右。

六、田间管理

植株封行前及时中耕松土保墒,锄除畦间杂草。甘蓝进入结球期,结合浇水,每亩追施尿素或硫酸铵15~20 kg,以后视墒情每5~7 d浇水1次,连浇3~4次。鲜食玉米待苗高度70 cm左右时,及时将分蘖掰掉,只留1个主茎,以免消耗水分和养分而影响产量;大喇叭口期在植株旁开穴每亩追施尿素20 kg,促进玉米穗分化。

七、适时采收

甘蓝在定植后50~60 d,可根据市场行情及成熟度及时采收。鲜食玉米在8月中下旬采收。

第十三节 "鲜食玉米套种萝卜"一年两熟高效栽培模式

一、茬口安排

秦岭、渭北山区一年两熟高效栽培模式。鲜食玉米,于3月下旬至4月上旬育苗,5月上中旬定植,地膜覆盖栽培,8月中下旬收获,每亩产量3 000~3 500 kg。萝卜,于5月中下旬播种,7月中下旬采收,每亩产量4 000~4 500 kg。

二、品种选择

鲜食玉米选择适应性广、抗性强、中早熟优良品种。萝卜选择冬性强、耐未熟先期抽薹、抗病、优质、丰产、商品性好、适宜市场和消费习惯的早熟优良品种。

三、育苗

鲜食玉米于3月下旬至4月上旬采用营养土育苗、穴盘育苗,或漂浮育苗。

四、施肥整地、做畦覆膜

选择土壤疏松、土层深厚、透水性好的地块,四周和普通玉米要求隔离距离在300 m以上。早春土地解冻后,结合整地,每亩一次性施入充分腐熟有机肥4 000~5 000 kg、氮磷钾复合肥40 kg,深翻15~20 cm后将地块耙平。种植模式按2行鲜食玉米套种2行萝卜进行。宽窄垄栽培,大垄宽80 cm,覆1 m宽幅的地膜;小垄53 cm,覆60 cm宽幅的地膜。

五、适期定植、播种

鲜食玉米一般于5月上中旬定植。在大垄上按行距60 cm、株距25 cm破膜挖穴定植,每穴定植1株,每亩定植3 000株左右。鲜食玉米定植完毕,在小垄上按行距 53 cm、株距 20 cm 破膜挖穴点播萝卜,每穴点播 1~2 粒种子,每亩保苗 3 800~4 000 株。

六、田间管理

(一)间苗、定苗、除草

鲜食玉米定植后,10 d 内进行检查,对未成活的应及时补栽;萝卜到 3 叶期定苗,每穴均留 1 株健壮苗。植株封行前及时中耕松土保墒,锄除垄间杂草。

(二)水肥管理

萝卜发育早、生长快,且萝卜需水量大,要及早浇水。萝卜生长期一般浇水 2 次;鲜食玉米一般在拔节、大喇叭口、抽雄、灌浆期应浇水 1 次。萝卜整个生长期不再另外追肥,鲜食玉米浇水时根据苗情追施氮肥,一般于拔节期结合浇水每亩追施尿素 5~8 kg,抽雄前后结合浇水每亩追施尿素 15 kg。

七、适时采收

萝卜播种后 60 d 左右开始收获,应及时采收出售。鲜食玉米不同品种的适宜采收期应根据当季当时的气候特点而定,一般在果穗苞叶淡绿色、叶脉出现黄褐色、花丝枯萎呈褐色、籽粒饱满、富有品种固有的光泽时即可采收。

第十四节 "西芹套种鲜食玉米"一年两熟高效栽培模式

一、茬口安排

西芹与鲜食玉米低高秆作物套种,既解决了西芹怕热和遮阴问题,又充分利用了时间和空间,科学利用光能和热量,比起不种玉米的西芹苗,套种表现为苗齐苗壮、病害轻、易管理,还能收获一定量的鲜食玉米,一举两得。此套种模式省工省时,简单易行,投资少,效益高。

西芹,于3月上旬育苗,5月中旬定植,地膜覆盖栽培,7月下旬收获,每亩产量4 000~4 500 kg。鲜食玉米,于4月下旬育苗,5月下旬定植,8月下旬至9月上旬收获,每亩产量3 000 kg左右。

二、品种选择

西芹选择植株紧凑、生长势强、耐寒、茎叶肥大宽厚、淡绿色、脆嫩、纤维含量低、品质优、抗病性和适应性强的优良品种。鲜食玉米选择适应性广、抗性强、商品性较佳、中早熟优良品种。

三、育苗

西芹于3月上旬,鲜食玉米于4月下旬采用营养土育苗、穴盘育苗,或漂浮育苗。

四、施肥、整地、做垄覆膜

选择未种过伞形花科作物的土层深厚、肥沃疏松、透水性好的地块,四周和普通玉米要求隔离距离在300 m以上。西芹和鲜食玉米都属喜肥性作物,在整个生长期内需肥量较大,施足基肥是夺得高产的关键。早春土地解冻后,结合整地,每亩一次性施入充分腐熟有机肥4 000~5 000 kg、氮磷钾复合肥40 kg、过磷酸钙50 kg、硼肥1.0~1.5 kg,深翻15~20 cm后将地块耙平,做垄覆膜,垄宽50~60 cm,垄高20 cm,垄距1.2~1.5 m。垄上覆70 cm宽幅的地膜。

五、定植

于5月中旬在两垄间按行株距25 cm×20 cm,定植5~6行芹菜,每亩定植11 000株左右。定植时应随栽随浇水,尽可能减少伤根。西芹缓过苗后,于5月下旬在垄上按行距50 cm,株距20~25 cm破膜挖穴定植鲜食玉米,每穴定植1株,每亩定植3 000株左右。鲜食玉米定植完毕,田间浇1次透水,促进缓苗。

六、田间管理

(一)查苗、补苗、除草

西芹、鲜食玉米定植后10 d内进行检查,对未成活的应及时补栽。西芹植株封行前应勤中耕除草,促根下扎,形成良好的根系,为丰产打好基础。注意中耕要浅,以免伤及根系。

(二)水肥管理

要加强水肥管理,促使西芹增粗、增高、增重,旺盛生长。保持土壤墒情良好,每隔10~15 d结合浇水冲施尿素1次,每次亩施7.5 kg,连续2~3次;也可15~20 d穴施尿素1次,每亩15~20 kg,追肥后及时浇水。

七、适时采收

西芹可在株高50~60 cm,单株重0.25~0.50 kg达到商品标准时,根据市场行情,及时采收。采收后剔除老叶,保留优美的叶柄和少量叶片,分级包装,保持新鲜整洁,及时上市。鲜食玉米在8月下旬至9月上旬(乳熟—蜡熟期)采收上市。

第十五节 "早熟甘蓝—生菜—菠菜"一年三熟高效栽培模式

一、茬口安排

早熟甘蓝,于3月上旬进行育苗,4月中旬晚霜结束后定植,地膜覆盖栽培,6月中下旬采收,每亩产量2 500~3 000 kg。生菜,于5月中旬进行育苗,6月下旬至7月上旬早熟甘蓝收获后及时清理残枝败叶,利用原地膜定植,8月中下旬采收,每亩产量2 000 kg左右。菠菜,于生菜采收后及时清理田间废旧地膜、残枝败叶,施肥整地,8月中旬直播,露地栽培,9月中下旬采收,每亩产量1 500~2 000 kg。

二、早熟甘蓝栽培技术

(一)品种选择

选择早熟、耐热、耐裂球、抗逆性强、商品性好、不易抽薹的优良品种。

(二)地块选择

选择排灌方便、土层深厚疏松、保水保肥性好的地块。

(三)育苗

于3月上旬采用营养土育苗、穴盘育苗,或漂浮育苗。

(四)施肥整地

基肥在早春深翻时一次性施入,每亩施优质腐熟有机肥4 000~5 000 kg、磷酸二铵50 kg、尿素25 kg,深翻25~30 cm。地面整平、整细,划线起垄,垄宽50 cm,沟宽30 cm,垄高15~20 cm,用宽70 cm的地膜覆盖垄面。

(五)定植

于4月中旬晚霜结束后定植,在垄面"品"字形定植,每垄2行,行距40 cm,株距20 cm。

(六)田间管理

定植后及时浇定植水,7~10 d后,结合浇水每亩追施尿素10~15 kg;莲座期要控水蹲苗7~10 d,同时叶面喷施2 g/kg的硼砂溶液和3~5 g/kg的氯化钙溶液;蹲苗结束后,进入结球初期,要浇足水,并结合浇水每亩追施尿素15~20 kg、硫酸钾10~15 kg;结球后期要控制灌水次数和灌水量,保持土壤湿润即可,以防止叶球开裂,促进叶球紧实。采收前15~20 d不要追肥。

(七)适时采收

定植后55 d左右,当叶球横径15~18 cm、重量0.6~1.0 kg、紧密度达到八成、外层球叶发亮时应及时采收。采收时要切去根蒂,去掉外叶,做到净菜上市。

三、生菜栽培技术

（一）品种选择

选择适应性强、耐热、速生、抗病性强的中早熟散叶生菜,或皱叶生菜的优良品种。

（二）育苗

于5月中旬采用营养土育苗、穴盘育苗,或漂浮育苗。

（三）定植

6月下旬至7月上旬早熟甘蓝收获后,及时清理残枝败叶,将原地膜表面清理干净,按株距30 cm开穴进行定植,一般每亩定植4 500株左右。

（四）田间管理

定植后及时浇水,以利缓苗。前期结合浇水分期追肥,并及时中耕除草,保持土壤半湿,促进根系发育和叶片旺盛生长。中后期要不断均匀供水,追施氮肥。结球后期既怕旱又怕涝,要控制水分,应保持土壤湿润,以免裂球或发生软腐病。采收前5~7 d停止浇水,以利收获和贮运。

（五）适时采收

定植后40~50 d可根据市场灵活采收,采收规格无严格要求。

四、菠菜栽培技术

（一）品种选择

选择叶片宽大、叶绿肉厚、抗旱能力强、耐热、生长速度快的优良品种,如墨玉绿、捷胜、威菠5号、快绿、盛夏、喜来乐等。

（二）施肥整地

生菜收获完毕,及时清理所留植株残体、残膜后,结合整地亩施腐熟有机肥

2 000~3 000 kg、氮磷钾复合肥 40 kg,做成宽 1.2~1.5 m、长 10~15 m 的平畦。

(三)种子处理及播种

菠菜为长日照植物,喜温、耐寒,空气相对湿度 80%~90%,土壤湿度 70%~80% 为适宜。种子外面有革质果皮,为了提高发芽率,播种前 1 d 用凉水泡种子 12 h 左右,搓去黏液,捞出沥干,然后直播;或在 15~20℃ 的条件下进行催芽 3~5 d,待大部分露芽后即可播种。

(四)田间管理

1. 苗期管理

菠菜出土长出真叶后,及时查苗补苗,保证苗全、苗齐。当苗长至 2~3 片真叶时,趁浇水后墒情良好,中耕除草,除草深度 3 cm 左右;同时进行间苗,间苗原则为间弱留壮,间密留稀,间病苗,留健苗。苗距和留苗密度根据生产需要而定。

2. 水肥管理

菠菜长出真叶后,若地面干燥,应浇 1 次小水,以保持田间湿润;当苗长至 2~3 片真叶时,畦土发白浇水 1 次。结合浇水每亩追施尿素 7.5 kg。如雨水较多,要注意做好清沟排水,避免因雨水浸泡导致死根。后期进入生长盛期,应分 2~3 次每次追施尿素 5.0~7.5 kg,促进叶丛生长,提高产量。

(五)适时采收

一般株高在 25~28 cm 即可采收。采收前若土壤干旱过度,应提前 1 d 或当天浇 1 次水,以便于采收。也可根据市场价格适当提前或拖后 1~2 d 收获,但不宜拖延太长,否则易引起烂根,影响商品价值。

第十二章 高山蔬菜病虫害绿色防控技术

第一节 主要病害类型及绿色防控技术

一、病害对蔬菜的危害性

在蔬菜生产过程中,病害往往会发生在植物的每个生长时期。整体而言,病害的危害对蔬菜从外到内、从上到下、从花果到根系是全方位、全覆盖、全过程的。主要表现在以下5个方面:①破坏果实、果柄,造成全果腐烂或变硬、果实变小、变轻,出现空腔或脱落等,从而导致大幅度减产,如:茄科类细菌性软腐病、炭疽病、黑斑病等。②破坏叶片,造成枝叶或大部分细胞坏死,形成叶斑、枯梢、变色、变形,造成大量焦叶、枯叶、缺叶、残叶、落叶、卷叶、洞孔,影响植物光合作用,如茄科蔬菜灰霉病、十字花科蔬菜炭疽病等叶部病害。③破坏并毒化植物组织,造成植株畸形,影响植物生长和经济价值,如十字花科病毒病等。④破坏根、茎皮层和韧皮部,导致腐烂或形成肿瘤,破坏水分的吸收和养分的输送,造成整枝整株干枯死亡。如十字花科蔬菜软腐病和根肿病等。⑤破坏植物根、茎维管束,造成植物枯黄萎蔫,进而死亡,如辣椒枯萎病、黄萎病等。

二、病害类型及诊断

植物病害的种类很多,根据病原的种类可分为两大类:非侵染性病害和侵染性病害。非侵染性病害是由非生物引起的,如营养元素的缺乏,水分的不足或过量,冻害和灼病,肥料、农药使用不合理等造成的病害等。侵染性病害则是由病原物引起的,按照病原物的分类可分为真菌性、细菌性和病毒性病害等;按照蔬菜的分类可分为十字花科、茄科、葫芦科和豆科等病害;按照症状可分为叶斑病、腐烂病、萎蔫病等;按照发病部位可分为根病、茎病、叶病和果病等;按照传播方式可分为空气传播、水传、土传、种苗传播、昆虫介体传播等。在这里,主要描述的是按照病原物不同所划分的真菌性、细菌性和病毒性病害的特征。

(一)非侵染性病害

非侵染性病害也称为生理性病害,这类病害不能传染,它在菜田发病的特点是分布比较均匀,而且往往是一开始就成片发生。由于是外因条件起作用,影响植株正常生长,当发病时,受外部条件影响较大,有明显的区域性。如番茄日灼病主要出现在迎光行和上部果实上;土壤中缺乏某种元素,则表现为相同症状全体发病等。蔬菜生产上常见的非侵染性病害包括缺素症或中毒症以及冻害和日灼等。

(二)侵染性病害

1. 真菌性病害

真菌病害一般出现病斑且病斑较大,尤其在发病中后期天气湿度大(如早晨)时,病斑上病症(包括轮纹状斑、黑色斑、霉层、粉状物、黑点等)十分明显,如大白菜霜霉病、辣椒炭疽病等。病株枯萎、黄萎,枯萎病的病状表现为全株周围根系腐烂,病株基部有粉红色霉层,剖开茎基部,维管束里呈褐色,如瓜类作物的枯萎病、黄萎病。病叶由黄变褐,并自下而上逐渐凋萎、脱落,剖开病株的根和主茎,维管束变褐,如茄子黄萎病等。

2. 细菌性病害

总体特征是病部有斑点、腐烂、枯萎、溃疡现象,但无明显附着物。发病后期发病部位往往有溢脓,这是其他病害所没有的现象。①斑点症状。为害植株叶片时,常沿叶脉或从叶缘开始,病斑多角形,对着阳光,有透明感或病斑呈斑点状,病斑处可见菌脓,如甘蓝黑腐病。②腐烂症状。植株根、茎腐烂,用手指轻按发病部位,有菌脓出现,如大白菜软腐病、魔芋软腐病。③溃疡症状。病部溃疡,病斑中央呈火山口状开裂,如番茄溃疡病。④青枯症状。感病植株死亡后,叶片色泽稍淡,但仍保持绿色,植株根、茎的维管束变褐腐烂后,用手指轻按,有乳白色黏液(菌脓)溢出,如辣椒青枯病。

3. 病毒性病害

病毒靠昆虫传播或接触摩擦传播,几乎所有的蔬菜都可感染病毒病。病毒病在植株叶片上发生时,常发生于顶部嫩叶,症状表现为叶片花叶、黄化、卷叶、蕨叶。植株整体发病表现为皱缩矮小或病茎和果实有黑色条斑,严重时开裂。如大白菜和甘蓝的病毒病。病毒病发病症状没有脓溢、穿孔、破溃等现象,这是田间鉴别病毒病的主要依据之一。

三、高山蔬菜主要病害的发生规律与绿色防治技术

(一)根肿病

根肿病是由芸薹根肿菌引起的一种十字花科蔬菜根部病害。目前,根肿病在中国大部分省、自治区和直辖市均有分布,在云南、重庆、四川和陕西等省(市)迅速扩大,给生产带来巨大损失。甘蓝根肿病的田间症状如图12-1所示。

健康甘蓝　　　　　　　　　患根肿病甘蓝

图12-1　甘蓝根肿病的田间症状

(图片拍摄于2019年7月,陕西省太白县塘口村)

1.症状特点

根肿病主要为害寄主植物的根部。发病初期,在晴天正午时,叶片萎蔫,早晚恢复。发病后期,叶片发黄,严重时根部腐烂,植物枯萎死亡。植株患病后,其根部形成大小不一的肿瘤,白菜、甘蓝等叶菜类多发生在主根或侧根上,肿瘤呈纺锤形或不规则形。萝卜、芜菁等根菜类,肿瘤多发生在侧根上,主根不变形或根顶端生肿瘤。受侵染的根,初期表面呈白色且较光滑,随着病原菌进一步扩展,其表面逐渐呈褐色且表皮粗糙。植株发病后期,根部常发生龟裂,其伤口易被其他杂菌侵入而引起腐烂,根的组织也随之溃烂、瓦解。发病后期病部易受其他杂菌入侵而造成腐烂。甘蓝根肿病根部形态如图12-2所示。

2.病原特征

根肿病菌属于原生动物界,根肿菌纲,根肿菌属。该病原菌是专性寄生菌,其寄主范围广泛,主要侵染十字花科植物。病菌的营养体是没有细胞壁的原生质团,在寄主根细胞内形成休眠孢子囊。休眠孢子囊通常只释放出一个游动孢子,

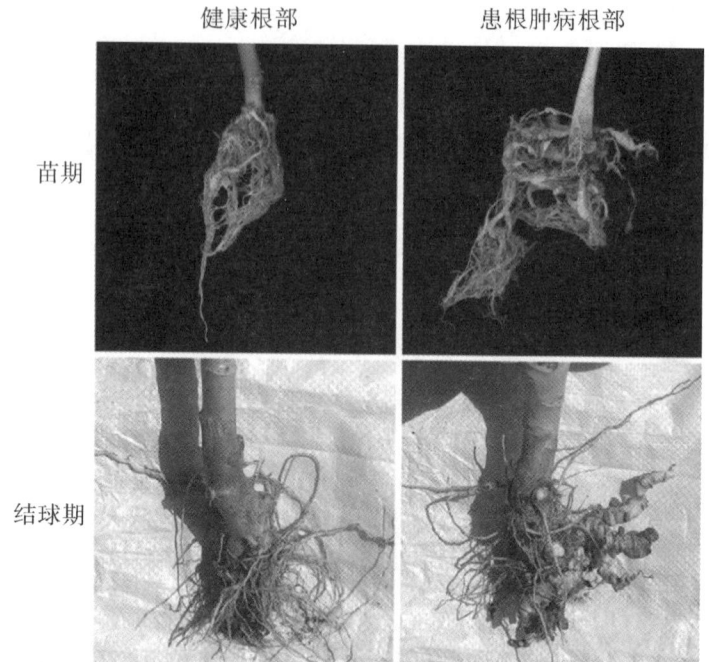

图 12-2 患根肿病的甘蓝根部形态

因此,该孢子又被称为休眠孢子。休眠孢子直径为 2.1~3.1 μm,平均直径为 2.5 μm。休眠孢子在适宜条件下萌发,释放出游动孢子。游动孢子呈椭圆形或肾形、近球形,大小为 1.6~3.6 μm,同侧着生尾鞭式双鞭毛,且鞭毛长度不等。

3. 侵染循环

根肿病菌的生活史可分为休眠孢子阶段、根毛侵染以及皮层侵染阶段,生活史的各个发育阶段几乎完全在寄主组织内进行。病根腐烂后,肿瘤组织内含有的大量休眠孢子囊残混于土壤或堆肥中越冬或越夏,成为下季或下年的主要初侵染源。田间传播媒介主要为雨水、灌溉水、昆虫、线虫、农具和人畜等;病菌可借带病菜苗、菜株或带菌的泥土转运而作远距离传播。条件适宜时,土壤中的休眠孢子囊萌发产生游动孢子,从根毛或幼根侵入寄主表皮细胞内,发育形成变形体,穿过根部各种组织直到根部形成层内,或随寄主细胞的分裂进入新细胞扩展蔓延,最后形成大量的休眠孢子囊(图 12-3)。与此同时刺激寄主薄壁细胞大量分裂和增大,导致根部畸形肿大,同时由于增生细胞互相挤压,使维管束组织发育不正常,输导系统不能贯通,导致植株出现生育迟缓、叶片萎蔫等症状。此外,病菌亦可从次生根或茎部的伤口入侵寄主植物。从病菌侵入根毛到表现根肿症状,一般历时 9~10 d。植株受侵染越早,受害越重;而晚期侵染,因植株根系已发育完全,一般不会引起肿大变形,故有时根肿不典型,受害轻。但后期每一变形体可形成大量休眠孢子囊。当病根腐烂后,其内大量的休眠孢子囊又随病残物落在土壤或堆肥中,进行再侵染或休眠。

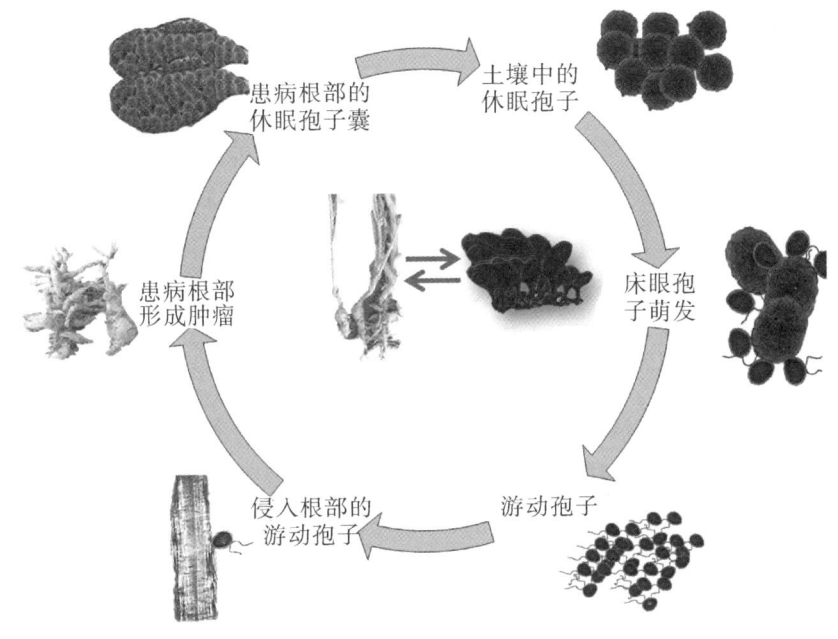

图12-3 根肿病菌的生活史

4. 发病因素

十字花科蔬菜根肿病的发生,与土壤酸碱度和温湿度关系密切,此外与土壤中病菌孢子的含量对比也有很大影响。

(1)土壤酸碱度和温湿度

诱发病害的重要条件是土壤酸碱度和温湿度。当土壤pH 5.4~6.5、土温为18~25°C、土壤湿度为60%左右时,适于病菌的萌发和侵入,且寄主发病和受害最重。而当土壤pH 7.2以上、土温12°C以下或27°C以上、土壤湿度45%以下或98%以上时,因不适于病菌的萌发和侵入,病害不发生或很少发生。通常,在寄主作物栽培季节,土壤温度基本能满足病菌的入侵和发育要求,所以发病决定因素是湿度。当土壤湿度达到60%~70%并保持18~24 h,病菌即可完成萌发和侵入。侵入以后,病害的发展则不受土壤湿度变动的影响,由此可解释田间湿度与发病有时不一致的现象。

(2)土壤带菌量

国外报道,就甘蓝而言,黏重的病田土壤孢子含量为2万$/cm^3$,而在富含腐殖质的病田土壤中则为 20 万/cm³。有研究认为,土壤中病菌孢子含量较低时(10^7/cm³),光照度同病情指数的相关性明显,即光照度较低时病情指数也较低,而当土壤中病菌孢子含量较高时(>10^7/cm³),光照强度同病情指数的相关性就不明显。

(3)栽培条件

连作土壤中含菌量较大,发病重;实行 4~5 年轮作或水旱轮作,可以减少发病。幼苗定植后的天气情况对发病影响很大,凡晴天播种或定植后有半个月左右的晴天,根肿病较少发生;反之,若雨天播种或定植后下雨较多,植株发病率通常较高。施用石灰可以降低土壤酸度,可减轻发病。国内外都把增施石灰列为防治此病的一项有效措施,但沙性土壤施用石灰的防治效果并不理想。也有研究认为,施用氮肥过多,或磷、钾肥偏多偏少,都有加速发病的趋势。

(4)品种抗病性

不同十字花科作物抗病性不同,同种作物的不同品种间的抗病性也有明显差异。品种的抗病性同病菌生理小种的区系分布关系很大。不同地区病菌生理小种的组成和致病性不同,品种的抗性表现也不一致。

5. 防控技术

针对十字花科蔬菜根肿病的防治,无病区应实施检疫;发病区应采取种植抗病品种、培育无病苗、合理施肥、有效的田间管理,实行生物防治和化学防治相结合的综合防治措施。

(1)实施检疫

虽然根肿病已在国内许多地方发现,但就全国而言,此病还只是在局部地区发生。所以应该实行检疫,严禁从病区调运种苗和蔬菜种子,以保护无病区。

(2)种植抗病品种

目前,抗根肿病的品种有,耐斯高、百慕尚品和山地英雄等大白菜品种,先甘 336、青莲和 CR 先锋等甘蓝品种。

(3)培育无病苗

为了培育无病苗,对育苗穴盘、基质、苗床进行消毒杀菌处理是非常必要的。育苗前将育苗盘用高锰酸钾(1% 水溶液)进行消毒处理,每 240 L 育苗基质中加入 0.5 kg 枯草芽孢杆菌 XF-1 可湿性粉剂,装入泡沫穴盘。漂浮育苗可利用播种器播种,将播好种的泡沫盘叠放 4~5 层催芽,芽露白 70% 左右置于有完全营养液的漂浮池中。穴盘育苗每穴播 1~2 粒种子后覆盖基质,整齐摆放于小拱棚苗床上,浇透育苗盘。移栽定植时淘汰病苗,被病菌污染的苗床,可单用多菌灵、甲基托布津和拌种灵,也可用敌磺钠与代森锰锌等量混合等药剂进行苗床土壤消毒处理。

(4) 合理施肥

根肿病的发生和蔓延与该地块土壤的理化性质有关,可通过改良土壤从而破坏病菌生活环境,减少病害发生。利用石灰及其他形式的钙盐在一定程度上可以调节土壤pH。钙盐处理既可以调节土壤pH,又可以增加土壤中可交换的Ca^{2+}的浓度,从而减轻病害的危害。一旦发病,可撒施熟石灰或草木灰,但长期使用石灰对土壤结构、生理生化性状都会造成不良影响,因此不可长期使用。为了减少化肥在田间的施用,也可将化肥替代成有机肥或生物菌肥以改良土壤环境。

(5) 田间管理

加强田间管理是防控蔬菜病害非常关键的措施。土壤深耕可减轻蔬菜病虫害的发生;采用无病菌育苗方式,可延缓蔬菜根部接触根肿病菌的时间,降低根肿病的病情指数,也可适期播种,避免病害发生的高发期。在蔬菜生长期要加强田间排灌技术,控制土壤湿度,要及时清除田间病残体。蔬菜采收后,及时清理田间病残体,对于根肿病发病严重的地块,可与洋葱、蒜苗、生菜、莴笋、菜豆、辣椒、西葫芦和鲜食玉米等非十字花科蔬菜进行轮作。

(6) 生物防治

可采用诱饵法,通过种植根肿病菌寄主植物或非寄主植物来促进休眠孢子萌发,减少土壤中休眠孢子的数量。这样在随后种植十字花科作物时便可减轻根肿病的发生。国外在这方面已经进行了大量研究,并证明了该方法的有效性。另外,也可以施用对根肿病菌具有较强拮抗作用的生防菌进行生物防治,已有研究从大白菜根际土壤中成功分离到1株枯草芽孢杆菌(*Bacillus subtilis*)XF-1来防治根肿病,田间防治效果为68.6%~84.8%。该生防菌现已制成可湿性粉剂,可有效防治大白菜根肿病。用于直播大白菜时,先以枯草芽孢杆菌XF-1 500倍液拌种,播种覆土后及出苗后5 d、10 d、15 d各浇灌1次,药液稀释倍数500~650倍;用于移栽大白菜时,先以枯草芽孢杆菌XF-1 500~650倍液于移栽前蘸根,移栽后以同样浓度浇定根水,以后再灌根3次,间隔期5~7 d。

(7) 化学药剂防治

目前我国对根肿病防效较好的药剂有氟啶胺(福帅得)、氰霜唑(科佳)、氟胺·氰霜唑、氟啶胺·精甲霜灵等。田间药剂处理包括:土壤撒施、土壤喷雾、灌根、拌药土等方式。其中,播种前3 d用浓度为25~50 mg/L的氰霜唑进行土壤灌根处理,对大白菜根肿病具有良好的防效,也可用75%百菌清500倍液或10%氰霜唑1 500~2 000倍液每15 d左右对植株进行灌根。

(二)软腐病

1. 症状特点

软腐病是十字花科蔬菜一种主要病害。大白菜多在结球期以后表现症状。有的从植株基部的裂口和伤口处开始腐烂,初期病部水浸状,半透明,后变褐色腐烂,表皮下陷。病株外叶萎垂贴地,叶球暴露。发展后叶柄基部和根茎部完全溃烂,充满黄色黏稠物,散发臭味,病株一触即倒。有的从心叶顶端向下腐烂,或从叶片中部虫伤口向四周扩展,可造成整个菜头腐烂。还有的叶片外缘发病枯焦,俗称"烧边"。干燥时病叶迅速失水干枯,呈薄纸状。腐烂病在贮藏期间可继续发展,导致烂窖。未包心白菜和小白菜多从茎基部或叶柄基部的裂口和伤口发病,病斑初呈水浸状,半透明,扩大后可导致整株软腐。菜心多从虫伤口或摘心造成的伤口开始腐烂,散发恶臭,造成空心,有时虽能抽出新的侧芽,但叶片萎蔫,稍一触动则全株倒地。大白菜软腐病田间发病状如图12-4所示。

图12-4 大白菜软腐病田间发病图

甘蓝多在结球期以后发病,植株外叶或叶球基部先发病,病部初呈水浸状,后变褐腐烂,散发恶臭。腐烂叶片失水后呈薄纸状,紧贴在叶球上。叶柄和短缩茎基部腐烂后,菜株塌倒溃散或一触即倒。芥蓝多由摘心后的切口处发生水浸状腐烂。摘心前发病,多在茎部出现水浸状斑,后期茎髓部软腐中空,植株软化枯死。花椰菜和青花菜花球变褐腐烂,最初腐烂部分呈分散的斑点状,后迅速扩大和汇合,最后变成一团褐色糊浆状物。结球甘蓝的球茎上出现黑褐色不定型凹陷斑,病组织腐烂,迅速向周围和内部扩展,以至球茎大部软腐。萝卜肉质根变褐软腐,常有汁液渗出。有时肉质根外观完整,但髓部腐烂,甚至成为空壳,地上部叶片变黄萎蔫。各种作物软腐病的共同特点是从植株伤口或自然裂口处首先开始发病,病部初呈浸润状半透明,后黏滑软腐,有恶臭,出现污白色细菌溢脓。

2. 病原特征

十字花科蔬菜软腐病的病原菌为欧文菌属,该菌体短杆状,大小为 $(0.5\sim1.0)~\mu m\times(1\sim3)~\mu m$,革兰染色阴性;单生、双生或短链状,有多根周生鞭毛,无芽孢。化能有机营养型,兼性厌气,代谢为呼吸型或发酵型,氧化酶阴性,过氧化氢酶阳性。营养琼脂上菌落圆形、隆起、灰白色。

3. 侵染循环

病原细菌随带菌的病残体、土壤、未腐熟有机肥以及越冬病株等越冬,成为重要的初侵染菌源。在生长季节病原细菌可通过雨水、灌溉水、肥料、土壤、昆虫为害等多种途径传播,由伤口或自然裂口侵入,不断发生再侵染。残留土壤中的病菌还可从幼芽和根毛侵入,通过维管束向地上部转移,或者残留在维管束中,引起生长后期和贮藏期腐烂。病原菌寄主种类很多,可在不同寄主之间辗转危害。

4. 发病因素

高温、多雨有利于软腐病的发生。若白菜包心后久旱遇雨,软腐病往往发病重。高温、多雨有利于病原细菌繁殖与传播蔓延,雨水多能造成叶片基部浸水,使之处于缺氧状态,伤口不易愈合。

十字花科蔬菜连作地发病重,前茬为茄科、葫芦科作物以及莴苣、芹菜、胡萝卜和其他感病寄主的发病也重。地势低洼、田间易积水、土壤含水量高的田块发病重。高垄栽培不易积水,土壤中氧气充足,有利于根系和叶柄基部愈伤组织形成,可减少病菌侵染。

不同品种的愈伤能力强弱不同,直立型、青帮型的品种愈伤能力较强。愈伤能力强的品种软腐病发生较轻。另外,白菜苗期愈伤能力强,木栓化作用发生快,而莲座期以后愈伤能力减弱,因而软腐病多在包心期后严重发生。

昆虫取食造成大量伤口,成为软腐细菌侵入的重要通道,同时多种昆虫的虫体内外可以携带病原细菌,能有效传病。因此,害虫发生多的田块,软腐病也重。

5. 防治技术

(1) 种植抗病、耐病品种

已有的抗病、耐病品种较多,种植抗病、耐病品种需因地制宜。因各地自然条件、栽培管理水平和对品种抗病程度的要求不同,所以引进品种时应先行试种或进行抗病性鉴定,以确认所选品种的抗、耐病水平能够满足本地需要。由于一些抗病品种的抗病效能不太高,使用抗病品种必须以合理的栽培防病措施为基础。

(2) 栽培防病

避免病田连作,换种豆类、麦类、水稻等作物;清除田间病残体,精细翻耕整地,暴晒土壤,促进病残体分解;适期播种,避免因早播造成包球期的感病阶段与雨季相遇;避免在低洼黏重土地上种植白菜,不要大水漫灌,雨后及时排水,降低土壤湿度,多雨地区应进行高垄栽培;增施基肥,施用净肥,及时追肥,使菜株生长健壮;及时防治地下害虫、黄条跳甲、菜青虫、小菜蛾以及其他害虫,减少虫伤口;发现病株后及时拔除,病穴撒石灰消毒。

(3) 生物防治

选用枯草芽孢杆菌(1000亿孢子/g)50~60 g/亩、5%大蒜提取物微乳剂60~80 g/亩,解淀粉芽孢杆菌LX-11(60亿芽孢/mL)悬浮剂100~200 mL/亩进行防治。

(4) 药剂防治

发病初期及时喷药防治。喷药要周到,特别要注意喷到近地表的叶柄和茎基部上。有效药剂有33.5%喹啉铜500~1 000倍液,2%氨基寡糖素187.5~250 mL/亩,2%春雷霉素100~150 g/亩,50%氯溴异氰尿酸50~60 g/亩,20%噻森铜悬浮剂300~500倍液。不同药剂宜交替施用,隔7~10 d喷1次,连喷2~3次。一些白菜品种对铜制剂和链霉素、新植霉素等较敏感,要注意防止药害。

(三)菜豆炭疽病

1. 症状特点

叶、茎、豆荚均可发病。幼苗子叶上生成红褐色至黑色的近圆形病斑,呈凹陷溃疡状。幼茎下部产生红褐色小斑点,发展后成为长条形的凹陷病斑,有时表面破裂。病斑相互汇合后,受害部分扩大,甚至环切茎基部,致使幼苗倒伏枯死。

在成株叶片上,多从植株基部和叶片背面开始侵染,沿叶脉形成红褐色条斑;后扩展成为三角形或多角形的网状斑,红褐色至黑褐色,边缘不整齐。叶柄和茎上产生类似病斑,病斑凹陷龟裂,叶柄受害后常造成全叶萎蔫。豆荚上初生黑褐色小斑点,后扩大成为近圆形稍凹陷的病斑,中部暗褐色至黑色,边缘可有深红色的晕圈;大小不一,大的直径 1 cm 左右;多个病斑汇合,形成大的变色斑块,甚至覆盖整个豆荚。病原菌能穿透豆荚,进入豆粒内部。豆粒上生成不规则形褐色溃疡斑,稍凹陷。高湿时,在豆荚和茎蔓的病斑上出现粉红色黏质物,为病原菌的黏分生孢子团。菜豆炭疽病田间症状如图 12-5 所示。

图 12-5 菜豆炭疽病田间症状图

2. 病原特征

病原真菌为豆刺盘孢,该菌还能侵染蚕豆、豌豆和扁豆等作物。生长适温为 20~23℃,最低 6℃,最高 30℃;分生孢子致死温度为 45℃,10 min。

3. 侵染循环

炭疽病菌主要随种子或病残体越季传播。播种带病种子,造成幼苗子叶或嫩茎染病。随病残体越季的病原菌,在条件适宜时产生分生孢子,进而侵染幼苗。当季病株病变部产生的分生孢子通过气流、灌溉水或昆虫分散传播,进行再侵染。

4. 发病因素

温度为 20~23℃,相对湿度 100% 最适于炭疽病发生。温度 27℃ 以上,相对湿度低于 92% 时发病少或不发生,温度低于 13℃,病情停止发展。在凉爽高湿的季节发病重。土壤黏重、地势低洼、郁闭、湿度大的情况下发病加重。品种间抗病性有差异,菜豆蔓生种抗病性较强,矮生种抗病性较弱。

5. 防治技术

(1)选用无病种子或种子消毒

从无病田、无病株和无病荚上采种。播前种子粒选,严格剔除病种子。种子处理可用 50% 多菌灵可湿性粉剂或 50% 福美双可湿性粉剂拌种,用药量为种子重量的 0.4%。也可实施温汤浸种(45℃ 温水浸种 10 min),或用 40% 多·硫悬浮剂 600 倍液浸种 30 min,捞出后用清水洗净晾干,待播。

(2)种植抗病品种

如 623、芸丰 83 - A、双丰 2 号、哈豆 1 号等抗病菜豆品种。

(3)加强栽培管理

与非豆科蔬菜实行 2~3 年轮作。收获后清除病残体,及时翻耕晒土,以减少菌源。旧架材使用前以 50% 代森铵水剂 800 倍液或其他有效药剂消毒。加强田间发病监测,及时发现和拔除病苗。移栽前严格淘汰病苗,定植壮苗。实行地膜覆盖栽培,通风降湿。及时搭架绑蔓,摘除病叶,开花期少浇水,开花后合理浇水追肥,结荚期增施磷钾肥。要适时采收,包装储运前注意剔除病荚。

(4)药剂防治

可选用 10% 苯醚甲环唑 50~83 g/亩,75% 百菌清可湿性粉剂 113~206 g/亩,250 g/L 吡唑醚菌酯乳油 30~40 mL/亩,325 g/L 的苯甲·嘧菌酯悬浮剂 40~60 mL/亩,250 g/L 的嘧菌酯悬浮剂 40~60 mL/亩进行防治。一般从发病初期开始喷药,隔 7~10 d 喷 1 次药,连喷 2~3 次。或苗期喷 2 次,结荚期喷药 1~2 次。喷药要周到,注意不要漏喷叶背面。棚室栽培的还可用 45% 百菌清烟剂熏烟,每亩用 250~300 g。

(四)西葫芦病毒病

1. 症状特点

苗期和成株期均可发病,主要病状有花叶型、黄化皱缩型两种,有时同一病株上两种类型同时出现。花叶型在嫩叶上出现明脉及褪绿斑点,后表现为花叶,严重时顶叶呈鸡爪状。发病早的植株可引起全株萎蔫、不结瓜或果实畸形。黄化皱缩型表现为植株上部叶片沿叶脉失绿,有浓绿色皱纹,继而叶片黄化,皱缩下卷,或出现小叶、蕨叶,植株节间缩短、矮化。病株后期花冠扭曲畸形、色深,雌蕊柱头变短、扭曲、不结瓜,或果实小,果面出现暗绿斑点、条斑或凹凸不平的瘤状物,中后期有的病瓜脱落,严重时枯死。西葫芦病毒病田间症状如图 12-6 所示。

2. 病原特征

引起西葫芦病毒病的毒源主要有黄瓜花叶病毒、甜瓜花叶病毒、西葫芦花叶病毒、南瓜花叶病毒、烟草环斑病毒等单独或复合侵染所引起的、发生在西葫芦上的病害。

(1)黄瓜花叶病毒

属于黄瓜花叶病毒组。病毒粒体为球形,直径 28~35 nm,致死温度 60~70℃,体外保毒期 3~4 d。寄主范围很广,可侵染葫芦科、十字花科、豆科、藜科、

图12-6 西葫芦病毒病田间症状图

茄科等45科124种植物,但株系间有差异。在西葫芦、笋瓜、南瓜上引起黄化皱缩或系统枯斑。

(2)甜瓜花叶病毒

甜瓜花叶病毒寄主范围较窄,只侵染葫芦科植物,钝化温度60~62℃,体外存活3~11 d。

(3)西葫芦花叶病毒

西葫芦花叶病毒钝化温度约为60~65℃,体外存活期为20 d。

(4)南瓜花叶病毒

南瓜花叶病毒在分类上属单链正链 RNA 病毒的豇豆花叶病毒科、豇豆花叶病毒属。病毒粒体球形,直径25~30 nm,致死温度70~75℃,体外保毒期7 d以上。可侵染葫芦科、豆科、芹菜属等植物。

(5)烟草环斑病毒

烟草环斑病毒病毒粒体球形,直径28 nm,外有棱角,有60个结构亚单位。TRSV 核酸为单链 RNA。

3. 侵染循环

病毒可在日光温室瓜类、茄果类、菠菜、芹菜等多种蔬菜和杂草寄主上越冬。通过蚜虫、粉虱等害虫和农事操作时汁液摩擦传播侵染。种子也可带毒传播。

西葫芦病毒病的传播途径主要有3条:一是种子带毒传染;二是带病毒的蚜

虫、灰飞虱等传染；三是田间作业时与感病植株接触后，再与无病植株接触，无病植株被感染。另外，在强日照、高温、高湿或是严重干旱的自然环境里病害蔓延迅速。病毒主要在多年生宿根植物上越冬，靠蚜虫和汁液接触传毒。

4. 流行规律

（1）种子自身携带病毒

西葫芦种子在播种前，如果没有经过消毒处理就直接播种，那么种子自身就极有可能携带病毒，成为西葫芦病毒病的初侵染源。

（2）肥料、土壤中含有病毒

现代农业提倡少用化肥，多用农家肥。但在使用农家肥时，如果盲目施肥，用到没有经过腐熟的肥料，就可能会携带病毒，并随着肥料的施入，侵染到西葫芦植株。如果选用上年度出现西葫芦病毒病的地块种植西葫芦，并且种植前没有对种植地块进行灭菌处理，那么土壤中会有上年度残留的病株，这些病株上的病毒找到新的寄主后便会继续侵染新的植株。

（3）昆虫传播

西葫芦病毒病的传播很大一部分是因为蚜虫和白粉虱的介入，通过它们的飞行，可以将西葫芦病毒病的病原传至健康的植株上，造成西葫芦病毒病的大面积发生，尤其是在干旱、少雨且温度较高的季节，蚜虫和白粉虱会大量繁殖，西葫芦病毒病也会大面积暴发。

（4）人为传播

西葫芦整个栽培过程中需要经过人工处理，在绑蔓、整枝、打杈、蘸花以及田间管理等过程中，病毒都会沾染在操作人员的身上，并随着他们的走动传染到其他植株上，造成西葫芦病毒病的大范围发生。

5. 防治技术

（1）播种前种子处理

西葫芦的种子在播种前要经过消毒和催芽处理，以防种子自身带毒而成为初侵染源。具体操作为：首先将种子放入清水中浸泡，4 h 后加入 10% 磷酸三钠溶液浸泡 30 min，然后再用清水将种子冲洗干净并晾干，放置在灭过菌的湿布中，一段时间后种子便可冒出小芽。

（2）选用抗（耐）病品种

种植抗（耐）病性强的品种是防治西葫芦病毒病的最有效方法。只有提高植株本身抗（耐）性，西葫芦病毒病造成的损失才会较轻。市场上销售的抗（耐）病性较强的品种主要有早玉、金珊瑚、雪葫一号、碧玉、冬玉等，这些品种不仅具有一定的抗(耐)性,且产量高、综合效益好,可大面积推广种植。

(3)加强田间管理

西葫芦种植田块可与禾本科作物实行轮作制度,切忌在同一地块连年种植西葫芦,以防西葫芦病毒病的交叉感染以及土壤养分的耗尽。播种前要整地,土壤要深耕,耕深一般在 10 cm 左右。施足基肥,培育壮苗,加强植株的抗病性。要定期对种植田块进行杂草清理,减少病毒的其他寄主的数量,以及蚜虫、白粉虱等虫媒生存的空间。西葫芦定植后要加强温度管理,温度过高时,可适当喷水来降低田块温度;土壤水分含量较大时,要适当减少氮肥的使用量。西葫芦坐果以后,要适当提高温度,白天温度保持在 25~30℃,有利于有机物质的合成;夜间要适当降温,一般温度保持在 15~18℃。发现病株时,要及时将其拔除并进行焚烧或深埋处理,以防病原体传染到其他健康植株上而造成病害蔓延。

(4)化学防治

化学药剂是防治西葫芦病毒病最常用的措施,喷施化学药剂主要有以下 3 种作用:一是杀灭蚜虫和白粉虱等病害传播的媒介,防止病害蔓延;二是杀灭西葫芦病毒病的病原,减轻病害发病症状;三是增强植株抗病能力。杀灭蚜虫和白粉虱的药剂可于西葫芦定植后,在地表及田块四周喷洒杀虫剂,一般选用阿克泰水分散粒剂,使用时要兑水稀释。此外,50%吡蚜酮杀虫效果也很好。杀灭西葫芦病毒病病原的药剂要及时喷施,否则效果不佳。要在发病初期,病害还没大面积蔓延之前使用 20% 病毒 A 可湿性粉剂 500 倍液,或 1.5% 植病灵乳油 800 倍液对患病植株进行喷施,每周用药 1 次,连续喷药 3~4 周能有效杀灭病毒,缓解病害症状。提高西葫芦植株的抗病性可用植保素 7 500 倍液,或爱多收 6 000 倍液,在发病初期对所有西葫芦植株进行喷施,以增强植株的抗病能力。

(五)辣椒疫病

1.症状特点

辣椒疫病俗称黑秆病,是由辣椒疫霉菌侵染所引起的、发生在辣椒上的病害。辣椒疫病苗期和成株期均可发生,以成株期发病为主。病菌可侵染根、茎、叶、果。主要引起辣椒根系和颈部变黑腐烂,茎枝分叉处皮层腐烂,会导致枝枯株死。在日光温室内发生普遍,是日光温室辣椒生产上一种毁灭性病害,发生严重时常造成绝收。

苗期发病,幼苗茎基部呈暗绿色水浸状软腐或猝倒,即苗期猝倒病;有的茎基部呈黑褐色,幼苗枯萎而死。成株期发病,根部染病,初呈淡褐色湿腐状斑块,后逐渐变为黑褐色,导致根及根颈部韧皮部腐烂,木质部变淡褐色,引起整株萎蔫死亡,可称之为"根腐型",常和辣椒根腐病相混。茎和枝染病,病斑初为水浸状,环茎枝表皮扩展的,后导致茎枝"黑秆",病部以上枝叶迅速凋萎。叶片染病,出现污褐色边缘不明显的病斑,病叶很快湿腐脱落。果实染病,特别是菜椒,多始于蒂部,初生为暗绿色水浸状斑,病果迅速变褐软腐,湿度大时病果表面长出白色霉层,干燥后形成暗褐色僵果残留在枝上。辣椒疫病田间症状如图12-7所示。

图12-7 辣椒疫病田间症状图

2. 病原特征

辣椒疫病的病原是辣椒疫霉菌,卵菌纲、疫霉属。该菌生长最适宜温度为25~27℃,产生孢子囊最适宜温度为26~28℃。辣椒疫霉属的寄主范围广,除辣椒外,还有番茄、茄子和瓜类等作物。

3. 侵染循环

病原菌的卵孢子可存活3年以上,病菌以卵孢子或厚壁孢子随病残体在土壤中越冬,成为次年发病的初侵染菌源。来年在适宜的温度和湿度条件下,卵孢子萌发,长出孢子囊。孢子囊通过气流或风雨溅散传播,萌发时产生多个游动孢子,游动孢子萌发后进行初侵染。初侵染发病后又长出大量新的孢子囊,主要随灌溉和雨水以及农事活动进行传播。植株伤口有利于病菌侵入,并可发生多次侵染。

4. 流行规律

早春温暖多雨、大雨或连阴雨后骤然放晴,气温迅速升高,有利于病害流行。田间连作地、地势低洼、雨后积水、排水不良的田块发病较重;栽培上种植过密、通风透光差的田块发病重;不同品种的发病情况也有差异,尖椒型品种发病率低于甜椒杂交组合。而10 d以上高温干旱,则可抑制该病的发生与蔓延。

(1)温湿度因素

辣椒疫病是一种流行性很强的病害,条件适宜时,在短时间内就可以流行成灾。多雨、潮湿的天气条件是病害流行的关键因素,特别是大雨后骤晴,气温急剧上升。病害最易流行。田间25~30℃,相对湿度高于85%时病害易流行。土壤湿度在95%以上时,持续4~6 h,病菌即可完成侵染,2~3 d就可完成1个世代。该病发病周期短、流行速度迅猛,因而成为辣椒的一种毁灭性病害。从时间上来说,一般年份,6月中下旬出现发病中心,7月下旬至8月上旬出现发病高峰。

(2)灌水因素

在适宜的温度条件下,灌水方式、灌水量、灌水时间对辣椒疫病的发生程度有很大影响。单水口大水漫灌极易暴发流行疫病;多水口、小水浅灌发病轻;午间高温灌水发病重于早晚灌水;雨前、雨后和久旱猛灌大水发病重。

(3)品种因素

不同品种抗性也有差异,一般甜椒类抗性差,辣椒类抗性稍强。

(4)其他因素

连作地块,特别是往年曾发病的地块发病重;平畦栽培地块重于起垄栽培地块;地势低洼、排水不畅、土壤黏重、氮肥过多、定植过密、通风透光性差、管理粗放、杂草丛生的地块发病重。

5.防治技术

(1)选用抗病品种

由于辣椒疫病的传播途径多,病原菌的卵孢子在土壤中能长期存活,所以在适宜的温湿度情况下,很容易造成辣椒疫病的暴发流行,使辣椒在短期内大面积枯死。对辣椒疫病的防治措施中重要的一项工作就是选用和培育抗病品种。

(2)实行轮作,深翻改土

增施有机肥料、磷钾肥和微肥,适量施用氮肥;改善土壤结构,提高保肥保水性能,促进根系发达、植株健壮。

(3)土壤处理

在定植前,实行火烧土壤、高温闷室,铲除室内残留病菌。应选用25%甲霜灵可湿性粉剂或64%杀毒矾可湿性粉剂500倍液,浸泡辣椒根10~15 min,并进行灌穴,每穴浇灌50~60 mL。也可结合整地用杀毒矾拌干细土撒在土壤中,杀灭土壤病菌。栽植以后,严格实行封闭式管理,防止外来病菌侵入和互相传播病害。

(4)种子消毒

种子严格消毒,培育无菌壮苗;定植前7 d和当天,分别细致喷洒2次植物生长调节剂和保护剂,做到净苗入室,减少病害发生。

(5)加强管理

从育苗开始就要加强管理,特别是水肥管理,满足辣椒生长发育对水肥的需求,促进植株健壮生长,提高辣椒抗病能力,减少发病。减少氮肥的施用量,实行氮、磷、钾配合施用,补施微量元素肥料,防止植株徒长。

(6)清除病株

在管理过程中要尽量减少人为机械创伤,避免造成伤口。发病始期,要及时拔除中心病株,清理出田外销毁。辣椒收获后,要彻底清理残枝落叶,集中销毁。要注意观察,发现少量发病叶果,立即摘除深埋;发现茎干发病,立即用200倍70%代森锰锌药液涂抹病斑,铲除病原。

(7)化学防治

用2.5%适乐时悬浮种衣剂的使用浓度为10 mL装,加水150 mL,混匀后可拌种5 kg,包衣后播种。发现中心病株(发病初期)开始施药,可选用50%甲霜铜可湿性粉剂600倍液,或用58%甲霜灵锰锌可湿性粉剂600倍液,或77%可杀得可湿性粉剂400倍液,或72%克露可湿性粉剂500倍液,或40%霜疫灵可湿性粉剂200倍液;大棚可选用烟雾法或粉尘法,即45%百菌清烟雾剂,每亩用量250~300 g。喷药间隔7~10 d,连续2~3次,尤其在5~6月份雨后天晴时注意及时喷药,防治效果更好。

还可进行药液灌根,封锁发病中心,可用50%甲霜铜可湿性粉剂600倍液,或25%甲霜灵可湿性粉剂700倍液对病穴和周围植株灌根,每株药液量250 g,灌1~2次,间隔期5~7 d。

高山十字花科蔬菜主要病害及其为害症状见表12-1。

表12-1 高山十字花科蔬菜主要病害及其为害症状

病害	病原类别	为害对象	循环途径	有利发生条件	为害症状
霜霉病	真菌:寄生霜霉芸薹属变种	甘蓝、白菜、青花菜等	土壤、病残体、种子、昆虫等	温度16~17℃,相对湿度70%~75%	初期叶面多病斑,后期叶片枯黄死亡
软腐病	细菌:胡萝卜软腐欧式杆菌,胡萝卜软腐亚种	甘蓝、白菜、青花菜等	灌溉、昆虫等	植株伤口多,地表积水,土壤中缺氧	病斑成片状,由叶柄扩展至叶球,根茎腐烂,叶球脱落,叶脉呈褐色

续表

病害	病原类别	为害对象	循环途径	有利发生条件	为害症状
根肿病	真菌:根肿菌属	甘蓝、白菜等	孢子囊能在土壤中休眠越冬	酸性、潮湿土壤	在根部形成肿瘤,植株地上部分生长迟缓、缺水萎蔫
病毒病	病毒:芜菁花叶病毒(TuMV)、黄瓜花叶病毒(CMV)、烟草花叶病毒(TMV)、花椰菜花叶病毒(CaMV)	甘蓝、花椰菜、青花菜等	越冬蔬菜、蚜虫	温度15~20℃,相对湿度75%以下,蚜虫为害严重	花叶型:叶片病部斑驳,病叶、病果畸形皱缩,植株生长缓慢 黄化型:病叶变黄,植株矮化并伴有明显的落叶 坏死型:部分落叶、落花、落果,严重时整株干枯 畸形型:病果畸形
炭疽病	真菌:半知菌亚门黑盘孢目,炭疽菌属,刺盘孢菌	白菜、小白菜、萝卜等	以菌丝体在病残体和种子上越冬,风雨传播	温度26~30℃,湿度80%以上	叶病斑呈圆形或近圆形,灰褐色,后期病斑灰白色,半透明,易穿孔
黑斑病	真菌:芸薹链格孢	白菜、油菜等	菌丝体及分生孢子在病残体上、土壤中以及种子表面越冬	温度17℃左右、相对湿度80%以上时,适宜病菌生长和病害发生流行	从外叶开始发病,病斑圆形。灰褐色病斑,周围有时有黄色晕环。病斑较小,白菜病斑直径2~6 mm;叶上病斑发生很多时易变黄早枯

第二节 主要害虫种类及绿色防控技术

一、害虫对蔬菜的危害

蔬菜害虫包括危害蔬菜的昆虫、螨类和软体动物。它们取食植物的组织、器官,干扰和破坏作物正常生长,从而造成减产和质量下降。除造成直接损失外,一些虫害还可传播植物病害,造成严重的间接危害。

二、常见害虫的种类与为害特点

蔬菜害虫可以根据不同的特征和习性进行多种方式归类。如根据害虫在植株上的为害部位可分为地下害虫和地上害虫;根据害虫取食特性可分为取食固体食物的咀嚼类口器害虫和取食液体食物的刺吸类口器害虫;根据动物分类学原理可分为害虫、螨类和软体动物。在害虫中,又可根据形态特征分为:鳞翅目、同翅目、鞘翅目、双翅目、螨类和软体动物等。在这里,以害虫为害蔬菜方式的不同分为以下4类。

(一)咬食性害虫

这一类害虫大多取食蔬菜叶片,发生严重时能将叶片吃光,既影响植物的正常生长,又降低植物的美化功能和观赏价值。此类害虫主要有菜蛾、菜粉蝶、斜纹夜蛾、甜菜夜蛾等,另外像小地老虎、蛴螬等咬食植株的根和茎。

(二)刺吸式害虫

刺吸式害虫是蔬菜害虫中较大的一个类群,它们个体小,发生初期往往受害症状不明显,易被人们忽视。刺吸式害虫数量极多,常群居于嫩枝、叶、芽、花蕾、果上,汲取植物汁液,掠夺其营养,造成枝叶及花卷曲,甚至整株枯萎或死亡。同时诱发煤污病,有时害虫本身是病毒病的传播媒介。此类害虫主要有蚜虫类、烟粉虱类、蓟马类、叶螨类等。

(三)蛀食性害虫

蛀食性害虫生活隐蔽,天敌种类少,个体适应性强,是蔬菜生产上一类毁灭性害虫。它们以幼虫蛀食蔬菜的花、果实、种子、茎和根,不仅使输导组织受到破坏而引起植物死亡,而且在菜心内形成纵横交错的虫道,降低了蔬菜的经济价值。此类害虫主要有地蛆、黄曲条跳甲幼虫等。

(四)潜叶性害虫

这类害虫以潜叶形式为害蔬菜,如潜叶蝇、菜蛾低龄幼虫等潜入叶片内取食叶肉组织。除取食外,其他的为害方式还包括:传播植物病害,如蚜虫传播多种病毒病,分泌大量蜜露于叶片上,影响光合作用并导致煤污病。

三、高山蔬菜主要害虫的发生规律与绿色防控技术

(一)菜青虫

1. 为害特点

菜青虫是菜粉蝶的幼虫,属鳞翅目粉蝶科,是十字花科蔬菜的主要害虫。初龄幼虫在叶片背面啃食叶肉,残留上表皮,食痕小,半透明。3龄以后食量增大,将叶片咬成较大孔洞和缺刻,严重时将叶片吃光,只残留叶柄和较大的叶脉(图12-8)。菜青虫在啃食绿色蔬菜叶片的同时,不仅造成缺口和虫粪污染,还传播大白菜软腐病等病菌,害虫高发期甚至可将蔬菜全部吃光,仅留叶柄,严重影响蔬菜产量和质量。

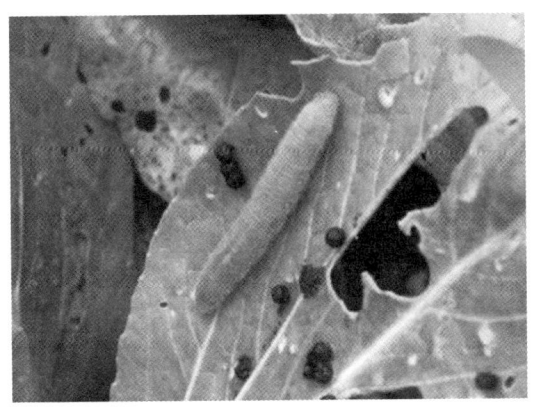

图12-8 菜青虫为害状

2. 形态特征

菜青虫各个时期形态见图12-9。

图 12-9 菜青虫各个时期形态图

(1) 成虫

体长 12~20 mm,翅展 45~55 mm,体黑色,前翅与后翅都为粉白色。雌蝶前翅前缘和基部大部分为灰黑色,顶角有三角形黑斑,在翅的中部外方有 2 个黑色圆斑,1 个位于中室外方,1 个接近后缘。后翅基部灰黑色,在翅的前缘近外方处有 1 个黑色圆斑。翅膀展开后,前后翅上的 3 个圆斑,几乎排列在一条直线上。雄蝶翅色较白,基部黑色部分较小,顶角的三角形黑斑小而色淡,前翅近后缘的圆斑较不明显。

(2) 卵

长约 1 mm,瓶状,顶端较尖,基部较钝。初产时淡黄色,后变橙黄色。卵的表面有许多纵列和横列的脊纹,构成多数长方形小格。卵散产。

(3) 幼虫

幼虫共 5 龄,老熟幼虫体长 28~35 mm。幼虫初孵化时灰黄色,后变青绿色。体圆筒形,中段较肥大,背部有一条不明显的断续黄色纵线,气门线黄色,每节的线上有两个黄斑。虫体密布细小的黑色毛瘤,上生细毛,各体节有 4~5 条横皱纹。

(4) 蛹

体长 18~21 mm,纺锤形,两端细,中间膨大,体背有 3 条纵脊。蛹的颜色随化蛹时的附着物而异,有绿色、黄绿色、灰绿色、黄色、褐色等不同个体。雄蛹仅第 9 腹节有 1 生殖孔,雌蛹第 8、9 节分别有 1 交尾孔和生殖孔。

3. 生活史

菜粉蝶是一年多代的害虫。菜粉蝶每年发生代数因地而异,北方4~5代,南方5~9代。在北方,菜青虫在被害田附近的残枝落叶、篱笆、树干、杂草间等处以蛹的形式越冬,由于越冬环境复杂,温湿度差异较大,致使越冬代成虫羽化期时间跨度很长,这是田间发生菜青虫世代重叠的主要原因之一。在南方没有明显的越冬现象,可终年发生。成虫昼出夜伏,有趋向于含芥子油植物产卵的习性,尤其在甘蓝上产得更多。卵单粒散产,竖立叶上。每个雌虫一生可产卵10余粒至100多粒,最多可达500粒。幼虫孵化出时,先吃卵壳,后吃菜叶,脱皮4次,就在菜叶上或菜圃周围的墙壁篱笆上化蛹,羽化成虫,再产卵繁殖为害。它的生长发育受气候影响很大,不耐高温低温,所以每年的首尾两代因低温而发育缓慢,7、8月间1~2代又因高温而大量死亡(当然也受天敌影响),只有在适温范围的春秋两季才能大量繁殖,猖獗为害。

4. 生活习性

菜粉蝶幼虫最适发育温度为20~25℃,相对湿度为76%左右。气温高于30℃,相对湿度低于68%,即大量死亡。通常春季随气温上升,虫口增多,4~6月份条件适宜,虫口数量激增,达到高峰期,这也是严重危害春菜的时期。盛夏气温高,天敌增多,菜粉蝶迅速减少。秋季环境条件又复适宜,虫口数量再度增多,9~11月份是第2个盛发期和秋菜严重受害期。成虫吸食花蜜,只在白天活动,晴天的中午活动最盛。成虫交尾后2~3 d开始产卵,成虫产卵对芥子油有趋性,而芥子油为十字花科所特有,故卵多产在十字花科植物上,特别是甘蓝和花椰菜上。成虫在菜地飞翔时,在菜叶上停留1次,即产卵1粒。卵直立在菜叶上,夏季多产在叶片背面,冬季多产在叶片正面。卵期4~8 d。卵多在清晨孵化,初孵幼虫先吃掉卵壳,再取食叶片。受到扰动后,1~2龄幼虫吐丝下坠,大龄幼虫则蜷缩虫体坠落地面。幼虫期11~22 d。老熟幼虫在叶片上化蛹,蛹期一般为5~16 d,越冬蛹长达数月。菜粉蝶的天敌较多,寄生卵的广赤眼蜂、寄生幼虫的黄绒茧蜂、寄生蛹的金小蜂等都较常见。

5. 影响发生因素

菜青虫的发生与环境条件关系密切,受温度、湿度、降雨、天敌和食量等多方面因素的综合影响,因此其虫口数量常呈现季节性波动。滞育是昆虫系统发育中的一种内在的比较稳定的遗传特性,许多昆虫都具有滞育特性,借以度过不良环境,维持种群和个体的生存。诱导昆虫发生滞育的因素很多,主要有光周期、温度和食物等。只有短日照和低温的同时作用,才会导致滞育,而短日照是诱导菜粉蝶滞育的主导因素。

温湿度不仅通过水分代谢直接影响菜青虫的食叶量,还通过影响幼虫发育历期而间接影响食叶量。菜粉蝶一生均为裸露生活,各虫期的天敌很多,对其种群量增长有一定的抑制作用。此外还有寄生于幼虫的寄生菌感染后虫体脱色,由绿变为白绿而死亡,死后尸体灰黑色。另外,易感染颗粒体病毒也是菜青虫在春夏间致死的重要因素。

6. 综合防控技术

(1) 栽培防治

研究表明,实施不同作物的套作、间作、邻作,建立合理的耕作制度,有助于提高生物多样性、减轻病害虫的发生。甘蓝田菜青虫的农业防治方法主要包括:①规避十字花科蔬菜的连作,收获之后及时对菜田进行清洁或翻耕,特别是针对夏季停种过渡寄主,可以破坏菜青虫繁殖环境。②及时对菜田残株、枯叶及杂草集中焚烧或沤肥,能有效杀灭其中隐藏的幼虫和蛹,从而减少害虫虫口密度。深耕淹杀。收获后或播种前对菜田深耕、灌水淹杀处理,能有效清除幼虫及蛹卵等,减少虫源。③人工设置虫网隔离并捕杀菜粉蝶,从而阻断菜青虫繁殖。

(2) 生物防治

菜青虫的生物防治包括以虫治虫、以菌治虫、植物源农药及植物次生代谢产物防治等两种及以上的生物农药联合防治。

菜青虫的天敌已知有60种以上,寄生于菜青虫幼虫的有粉蝶绒茧蜂和寄生蝇。蛹的寄生性天敌有蝶蛹金小蜂、广大腿蜂和粉蝶姬蜂等。卵的天敌有捕食性的花蝽和卵寄生蜂广赤眼蜂。科学释放以上这些昆虫可有效控制田间菜青虫的数量。

微生物防治是指利用害虫病原微生物或其他代谢产物通过侵染、释放毒素或酶等方式来控制和杀死害虫,是生物防治的重点。生物农药如细菌农药Bt、真菌农药白僵菌、绿僵菌制剂、病毒制剂奥绿一号、杀虫抗生素制剂阿维菌素等在菜青虫的防治中已得到一定的应用。

诱集植物是指引诱一种或几种害虫以避免或减少主要栽培作物损失的作物。诱集植物在十字花科蔬菜栽培上得到广泛应用,并取得较好效益,合理种植诱集植物可以明显减少主要作物的害虫虫口数量。在生产实践中拒避植物和杀虫植物应用很多。拒避植物所含有的或产生挥发的特定化学物质可驱避害虫,而杀虫植物则可直接释放天然产物杀死害虫。

(3) 物理防治

物理防治是利用害虫的一些特性,如趋光性等来防治虫害,或者是使用一些工具对害虫进行诱杀。如防虫网隔离技术、灯光诱杀技术和负压吸虫技术等。

蔬菜防虫网隔离、覆盖技术是继地膜覆盖、遮阳网覆盖之后又一项无公害栽培新技术。它是将防虫网放置于温室的通风口和门窗上,构建人工隔离屏障,将害虫拒之网外,切断害虫(成虫)繁殖途径。通过这种方式基本能免除菜青虫的入侵,从而大幅度减少化学农药的施用。

频振式诱虫灯可有效降低害虫落卵量70%左右。其主要原理是利用害虫较强的趋光、波、色、味的特性,将光波设在特定的范围内,近距离用光,远距离用波,加以色和味引诱成虫扑灯,灯上配有高压电网或频振高压电网触杀害虫。

负压吸虫技术主要利用发动机带动风机产生的高速气流在捕虫罩内形成负压,吹风罩从蔬菜下部喷出高速气流将蔬菜害虫及少量杂质吹起,位于蔬菜上方的捕虫罩将裹有害虫的气流吸入,经过滤将害虫截留在过滤袋中,实现无污染物理捕虫作业。

(4) 化学防治

化学防治具有速效、高效、广谱和使用简便等特点,加之菜青虫一年发生世代多、危害大,目前生产上对菜青虫的防治仍主要依赖化学农药,而生物杀虫剂一般不具备速效、广谱的特点,且成本较高,菜农一般较少选择使用。使用的药剂主要有有机磷类、拟除虫菊酯类、氨基甲酸酯类、杂环类等杀虫剂以及各种混合制剂。通常产卵盛期后5~7 d为孵化盛期,也是药剂防治的关键时期。可供选用的药剂有2.5%高效氟氯氰菊酯(20~30 mL/亩),或3%阿维菌素(18~24 mL/亩)等。因世代不整齐,需连续防治2~3次。注意轮流使用不同药剂,以减缓抗药性的产生。对已产生抗药性的,可采用昆虫生长调节剂、抗生素细菌杀虫剂以及新品种药剂防治。

(二) 小菜蛾

1. 为害特点

小菜蛾,别名小青虫、两头尖,是鳞翅目菜蛾科菜蛾属昆虫,为世界性迁飞害虫,主要为害甘蓝、紫甘蓝、青花菜、薹菜、芥菜、花椰菜、白菜、油菜、萝卜等十字花科植物。

初龄幼虫仅取食叶肉,留下表皮,在菜叶上形成一个个透明的斑。3~4龄幼虫可将菜叶食成孔洞和缺刻,严重时全叶被吃成网状(图12-10)。在苗期常集中心叶为害,影响包心。在留种株上,为害嫩茎、幼荚和籽粒。

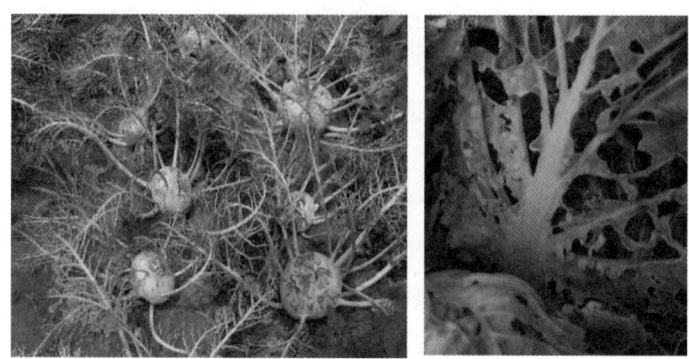

图 12-10　小菜蛾为害状

2. 形态特征

小菜蛾各个时期形态见图 12-11。

图 12-11　小菜蛾各个时期形态图

(1)成虫

体长 6~7 mm,翅展 12~16 mm,前后翅细长,前后翅缘呈黄白色三度曲折的波浪纹,两翅合拢时呈 3 个接连的菱形斑。雌虫较雄虫肥大,腹部末端呈圆筒状,雄虫腹末呈圆锥形。

(2)卵

椭圆形,稍扁平,长约 0.5 mm,宽约 0.3 mm。初产时淡黄色,有光泽,卵壳表面光滑。

(3)幼虫

初孵幼虫深褐色,后变为绿色。末龄幼虫体长 10~12 mm,纺锤形,体节明显,腹部第 4~5 节膨大,体上生稀疏长而黑的刚毛。头部黄褐色,前胸背板上由淡褐色无毛的小点组成两个"U"字形纹。臀足向后伸超过腹部末端,腹足趾钩单序缺环。幼虫较活泼,触之,则激烈扭动并后退。

(4)蛹

长 5~8 mm,黄绿至灰褐色,外被丝茧极薄如网,两端通透。

3. 生活史

小菜蛾 1 年生 4~19 代不等,在北方发生 4~5 代。以蛹在残株落叶、杂草丛中越冬。成虫昼伏夜出,白昼多隐藏在植株丛内,日落后开始活动。有趋光性,以 19:00~23:00 是扑灯的高峰期。成虫羽化后很快即能交配,交配的雌蛾当晚即产卵。雌虫寿命较长,产卵历期也长,尤其越冬代成虫产卵期可长于下一代幼虫期,因此,世代重叠严重。每头雌虫平均产卵 200 余粒,多的可达 600 粒。卵散产,偶尔 3~5 粒在一起。在适宜条件下,卵期 3~11 d,幼虫期 12~27 d,幼虫取食叶片的叶肉部分。蛹期 8~14 d。

4. 生活习性

幼虫、蛹、成虫各种虫态均可越冬、越夏,无滞育现象。全年发生为害明确呈两次高峰:第 1 次在 5 月中旬至 6 月下旬;第 2 次在 8 月下旬至 10 月下旬(正值十字花科蔬菜大面积栽培季节)。一般年份秋害重于春害。在两个盛发期内完成 1 代约 20 d。

小菜蛾具备典型的昆虫进化优势:体小,只要有少量食物就能存活,易于躲避敌害;生活周期短,取食甘蓝的,气温 28~30℃时,完成一代最快只要 10 d;繁殖能力强,每雌产卵量平均 220 粒,卵散产;越冬代成虫产卵期可达 90 d,这样就造成严重的世代重叠,防治困难;生态适应性强,冬天能挺过短期 -15℃的严寒,在 -1.4℃的环境中还能取食活动。夏天能熬过 35℃以上酷暑,只有夏天的暴雨能大量地杀死它们;抗药性强,由于长年使用化学农药防治,大量杀伤天敌,小菜蛾为害日甚一日,并且很快对各类化学农药产生了极高水平的抗性,20 世纪 90 年代许多地方面对小菜蛾猖獗无药可治。由于发生面积大、为害时间长、防治困难，小菜蛾逐渐取代菜青虫而成为蔬菜第1号害虫。

5. 影响发生因素

(1)寄主面积大，食源丰富

小菜蛾主要以幼虫为害蔬菜，1~2龄幼虫将叶片取食成一个半透明的斑状或网状，3~4龄将叶片取食成缺刻或孔洞，严重时减产90%以上。随着种植行业的调整，油菜、甘蓝、萝卜和花椰菜等大面积种植，小菜蛾寄主面积大、品种丰富，周年种植，为其提供大量的食源，也为其集群和大爆发提供了条件和场所。

(2)环境适应性强

小菜蛾对温度的适应性强，10~35℃均可存活、繁殖。发育适温为20~30℃，在0℃条件下存活期为42 d。小菜蛾对湿度的适应性较强，北方的棚室和南方的露天相对湿度在70%以下对小菜蛾的生长不存在显著影响。20~30℃温度下小菜蛾的卵、幼虫、成虫和蛹的存活率均为最高，在此温度段，最适宜蔬菜的生长，同时也为小菜蛾大发生提供了适宜的环境条件。

(3)防治方法受限及抗药性增强

虽然小菜蛾综合防治技术在不断加强和优化，但化学农药防治一直为主导方式。幼虫体积小、抗性弱，低龄幼虫防治效果最佳，但药剂活性随虫龄的增加而降低。小菜蛾幼虫具有背光性，多集中在心叶、叶背为害，甚至在脚叶上取食。由于药剂的使用不当，对小菜蛾防效存在严重影响，同时，错过最佳防治时期，难度、用药量和次数均会增加。瓢虫、蜘蛛等天敌被杀灭，菜田生态系统失衡，天敌种类和数量下降，利用天敌控制小菜蛾的能力也随之下降。

6. 综合防控技术

(1)加强虫害预报

各级农业部门在虫害发生前期，及时发布和预测田间虫情，指导农户科学防治小菜蛾为害。加强田间十字花科蔬菜普查工作，根据不同品种、不同栽培制度，科学制定预报措施。同时记录和分析调查结果，依据成虫量及产卵量，预报防治的最适时期。

(2)农业防治

选用抗虫蔬菜品种对防治小菜蛾起重要作用，如台湾白菜、京丰1号甘蓝、漳州竹芥菜等对小菜蛾具有较大的抗性。通过提前或推迟十字花科蔬菜的种植，能避开小菜蛾高峰期对幼苗的为害。同时合理施肥，均衡营养供给，能提高蔬菜的抗性。蔬菜收获后，及时清理残叶、枯叶和田埂周围的一切杂草，以及适当深耕，破坏小菜蛾的越冬、越夏场所。合理布局,尽量避免十字花科蔬菜大面积和周年种植,可与瓜类、豆类、茄果类等轮作,或与大蒜、番茄等间作,其中在番茄的间作趋避作用下,小菜蛾成虫产卵驱避率达到82.08%,趋避效果较好。在蔬菜田周边种植5~10 cm宽的紫花苜蓿,为小菜蛾天敌提供栖息场所,提高天敌存活数量,以增强生态控制。总之,根据不同种植结构和不同虫害时期,科学利用各种农业措施,能有效预防和减少小菜蛾带来的损失。

(3)物理防治

灯光诱杀:频振式杀虫灯利用光、波和色等技术,远距离采用波,近距离用光,引诱害虫飞蛾扑灯,以及外配以频振高压电网对害虫进行诱杀。波长为320~400 nm的光源,诱虫效果最佳。每盏灯控制面积40.5~49.5亩,平均日诱蛾量可高达801头,能减少对天敌的杀伤。杀虫灯的使用,有效地降低了农药的使用,大大降低了成本投入。

色板诱杀技术:绿色诱虫板对小菜蛾诱捕效果最佳,使用方法为每亩悬挂25 cm×30 cm色板20~25块,间距10 m左右为宜,悬挂的高度为高于蔬菜顶端20 cm左右。色板诱杀技术不仅能有效控制种群发生数量,也可用于田间虫情监测。其诱捕效果较好,前景广阔。

性诱剂诱杀技术:小菜蛾性信息素组分为顺 - 11 - 十六碳烯醛(Z11 - 16:Ald)和顺 - 11 - 十六碳烯乙酸酯(Z11 - 16:Ac),以及顺 - 11 - 十六碳烯醇(Z11 - 16:OH)。三者在诱芯中比例为30:70:0.1,剂量为100 μg/L时,田间日平均诱蛾量98.5 ± 5.7头。性诱剂专一性强,对环境无污染,对蔬菜安全,可广泛使用。

防虫网防治技术:在北方温室或设施栽培大棚里,在蔬菜生长期内布置、围设40或60目防虫网,能对小菜蛾幼虫达到100%的防治效果。蔬菜生产中,及时使用防虫网技术,构建隔离屏障,切断各种害虫潜入棚室直接为害或产卵繁殖幼虫为害的途径,将害虫拒之网外,阻止虫害大发生。

(4)生物防治

天敌防治:小菜蛾天敌分为寄生性和捕食性两大类。寄生性天敌主要包括小菜蛾绒茧蜂、菜蛾啮小蜂、弯尾姬蜂、颈双缘姬蜂、赤眼蜂等。天敌主要对幼虫有寄生作用。菜蛾啮小蜂和小菜蛾绒茧蜂对小菜蛾幼虫自然寄生率为10%~30%,最高为50%以上。但也存在其他寄生,如赤眼蜂属于卵寄生蜂,颈双缘姬蜂寄生于蛹。蜘蛛、瓢虫、草蛉、食蚜蝇等属于捕食性天敌,如棕管巢蛛对小菜蛾2~3龄幼虫日平均捕食量最大为17.6头,小黑蚁平均每头每天捕食318头。利用自然生态系统控制小菜蛾种群数量,一般而言,天敌的数量和种类越多,生态控制的作用越强,综合控制压力越小,控制效果越好。

生物农药防治:目前,对小菜蛾防治效果较好的生物农药有植物源农药、微生物农药和昆虫病毒性农药,如植物源农药中的苦参碱、印楝素;微生物类农药中的细菌微生物和真菌微生物;抗生素类中多杀菌素、阿维菌素和甲氨基阿维菌素苯甲酸盐等。小菜蛾发生初期,用 0.3% 印楝素乳油 0.11~0.13 mL/m²(兑水 60 kg),或 1.8% 阿维菌素乳油制剂以 0.05~0.06 g/m²(兑水 45 kg)喷施用药。叶片正反面要喷透,对小菜蛾幼虫防治的效果较好。使用最广泛的细菌类微生物为苏云金杆菌,16 000 IU/mg 苏云金杆菌可湿性粉剂 0.23 g/m² 时,对小菜蛾的持续防效在 92% 以上。真菌类微生物包括绿僵菌、白僵菌和玫烟色棒束孢等。目前唯一对小菜蛾防治有效的昆虫病毒为小菜蛾颗体病毒。为保证蔬菜品质和产量提高,发展绿色农业,保护生态环境,开发使用高效、低毒生物农药越来越受到重视,其有着广阔的前景。

(5)低毒化学农药防治

常见的高效、低残留的化学农药有吡虫啉、噻虫嗪、吡蚜酮、高效氯氟氰菊酯。用 10% 高效氯氰菊酯乳油 0.03~0.05 mL/m²(兑水 40~50 kg),或 10% 溴虫腈悬浮剂 1 200~1 500 倍液、5% 氟虫腈悬浮剂(锐劲特)2 500 倍液进行化学农药防治,均对小菜蛾幼虫有较好的防效。同时依据虫害发生程度,交替使用生物、化学农药,可有效减缓害虫抗药性的产生和降低蔬菜农药残留,达到更高效、更绿色、更安全的防治效果。

(三)蚜虫

1. 为害特点

蚜虫又称腻虫、蜜虫,分为无翅蚜和有翅蚜两种。无翅蚜主要在短距离爬行扩散,繁殖能力极强;有翅蚜可利用翅膀长距离飞行,对于蔬菜来说危害力度特别大。

蚜虫的主要特点是种类庞杂、个体较小、繁殖能力快和分布范围大。蚜虫主要分布在蔬菜的叶背和幼茎生长点,主要吸取汁液为食,致使叶片弯曲变形,有的会变黄,产生虫洞,严重危害植物的生长(图 12-12)。其中蚜虫分泌的蜜露可以诱发多种病毒感染,使植物不能正常开花结果。而蚜虫又是病毒传染的传播者,对蔬菜的产量影响很大。早期蚜虫的数量增长较慢,随着气温的不断上升,春末夏初时形成第 1 个为害高峰期。经过高温雨季,随着天敌增多、食粮缺乏的考验,到秋季开始逐渐增多,便形成第 2 个为害高峰期。

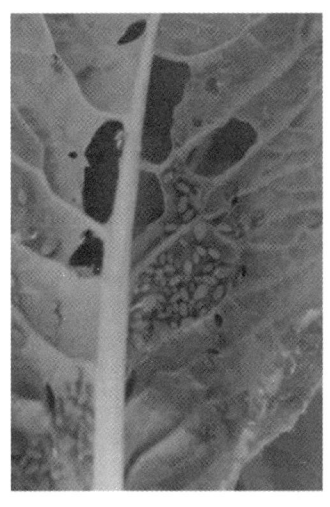 

图 12-12 蚜虫田间为害状

蚜虫与蚂蚁有着和谐的共生关系。蚜虫带吸嘴的小口针能刺穿植物的表皮层吸取养分。每隔 1~2 min,这些蚜虫会翘起腹部,开始分泌含有糖分的蜜露。工蚁赶来,用大颚把蜜露刮下,吞到嘴里。一只工蚁来回穿梭,靠近蚜虫,舔食蜜露。蚂蚁为蚜虫提供保护,赶走天敌;蚜虫也给蚂蚁提供蜜露:这是一个合作两利的交易。

2. 形态特征

蚜虫体长 1.5~4.9 mm,多数约 2 mm。触角 6 节,少数 5 节,末节端部常长于基部。腹部大于头部与胸部之和。腹管通常管状,基部粗,向端部渐细,中部或端部有时膨大。表皮光滑,有网纹或皱纹或由微刺或颗粒组成的斑纹。有翅蚜触角通常 6 节,前翅中脉通常分为 3 支,后翅翅脉退化。身体半透明,大部分是绿色或是白色(图 12-13)。

3. 生活史

蚜虫生活史复杂,在同一地区的不同条件下,或同一地区的同一条件下,同一种蚜虫可以既有不全周期的类群,又有全周期类群。无翅雌虫(干母,stem mother)在夏季营孤雌生殖,卵胎生,产幼蚜。植株上的蚜虫过密时,有的长出 2 对大型膜质翅,寻找新宿主。夏末出现雌蚜虫和雄蚜虫,交配后,雌蚜虫产卵,以卵越冬,最终产生干母。温暖地区可无卵期。

4. 生活习性

蚜虫主要以成虫、若虫密集分布在蔬菜的嫩叶、茎和近地面的叶背或留种株的嫩梢嫩叶上为害,刺吸汁液,造成蔬菜植株节间变短、弯曲,幼叶向下畸形卷缩,

图 12-13 蚜虫形态图

使植株矮小,影响白菜包心或结球,造成减产,严重时引起枝叶枯萎甚至死亡。留种株受害不能正常抽薹、开花和结籽。蚜虫还可以传播病毒病,造成更大的损失。

多数种类为寡食性或单食性,少数为多食性,部分种类是粮、棉、油、麻、茶、糖、菜、烟、果、药和树木等经济植物的重要害虫。由于迁飞扩散寻找寄主植物时要反复转移尝食,所以可以传播许多种植物病毒病,造成更大的危害。其中包括麦长管蚜、麦二岔蚜、棉蚜、桃蚜及萝卜蚜等重要害虫。

蚜虫的繁殖力很强,一年能繁殖 10~30 个世代,世代重叠现象突出。雌性蚜虫一生下来就能够生育,而且蚜虫不需要雄性就可以怀孕(孤雌繁殖)。

蚜虫柔软的身体无法保护它免受天敌和疾病的侵害。因此,蚜虫发展出了多种自我保护的防御方式。一些种类的蚜虫能够与植物组织作用,使得植物形成一个瘿(一种不正常的植物组织增生),而蚜虫就可以生活在瘿中,从而保护它免受天敌的捕食。还有一些蚜虫(卡绵蚜)能够分泌一层绒毛状的蜡覆盖于体表来进行防护。甘蓝蚜能够储藏和释放出发生剧烈化学反应并产生强烈芥末油气味的化学物质来吓跑天敌。蚜虫也能够通过踢等动作来攻击蚜茧蜂从而保护自己。

5. 影响发生因素

菜蚜生活最适宜温度为 18~25℃,相对湿度为 80%。温度过高,相对湿度过低,均不利其生长、繁殖,短期内会大量死亡。春秋两季繁殖最快,夏季高温多雨,受雨水、天敌干扰,繁殖数量较少。

6.综合防控技术

(1)清洁栽培场所

及时清洁园田,清除菜田附近杂草,不留上茬作物的任何植株残骸,从而可防止蚜虫的寄生,防患于未然,从根源进行防治。

(2)土壤消毒

土壤可用药物进行消毒,迅速有效地杀灭土壤中的虫卵、病原菌等;温室可高温闷棚,即利用太阳能的高温,来消灭一系列的病菌微生物。此方法可改善泥土结构,操作简单,效果显著。

(3)物理方法消灭蚜虫

塑料薄膜避蚜:蚜虫对不同颜色具有识别能力,蚜虫不敢靠近银灰色的物体,菜田播种后,在菜田顶部搭建拱形棚,每隔一段距离拉一条银灰色反光塑料膜,覆盖12 d以上。当菜苗长到6~7片叶子时,撤去拱形棚定植,蚜虫防治效果非常好。若没有银灰色塑料薄膜,可以收集一些银灰色食品袋,这些食品袋的内部就是银灰色,将收集到的袋子翻到内部,一张张地粘贴起来,达到一定面积就可以覆盖菜棚,起到驱避蚜虫的效果。

黄板诱蚜:黄色对于蚜虫有很大的引诱力,在培植蔬菜时可以制作大小不同的黄色纸板,将蚜虫全部引诱过来。在纸板上喷上灭杀蚜虫的药物,使蚜虫在黄板上接触到药物以后立即死亡。当黄板上的蚜虫较多时,要更换新的黄板,及时将蚜虫灭杀,以减少喷洒农药对蔬菜的危害。黄板灭蚜经济实惠,操作简单,是灭蚜的首要选择。

(4)灭蚜和驱蚜

方法一:把辣椒加入清水泡一晚上,过滤后直接进行喷洒;方法二:把烟草磨成粉末状,加入少量的生石灰,这样可以直接进行喷洒;方法三:可采用糖醋液灭蚜,糖醋液配方为酒、水、糖和醋,比例是1:2:3:4,将配好的糖醋液放在开口面积大的装置里,在傍晚时分放在蚜虫较多的地方,这样蚜虫的死亡率很高。可以韭菜散发的气体对蚜虫有驱赶作用,可以将韭菜与其他蔬菜混合种植,可大大降低蚜虫的密度,减轻蚜虫对蔬菜的危害程度。

诱蚜和灭蚜一定要抓住有利的时机,蚜虫生活最适宜的温度是20℃,相对湿度为80%。当气温变高或湿度变低时,都不利于蚜虫的生长和繁殖,因此要抓住时机进行蚜虫防治。

(5)利用天敌

要科学使用天敌来消灭蚜虫。蚜虫的天敌有七星瓢虫、异色瓢虫、食蚜蝇和蚜霉菌等,这些昆虫和霉菌是蚜虫的克星。在田间如果出现这些昆虫,不要伤害它们,而要进行适当的保护。当蚜虫危害较大时,在进行防治时也要注意药品的使用,在植物的部分区域进行喷洒。

(6)越冬消灭虫源

一般在冬季来临之前,蚜虫都会依附在菜田附近的枯草或者蔬菜收购后的杂草里,对此应高度重视。在冬季或冬季到春季的这段时间里,要彻底铲除田间周围过剩的杂草,剿灭蚜虫的生存地点,以提高防治效果。

(7)化学防治

苗期蔬菜蚜虫的防治,要以灭蚜和防治病毒病为主,应在蚜虫发生初期把其消灭在迁飞传毒之前。可选用10%吡虫啉可湿性粉剂3 000倍液与48%乐斯本乳油3 000倍液混合药液进行喷雾灭杀。生长期以生产无公害蔬菜和保护利用天敌为出发点,在生长期应尽量减少喷药次数。若蚜虫发生严重时,仍需进行必要的化学防治,可选用1%印楝素水剂800倍液,或1.8%阿维菌素乳油2 000倍液,或10%吡虫啉可湿性粉剂3 000倍液喷雾防治。留种田特别要注意在抽薹开花后的防治,以免影响角果发育和种子产量。可选用10%吡虫啉可湿性粉剂3 000倍液或20%啶虫脒可溶性粉剂5 000倍液喷雾防治。

(四)斜纹夜蛾

1. 为害特点

斜纹夜蛾属鳞翅目夜蛾科斜纹夜蛾属,是一种农作物害虫,褐色,前翅具许多斑纹,中间有一条灰白色宽阔的斜纹。

斜纹夜蛾在国内各地都有发生,是一种暴食性害虫,除西藏、青海不详外,广泛分布于各地。寄主植物广泛,可危害各种农作物及观赏花木。

斜纹夜蛾主要以幼虫为害。幼虫食性杂,且食量大,初孵幼虫在叶背为害,取食叶肉,仅留下表皮;3龄幼虫后造成叶片缺刻、残缺不全,甚至全部吃光,蚕食花蕾造成缺损,容易暴发成灾(图12-14)。幼虫取食甘薯、棉花、芋、莲、田菁、大豆、烟草、甜菜及十字花科以及茄科蔬菜等近300种植物的叶片,间歇性猖獗为害。

图 12 – 14　斜纹夜蛾为害状

2. 形态特征

斜纹夜蛾形态见图 12 – 15。

图 12 – 15　斜纹夜蛾各个时期形态图

(1)成虫

成虫体形中等略偏小,体长14~20 mm、翅展35~40 mm,前翅灰褐色,内横线和外横线灰白色,呈波浪形,有白色条纹,环状纹不明显,肾状纹前部呈白色,后部呈黑色。环状纹和肾状纹之间有3条白线组成明显的较宽的斜纹,故名斜纹夜蛾。自翅基部向外缘还有1条白纹。后翅白色,外缘暗褐色。

(2)卵

半球形,直径约0.5 mm;初产时黄白色,孵化前呈紫黑色,表面有纵横脊纹,数十至上百粒集成卵块,外覆黄褐色鳞毛。

(3)幼虫

一般6龄,体长38~51 mm,夏秋虫口密度大时体瘦,黑褐或暗褐色;冬春数量少时体肥,淡黄绿或淡灰绿色。头部黑褐色,体色则多变,体表散生小白点,背线呈橙黄色,在亚背线内侧各节有一近半月形或似三角形的黑斑。

(4)蛹

长18~20 mm,长卵形,红褐至黑褐色。腹末具发达的臀棘1对。

中国从北至南一年发生4~9代。以蛹在土中蛹室内越冬,少数以老熟幼虫在土缝、枯叶、杂草中越冬。发育最适温度为28~30℃,不耐低温,长江以北地区大都不能越冬。各地发生期的迹象表明此虫有长距离迁飞的可能。成虫具趋光性和趋化性,卵多产于叶片背面。幼虫共6龄,有假死性。4龄后进入暴食期,猖獗时可吃尽大面积寄主植物叶片,并迁徙他处为害。天敌有小茧蜂、广大腿蜂、寄生蝇、步行虫,以及多角体病毒、鸟类等。

3. 生活史

成虫羽化多在夜间,偶见白天发生,以18:00~21:00为最多。羽化后白天潜伏于作物下部、枯叶或土壤间隙内,夜晚外出活动,取食花蜜作为补充营养,然后才能交尾产卵,未取食者只能产卵数粒。

卵多产于寄主植物叶背,卵粒多成层排列成块状。每一卵块一般为2~3层卵粒,每个卵块有卵数十粒至数百粒不等,通常为一二百粒。一头雌蛾一般可产35块卵。在22℃的时候,需要7 d卵才能孵化;在28℃的时候,2.5 d卵就可以孵化。夏季大多数地区气温高,因此斜纹夜蛾孵化很快。

幼虫一般6龄,最多可达7~8龄。幼虫开始集中在一片叶子上取食,后逐渐分散到植株的各个叶片。4龄幼虫期为暴食期,食量占整个幼虫的90%以上,是整个生长期对作物为害最大的时期。幼虫在气温25℃时,历经14~20 d。化蛹的适合土壤湿度是土壤含水量在20%左右,蛹期为11~18 d。

4. 生活习性

成虫白天潜伏在叶背或土缝等阴暗处,夜间出来活动,飞翔力较强,具趋光性和趋化性,黑光灯的效果比普通灯的诱蛾效果明显,对糖、醋、酒等发酵物尤为敏感。每只雌蛾能产卵 3~5 块,每块约有卵位 100~200 个,卵多产在叶背的叶脉分叉处,以茂密、浓绿的作物产卵较多,堆产、卵块常覆有鳞毛而易被发现。经 5~6 d 就能孵出幼虫,初孵时聚集叶背,4 龄以后和成虫一样,白天躲在叶下土表处或土缝里,傍晚后爬到植株上取食叶片,遇惊就会落地蜷缩作假死状。当食料不足或不当时,幼虫可成群迁移至附近田块为害,故又有"行军虫"的俗称。

5. 影响发生因素

斜纹夜蛾发育适温为 29~30 ℃,一般高温年份和季节有利于其发育、繁殖,低温则易引起虫蛹大量死亡。

卵的孵化适温是 24 ℃左右;幼虫在气温 25 ℃时,历经 14~20 d;化蛹的适合土壤湿度是土壤含水量在 20% 左右,蛹期为 11~18 d。

该虫食性虽杂,但食料情况,包括不同的寄主,甚至同一寄主不同发育阶段或器官,以及食料的丰缺,对其生育繁殖都具有明显的影响。间种、复种指数高或过度密植的田块有利于其发生。天敌有寄生幼虫的小茧蜂和多角体病毒等。

6. 综合防控技术

(1) 农业绿色防控技术

首先,蔬菜种植后要清理残茬、降低虫源,换茬种植时需深耕。其次,科学耕种,配合种植诱集作物的作用,结合该种害虫产卵特点诱集后集中消灭,以减少虫口数量。或者通过成虫产卵特征摘取卵块或根据 2 龄幼虫危害性摘除幼虫。人工捕捉也是一种绿色防治方法,不过消耗人力资源较高。

(2) 性诱剂集中消灭

斜纹夜蛾暴发期为 7~10 月,该阶段也是最佳诱杀时期。种植人员在选择诱剂产品过程中以高效诱芯为主,把黑色诱芯插到捕捉器瓶顶中间槽并旋转 90°,诱芯镶嵌到诱芯柄上的锯槽中,顺着开口剪开诱芯一端,组装诱芯瓶盖旋转固定在捕捉器中。随后,安装好下端螺纹瓶套,绑上补虫袋并由铁丝穿过捕捉器的两孔绑在竹竿上放在耕地中。通常捕捉器高度在 0.7~1.0 m,间隔 2 亩耕地放置 1 个。捕捉器安装在耕地外围的密度要紧些,将虫口诱出目标田;目标田中心位置的要稀一些,诱杀残留在目标区的虫口有助于提升性诱效果。种植人员间隔 3 d 清理 1 次死虫,诱芯 1 个月更换 1 次。

(3)灯光诱杀

从斜纹夜蛾暴发期到末期利用频振式杀虫灯也有助于害虫捕杀,间隔 15～20 亩设置 1 台杀虫灯。灯具高度结合作物高度设计,如:叶菜类作物适宜高度为 0.9～1.0 m,豇豆作物适宜高度为 1.3～1.6 m。灯具安装在耕地角边,不可设置在中心区域,间隔半月收集 1 次成虫并清洁灯具以达到理想的效果。

(4)生物药剂绿色防控技术

斜纹夜蛾核型多角体病毒制剂(NPV)防治。斜纹夜蛾对 NPV 病毒具有敏感性,多雨季节 1 次用药 30 d 可感染斜纹夜蛾致幼虫大量死亡。由害虫暴发期开始,在孵卵高发阶段使用 300 亿 PIB/g 斜纹夜蛾核型多角体病毒的水分散粒剂 10 000 倍液,每亩使用量为 9～10 g,1 代次用药 1 次。施药需在傍晚,避免强烈阳光照射。此外,可采用 2% 甲氨基阿维菌素苯甲酸盐 6 000 倍液,或 5% 氟啶脲乳油 900～1 200 倍液,或 20% 除虫脲胶悬剂 800～1 000 倍液。同时,采用 400 亿孢子/g 的球孢白僵菌 25～30 g/亩添加水 50～60 kg,或 100 亿孢子/mL 的短稳杆菌悬浮剂 1 000 倍液等,15 d 喷洒 1 次,共 3 次。

(5)仿生物农药制剂绿色防控技术

结合幼虫孵卵高峰期到 2 龄幼虫暴发期进行防控,防治间隔约 10 d,1 个代次结合虫口密度防控 2 次。斜纹夜蛾具有较强的抗药性,且白天不容易发现,傍晚爬向植物,因此选择傍晚喷药是最佳防控时间。通常夜晚 19:00～21:00 施药,这时害虫全部爬到叶片上咬食,确保防控效果全面性,提高防治效果。同时,配合有胃毒、触杀作用的药剂提高毒杀效果,药剂有 5% 氯虫苯甲酰悬浮剂 1 000 倍液,用量为 90～100 g/亩;或 240 g/L 甲氧虫酰肼悬浮液 2 000 倍液,用量为 50～60 g/亩。

(五)斑潜蝇

1. 为害特点

斑潜蝇,又称鬼画符,属于双翅目潜蝇科害虫,全国各地均有发生。主要为害黄瓜、番茄、茄子、辣椒、豇豆、蚕豆、大豆、菜豆、西瓜、冬瓜、丝瓜等 22 个科的 110 多种植物。

成、幼虫均可为害。雌成虫飞翔把植物叶片刺伤,进行取食和产卵;幼虫潜入叶片和叶柄为害,产生不规则蛇形白色虫道,使得叶绿素被破坏,影响光合作用。受害植株叶片脱落,造成花芽、果实被灼伤,苗期 2～7 叶受害多,严重的潜痕密布,致叶片发黄、枯焦或脱落(图 12-16)。

第十二章 高山蔬菜病虫害绿色防控技术

图 12-16 斑潜蝇为害状

2. 形态特征

斑潜蝇形态见图 12-17。

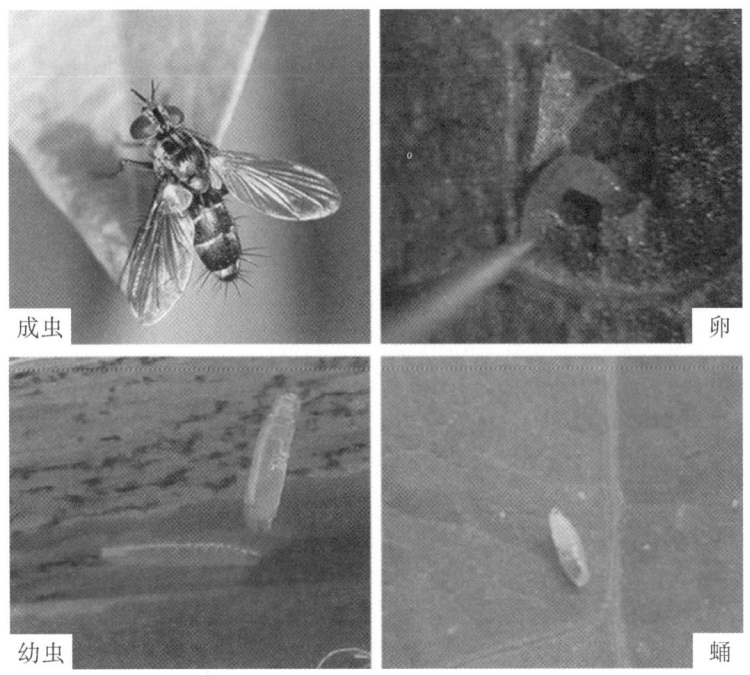

图 12-17 斑潜蝇各个时期形态图

成虫小，体长 1.3~2.3 mm，翅长 1.3~2.3 mm，体淡灰黑色，足淡黄褐色，复眼酱红色。卵椭圆形，乳白色，大小为(0.2~0.3) mm×(0.1~0.15) mm。幼虫蛆形，老熟幼虫体长约 3 mm。幼虫有 3 龄：1 龄较透明，近乎无色；2~3 龄为鲜黄或浅橙黄色，腹末端有 1 对圆锥形的后气门。蛹为围蛹，椭圆形，腹面稍扁平，橙黄色至金黄色。

3. 生活史

在低纬度地区或温室，全年都能繁殖，一年可发生 10 多代。但在北方不仅不能在室外，就是在保温性能较差的拱棚中，也要被冻死，只能在冬暖式大棚中度过。斑潜蝇成虫大部分在上午羽化，8:00~14:00 是成虫羽化高峰期。

一般雄虫较雌虫先出现，成虫羽化后 24 h 便可交尾产卵，1 次交尾可使 1 头雌虫所有的卵受精。雌虫刺破寄主叶片，形成刺孔状，雌虫通过刺孔刻点取食和产卵。产卵的数量随温度和寄主植物而异，在 25℃下雌虫一生平均可产卵 164.5 粒，卵期 2~5 d。卵期随温度的升高而明显地缩短。幼虫分 3 龄，第 3 龄幼虫的食物消耗量最大，取食时可见黑色口针。幼虫发育历期一般为 4~7 d，在 25℃时幼虫历期为 3.8 d。幼虫老熟后，在化蛹前常常爬出潜叶隧道或咬一小孔爬出，在叶背面化蛹或落入地面化蛹。老熟幼虫爬出叶片后一般几小时内完成化蛹。蛹期为 7~14 d。

4. 生活习性

此虫经两性生殖方式繁殖后代，经卵、幼虫、蛹、成虫 4 个发育阶段。雄成虫一般在 8:00~14:00 活动，早、晚行动缓慢，中午最活跃，取食并觅偶交尾。雌虫刺伤叶片取食汁液并在部分伤孔表皮下产卵，雄虫不刺伤叶片，但可取食雌虫刺伤点中的汁液。卵经 2~5 d 孵化，孵化出的幼虫即进入叶片和叶柄取食为害，幼虫主要为害叶片，老熟幼虫爬出隧道于叶面上或随风落入地表化蛹。蛹经 7~14 d 羽化为成虫，每世代夏季 2~4 周，冬季 6~8 周。

5. 影响发生因素

(1) 寄主多，嗜好性强

斑潜蝇可危害多种蔬菜以及多种经济作物，冬春季蔬菜保护地面积较大，种植地集中连片，作物种类多样时，此虫可四季发生，密度较高。

(2) 气候影响

在 15~35℃幼虫均可活动和取食，最适温度为 25~30℃。当气温超过 35℃时，成虫和幼虫均受到抑制。虫体小，抗暴风雨能力较差，当遇到暴雨和连续降雨时，易受冲刷致死，同时由于土壤积水、湿度过大，对蛹发育极为不利。

6. 综合防控技术

斑潜蝇虫源多、危害重,因此防治上应采取合理调节种植结构、轮作倒茬和加强田间管理等农业措施与科学用药相结合的措施。重点抓好药剂防治,压低虫口密度,降低危害程度,减少损失。

(1) 物理防治

斑潜蝇成虫有趋绿性、趋黄性、趋光性。利用其趋绿性,在水盆内放绿叶加0.2%敌百虫溶液诱杀成虫;利用其趋黄性,在大棚内张挂黄板诱杀成虫;利用其趋光向上性,在大棚上部悬挂胶条粘绳。

(2) 人工防治

当虫害轻、虫量低时可捏杀2～3龄幼虫,也可将受害叶片摘除深埋、拽集和清除叶面和地面上的蛹。

(3) 农业防治

清洁田园,减少虫源,蔬菜收获后将枯枝干叶及杂草深埋或焚烧;将有蛹的表层土壤深翻到20 cm以下,以降低羽化率;轮作倒茬,在大棚内向阳面种植少量菜豆、角瓜、黄瓜等诱集斑潜蝇,集中施药灌水、浸泡。有条件的可定期进行灌溉。

(4) 正确掌握施药时间

选用高效低毒低残留农药进行防治,在施药时间上要抓住"准"字。在成虫活动高峰和幼虫1～2龄期施药,从植株上部往下部、从外部往内部、从叶正面往背面周到均匀喷药。幼虫多在晨露干后至13:00前在叶面活动最盛,老幼虫早晨从虫道出来在叶面上,此时是施药防治的最好时机,在8:00～11:00喷施1.8%阿维菌素乳油3 000倍液、20%灭扫利2 000倍液、2.5%治潜灵1 000倍液或40%绿菜宝1 000倍液等药剂进行防治。应注意轮换用药,避免产生抗药性,从而达到降低危害程度、减少损失的目的。

(六) 豇豆荚螟

1. 为害特点

豇豆荚螟,为鳞翅目螟蛾科豆荚野螟属的一种昆虫。分布北起吉林、内蒙古,南至台湾、广东、广西、云南。山东受害重。主要危害大豆(毛豆)、豇豆、菜豆、扁豆、四季豆、豌豆、蚕豆等。

主要以幼虫蛀入荚内蛀食豆粒,蛀孔处堆积了很多虫粪,轻者把豆粒咬成缺刻孔道,重者把整个豆荚咬空(图12-18)。

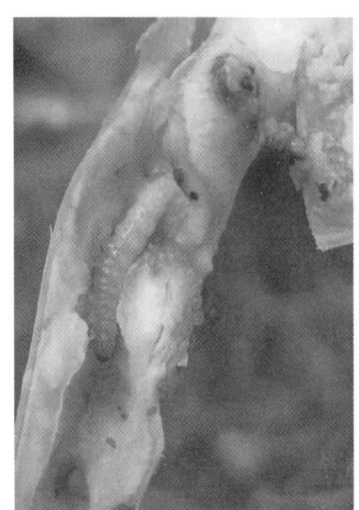

图 12-18　豇豆荚螟为害状

2. 形态特征

豇豆荚螟形态见图 12-19。

图 12-19　豇豆荚螟各个时期形态图

(1) 成虫

体长约 13 mm，翅展 24~26 mm，暗黄褐色。前翅中央有 2 个白色透明斑；后翅白色半透明，内侧有暗棕色波状纹。

（2）卵

扁平，椭圆形，0.6 mm×0.4 mm，淡绿色，表面具六角形网状纹。初产乳白色，后变为红色，孵化前略呈黄色，有光泽。

（3）幼虫

末龄幼虫体长约 18 mm，体黄绿色，头部及前胸背板褐色。中、后胸背板上有黑褐色毛片 6 个，前列 4 个，各具 2 根刚毛，后列 2 个，无刚毛；腹部各节背面具同样毛片 6 个，但各自只生 1 根刚毛。

（4）蛹

长 13 mm，黄褐色，头顶突出，复眼红褐色。羽化前在褐色翅芽上能见到成虫前翅的透明斑。

3. 生活史及生活习性

在华北地区年生 3~4 代，华中地区 4~5 代，华南地区 7 代，以蛹在土中越冬。每年 6~10 月为幼虫为害期。成虫有趋光性，卵散产于嫩荚、花蕾和叶柄上，卵期 2~3 d。幼虫共 5 龄，初孵幼虫蛀入嫩荚或花蕾取食，造成蕾、荚脱落；3 龄后蛀入荚内食豆粒，每荚 1 头幼虫，少数 2~3 头，被害荚在雨后常致腐烂。幼虫亦常吐丝缀叶为害。幼虫期 8~10 d。老熟幼虫在叶背主脉两侧作茧化蛹，亦可吐丝下落土表或落叶中结茧化蛹。蛹期 4~10 d。豇豆荚螟对温度适应范围广，7~31℃都能发育，但最适温度为 28℃，相对湿度为 80%~85%。

成虫白天潜伏在植株和杂草间，傍晚开始活动，有弱的趋光性，受惊动后，只作短距离飞动。产卵有单粒散产，也有卵块，多产在叶背等荫蔽处，1 头幼虫一生可为害 1~3 个豆荚。

4. 影响发生因素

豇豆荚螟喜干燥，在适温条件下，湿度对其发生的轻重有很大影响。雨量多、湿度大则虫口少，雨量少、湿度低则虫口大；地势高的豆田，土壤湿度低的地块比地势低、湿度大的地块为害重。结荚期长的品种较结荚期短的品种受害重，荚毛多的品种较荚毛少的品种受害重。豆科植物连作田受害重。旱年发生较重，重茬地较重，高坡、丘陵地较重。

5. 综合防控技术

（1）农业防治

及时清除田间落花、落蕾和落荚，摘除被害的卷叶和豆荚；进行高温闷棚，杀死豇豆荚螟的成虫、蛹、幼虫。

(2)物理防治

按照每 20~30 亩地安装 1 盏杀虫灯,诱杀豇豆荚螟成虫。注意杀虫灯安装高度要高于棚架。

(3)生物防治

在豇豆荚螟低龄幼虫高峰期使用短稳杆菌、苏云金杆菌、多杀霉素、乙基多杀菌素、斜纹夜蛾核型多角体病毒、甜菜夜蛾核型多角体病毒、绿僵菌等生物农药防治;在设施和露地豇豆田四周种植芝麻、赤豆、万寿菊等显花植物,保护和涵养天敌,发挥天敌自然控制作用。

(4)化学防治

严格遵循科学安全、合法有效的原则使用农药,严格禁止使用高毒高残留农药和禁限用农药;严格禁止不按农药安全间隔期使用农药。要做到:①适期用药。即根据豇豆荚螟为害特性适期用药,掌握在豇豆始花至盛花期用药防治。"治花不治荚",以防治花和蕾上初孵虫、低龄虫为主,荚果防治效果明显低于花期防治。②选准药种。选择已在豇豆上登记的农药品种,如氯虫苯甲酰胺、溴氰虫酰胺、甲维盐、茚虫威、氯氰菊酯、氯虫·高氯氟等,并注意交替用药;严禁超剂量、超范围、超频次用药。③使用高效器械。选择适宜的施药器械和施药方法,既能打匀打透,又能提高工效、安全用药;加强农机农艺结合,苗期和初花期可应用无人机打药,结荚期可应用自走式无人喷雾机喷药,设施大棚内应用喷粉机、烟雾机喷药。

高山蔬菜主要害虫及其为害病状见表 12-2。

表 12-2　高山蔬菜主要害虫类别及其为害症状

害虫	害虫类别	为害对象	循环途径	有利发生条件	为害症状
小菜蛾	鳞翅目菜蛾科	主要为害甘蓝、紫甘蓝、青花菜	成虫迁飞	喜干旱条件	初龄幼虫仅取食叶肉,留下表皮,病叶形成透明的斑;3~4龄幼虫将菜叶食成孔洞和缺刻
菜青虫	鳞翅目粉蝶科	甘蓝、花椰菜等	以蛹越冬	适温为 20~25℃	2龄前幼虫仅啃食叶肉,留下一层透明表皮;3龄后蚕食叶片,严重时只残留粗叶脉和叶柄

续表

害虫	害虫类别	为害对象	循环途径	有利发生条件	为害症状
甜菜夜蛾	鳞翅目夜蛾科	甘蓝、白菜、萝卜、花椰菜等	成虫迁飞	高温干燥	叶片成孔缺刻,吃光叶肉仅留叶脉,甚至剥食茎秆皮层
斜纹夜蛾	鳞翅目夜蛾科	甘蓝、白菜、甜菜	以老熟幼虫或蛹在田基边杂草中越冬	适温为29~30℃	幼虫咬食叶片、花及果实等,初龄幼虫啃食叶片下表皮及叶肉,仅留上表皮,呈透明斑;4龄以后进入暴食阶段,咬食叶片,仅留主脉
甘蓝夜蛾	鳞翅目夜蛾科	甘蓝、白菜、萝卜	以蛹在土表下10 cm左右处越冬	日平均温度在18~25℃、相对湿度70%~80%	幼虫围在一起为害叶片背面,吃光叶肉,仅剩叶脉和叶柄
蚜虫	同翅目蚜科	甘蓝、青花菜等	有翅蚜短距离迁飞	温度18~25℃	成、若蚜吸食叶片、茎秆、嫩头和嫩穗汁液;传播病毒
豇豆荚螟	鳞翅目螟蛾科	豇豆、菜豆、扁豆、豌豆和大豆	一年发生3~5代,以蛹在土中越冬	最适温度28℃,喜干旱	幼虫蛀入荚内蛀食豆粒,蛀孔处堆积虫粪,将豆粒咬成缺刻孔道甚至咬空

第十三章 太白高山蔬菜化肥减施增效技术案例

第一节 化肥减施增效研究背景和途径

经过30多年的发展,太白高山蔬菜产业已初具规模,发展势头也越来越强劲。高山蔬菜产业投入少、规模大、效益高,菜农积极性高。但随着化肥、农药的大量投入,随之而来的化肥投入过量、土壤酸化、土传病害的潜在问题也逐步显现,制约着该产业可持续健康地发展。调查表明,高山蔬菜在使用肥料方面多存在化肥施用过量、氮磷钾肥施用比例不合理、施肥技术单一、偏施化肥、轻视或者不施有机肥、重畜禽有机肥轻秸秆绿肥、蔬菜专用肥缺乏、利用率低等问题,结果导致土壤酸化、有机质处于中低水平、土壤板结、连作障碍严重等一系列问题出现,严重制约着高山蔬菜产业的可持续发展。以陕西省宝鸡市太白县耕地土壤肥力调研为例。该地无一等级土地,二、三等的高等级耕地仅占8%,92%的土地处于中低水平;土壤酸化面积占比69%,酸性土壤占比较大。为此,该地发展高山蔬菜产业,就必须对化肥施用技术加以改进。具体办法是:选择优质高产品种;应用氨基酸等叶面诱抗剂培育健康种苗;根据目标产量和养分需求总量,合理调控氮磷钾配比及基追肥比例,适量减施化肥、增施有机肥,补施土壤调理剂;在不减产的前提下,提高蔬菜品质,培育健康土壤,改善生态环境,实现化肥减施增效目标;对高山蔬菜实施化肥"零增长"行动,进一步提高菜田的可持续利用,保障食品安全,守护国民健康。

一、化肥减施是治理生态环境的迫切需要

化肥是重要的农业生产资料,是粮食的"粮食",在推动粮食作物单产和总量水平提高、保障粮食安全、促进农业经济方面具有重要的作用。根据相关统计,施肥对提升作物产量的贡献率为30%~57%。但随着化肥的过量施用,施肥增产效应逐步下降。据统计,从1970年到2018年,我国化肥用量增长率是粮食产量

增长率的8.7倍,我国耕地占全世界的9%,而化肥使用量占到了世界化肥使用量的35%以上。我国化肥施用量远高于美国、欧盟等发达国家。目前,在蔬菜生产过程中,化肥盲目大量投入的现象普遍存在。化肥过度施用致使肥料利用率低、流失严重,不仅导致蔬菜产量下降,而且也使蔬菜硝酸盐含量上升、品质下降;同时长期大量单施化肥引起的土壤酸化、板结和次生盐渍化等问题,使得土壤肥力降低,导致我国农业面源污染日益严重。这不仅增加了生产成本,也透支了环境资源,显然对资源环境的可持续发展和农村生态宜居的实现十分不利。

作为农业和人口大国,亟须寻求一条兼顾粮食、资源与环境安全的可持续农业发展之路,而实现这一目标的关键是科学地利用有机和无机养分资源,改善土壤现状、提高土壤质量、减少养分向环境损失。2015年初,农业部制定了《到2020年化肥使用量零增长行动方案》,通过"推进精准施肥,调整化肥使用结构,改进施肥方式,有机肥替代化肥"的技术路径,力争到2020年主要农作物化肥使用量实现零增长。为深入开展化肥减施行动,农业部于2017年制定《开展果菜茶有机肥代替化肥行动方案》和《果菜茶有机肥代替化肥技术方案》,在减少化肥过量使用的同时,推进有机肥的利用,实现节本增效。此外,从2016年开始,化肥、农药的使用强度被纳入生态文明建设目标和考核体系,进一步反映了控制化肥农药在国家环境治理中的重要性。化肥减量增效是推进农业绿色发展和生态振兴的重要举措,亟须利用有效的化肥减施增效技术来替代传统施肥,促进农业升级转型。近几年来,农业相关人员坚持"一控两减三基本"的目标,深入开展化肥零增长行动,研究出不同地区、不同农作物最合适的化肥减施增效技术,既有利于作物生长,又有利于保护环境,现已取得明显的成效。

二、化肥减施增效新技术

随着耕地提质和化肥减施工作的推进,多种创新型的增产增效的施肥技术应运而生。如配施有机肥、新型高效肥料、绿肥或者改变施肥模式,如水肥一体化、测土配方施肥等减施新技术不断涌现。

(一)测土配方施肥技术

为了保障作物产量,提高肥料利用效率,各种推荐施肥方法应运而生。包括基于土壤的测土配方施肥法、养分专家系统等。测土配方施肥又称平衡施肥,通过对土壤进行分析,检测土壤中的养分,针对土壤中所缺少养分进行有针对性的施肥,最终达到减施增效的目的。精准施肥是指根据土壤营养情况、作物的需肥规律和想要得到的产量,来调整肥料用量及氮、磷、钾比例和施肥时间,以达到提高肥料利用效率,最大化地利用土地,用合理的肥料输入来获取最高产量和最大经济效益,来保护农业生态和不可再生资源的目的。配方施肥能够节肥、均衡营养,从而极大地提高了作物的产量和品质,增加了农民的经济效益。

养分专家系统是由中国农业科学院农业资源与农业区划研究所与国际植物营养研究所合作研创,基于产量反应和农学效率进行推荐施肥的决策支持系统,它能够针对具体地块或一定区域作物种植信息,在几分钟内完成推荐施肥套餐。通过养分专家系统获得的推荐施肥套餐中包含了具体的推荐施肥用量、合适的施肥时间、合理的肥料种类以及具体的肥料施用位置等信息,是一种实时实地的养分精准管理系统。

(二)有机肥替代技术

有机肥一般是以农业废弃物、动植物代谢产物及残体、工业废弃物、厨余垃圾、微生物分解物质等有机原材料,经过长时间腐熟发酵形成的一类自然肥料。有机肥具有丰富的有机养分,其养分均衡、肥效长,富含有益微生物菌群和有机质与腐殖质,能改善土壤理化性状,加大土壤孔隙度,提高通透交换性及植物成活率。还能增强土壤保水、保肥、供肥的能力,缓解长期使用化肥造成的土壤板结和连作障碍等矛盾,从而改善作物品质,促其高产稳产。有机肥资源种类繁多,一般可分为农家肥和商品有机肥。商品有机肥可细分为生物有机肥、有机加无机复混肥料和有机肥料。我国畜禽养殖业的快速发展也为有机肥的生产提供了丰富的资源,自古以来,中国就有使用有机肥进行培肥地力的做法。一方面,有机肥参与农业生态系统养分循环,丰富土壤生物多样性;另一方面,有机肥含有大量的养分和微量元素,能够改良土壤、提升土壤肥力和提高作物产量。大量研究结果表明,有机肥有利于降低土壤容重、提高孔隙度和聚集水分,为植物生长提供良好的条件。有机肥和化肥配施,不仅能够减少畜禽粪便对环境的污染,充分利用农业废弃物,还能够有效提高土壤酶活性和有效养分含量,改善土壤结构,促进农业可持续发展。

有机肥资源在收集、运输、处理、加工和利用过程中会伴随着养分的损失,因而有机肥的还田率和氮磷钾养分的当季释放率是评估有机肥资源利用效率的重要参数指标。另外,有机肥所具有的体积大、不易储存、不易运输且需腐熟后才可施用的特点,使得有机肥料的养分虽然较全面,但是养分的含量较低,单施有机肥不能获得高产,故需和无机肥配合施用。

生物炭是将各种生物质(木材、草、玉米秆、麦秆、种壳、树枝等)置于缺氧和高温状态下进行裂解形成富碳的产物,其具有比表面积大、孔隙结构丰富、碳含量高且不易分解等特点,被广泛应用于土壤改良。

腐殖酸是自然界中一类特殊的高分子有机聚合物,由土壤、水体以及植物体经过微生物分解等形成的天然有机高分子物质。腐殖酸类肥料主要是由泥炭、风化煤等组成,经过不同处理,再加入一定比例的无机肥而合成的复混肥,属于缓效有机肥,它是一种含有多种活性基团的有机物质。施加腐殖酸肥料可以减少氨挥发、降低氮素淋溶损失,具有缓效释放营养元素、使肥效延长。

(三)新型高效肥料

目前,我国新型肥料主要包括缓控释肥、水溶肥、有机肥、生物肥、功能性肥剂和中微量元素肥等。

缓控释肥料是一类可以缓慢地释放或者可以控制养分释放速度,达到农作物吸收速度和化肥释放速度的平衡,起到节省肥料、减少肥效损失的新型肥料。目前新型缓控释肥料有多种,主要有树脂包膜缓释肥料、含硝化抑制剂、脲酶抑制剂等缓释化肥、添加氨基酸(如聚谷氨酸、聚天门冬氨酸)肥料增效剂等。新研发的缓控释肥料不仅可以满足植物的营养需求,还可以减少环境的养分损失,与传统的高可溶性肥料相比,具有养分可以在较长时间内释放出来的优点,从而更能满足植物的生长需要。

微生物菌肥是由特定功能的菌株借助发酵工艺生产出的可以为植物提供有效营养或增强植物抗逆性的微生物接种剂。微生物菌肥中含有大量微生物菌群、微量元素、有机质和活性酶,能对作物生长产生调控作用,提高植物对水分和肥料的吸收利用率,降低或抑制土壤中有害微生物的生长和繁殖,增加土壤中的有益菌群的数目,改善土壤结构,达到改土培肥的目的。大量研究发现,微生物菌肥的施用能够提升蔬菜的维生素C含量、可溶性糖以及可溶性固形物含量、干物质量、可溶性蛋白以及游离氨基酸含量等,而且有助于保持土壤微生态系统的平衡。微生物菌肥中的解磷菌能够分解土壤中固定的有机、无机态磷,这些被固定的磷含量占土壤磷素总量的95%,同时也能够阻止有效磷的转化固定。但微生物肥料对于土壤的环境条件有严格要求,特别是土壤pH、土壤温度以及土壤水分等。微生物肥的储存、运输困难且必须单独施用,不能和农药、化肥同时施用,这都给微生物肥的推广使用带来一定的影响。

(四)绿肥(秸秆还田)

我国每年农作物秸秆总量逾8.5亿吨,占全球秸秆资源的1/5,如果全部进行有氧发酵有机肥还田,可替代50%以上的化肥,但是我国农作物秸秆养分实际还田率仅35%左右。秸秆中含有丰富的有机碳以及大量的氮、磷、钾、硅等农作物生长所必需的营养元素,因此是一种重要的天然的有机肥料。秸秆还田可以降低土壤容重,增加土壤孔隙度,改善土壤的理化性状、调节土壤水分和温度、促进土壤养分的释放、增强土壤供肥能力以及增加土壤微生物生物量和酶活性,对提高作物产量、增强品质方面有一定作用。若再配合一定的施氮量,能起到明显的提质增效作用。

(五)水肥一体化技术

水肥一体化技术是未来农业生产中具有广阔前景的新技术,其核心是整合了施肥与灌溉农业方面的新技术,也称灌溉施肥技术,指的是将肥料直接融入农业灌溉水中进行施肥的方法。该技术将肥料和水分准确均匀地补给到作物的根部。水肥一体化施肥相比以往的施肥具有降低肥料投入、减少养分浸出、解决肥料利用率低等优点。水肥一体化技术可分为滴灌施肥技术和微喷灌施肥技术。微喷水肥一体技术比传统地面灌溉施肥处理在节水、节肥、增产、增收等方面效果更加突出,有助于解决水资源紧缺问题,在保护农业环境的同时又能提高作物的产量和质量。

三、基于陕西省太白县高山地区土壤肥力调查研究

根据2021年对宝鸡市太白县高山菜田土壤检测结果,耕地土壤有机质平均值为19.55 g/kg,土壤pH主要集中在6.0~7.0,面积占比为68.94%。酸性土壤占比较大,土壤全氮平均值为1.30 g/kg,土壤有效磷平均值为21.78 mg/kg,速效钾平均值为160.03 mg/kg,缓效钾平均值为1 160.54 mg/kg,有效硼平均值为0.44 mg/kg,有效铁平均值为24.64 mg/kg,有效锰平均值为15.65 mg/kg,有效铜平均值为0.51 mg/kg,有效锌平均值为1.32 mg/kg。

按照国家耕地等级划分标准,太白县无极端的高等级(一等地)和低等级(十等级)耕地,位于二、三等的高等级耕地面积为521.72 hm^2,占8.05%,四至六等的中等级耕地面积为4 190.83 hm^2,占64.63%,广泛分布在全县。这部分耕地立

地条件较好,具备一定的农田基础设施,是发展粮食、蔬菜和经济作物的重点生产区域,也是今后重点加强地力培育,提高耕地有效养分,完善灌溉条件的耕地。评价为七至九等的低等级耕地面积为 1 771.33 hm²,占 27.32%,这部分耕地立地条件差,大部分灌溉困难,基础地力较低,部分耕地存在障碍因素。

针对土壤肥力中的短板问题,太白县因地制宜,大力开展农田基础设施建设,改良土壤,培肥地力。同时推广测土配方施肥技术,确定化肥的经济合理用量,使各种营养元素的供应均衡合理,减少过量施肥所造成的浪费和对环境的不良影响,提高作物产量和品质,从而达到增产增收节支的目的,这些措施对提高农业生产水平极为重要。

第二节　大白菜生产化肥减施增效技术案例

针对太白县高山大白菜生产,通过优质高产品种选择,应用氨基酸叶面诱抗剂培育健康种苗等方法,根据目标产量和养分需求总量、氮磷钾配比及基追肥比例,通过减施化肥、增施有机肥、补施生物炭等技术,提高蔬菜品质,培育健康土壤,改善生态环境,促进蔬菜产业的可持续发展。供试生物炭购自陕西亿鑫生物能源科技开发有限公司,是由废弃果枝于450℃裂解炉中限氧下裂解所得。生物炭表面积86.70 m²/g,灰分13.98%,pH 10.43(水土比10:1),碳、氮、氢和氧质量分数分别为72.38%、1.19%、2.62%和23.81%。

一、基本情况

1. 土壤基本情况

核心试验地位于太白县咀头镇拐里村,表层土壤0~20 cm的pH为5.71(土水比1:2.5),有机质、速效氮、有效磷和速效钾含量分别是 10.83 g/kg、41.09 mg/kg、34.14 mg/kg 和 89.02 mg/kg。太白县咀头镇拐里村试验地pH为5.25,有机质、速效氮、有效磷和速效钾含量分别为 9.44 g/kg、85.99 mg/kg、31.74 mg/kg 和 81.39 mg/kg。

2. 品种选择

品种优先选用抗病、优质、植株长势强、产量高、适宜当地农户种植习惯的品种,如耐斯高、山地英雄、金锦、CR咏春等品种。

二、化肥减施方案

采用平衡配方施肥、增施有机肥、应用芽孢杆菌、补施长效(10年以上)生物炭土壤改良剂等技术方案。

(一)施肥总量推荐

大白菜目标产量以5 000 kg/亩为例,需要土壤中氮:8.0~13.0 kg,磷:4~6 kg,钾:14~18 kg。此外,还需吸收钙、镁、硼等多种微量元素。大白菜在苗期需肥较少,莲座期较多,结球期最多。苗期吸收量为总量的5%~8%,莲座期占总量的30%~40%,结球期占总吸收量的52%~60%。

(二)土壤调理剂生物炭应用技术

1. 田块选择

种植地选择地势高、排灌方便、土质疏松、有机质丰富的壤土、沙壤土或黏壤土为宜,前茬选择与玉米、豆科、瓜类等非十字花科作物间套作或者轮作。前茬收获后立即清除地表杂物,土壤机耕深翻25~30 cm以上,进行充分的冻垡或晒垡。

2. 基肥

定植前7~10 d,结合整地施入基肥。基肥每亩施商品有机肥240 kg,复合肥(N:P:K=18:5:22)40 kg,酸化和土传病害障碍田块,每亩补施生物炭1 600 kg。肥料均匀撒施于土地表面,旋耕2遍,使土壤和肥料充分混匀、耙平。机械起垄覆膜,提高土壤温度,为定植做好准备。一般垄宽1.0 m、垄高15 cm,垄面平整。

3. 追肥

定植后浇足定植水,随定植水同时施入XF-1枯草芽孢杆菌每株100 mL(稀释300~500倍)覆土。根据天气、大白菜长势、土壤水分等情况,调节大白菜不同阶段需肥量和追肥次数,进行合理肥料分配。生长期间追肥一定要结合浇水和降雨同步进行。莲座期每亩追施高氮型复合肥(N:P:K=25:10:16)10 kg或者追施尿素5~8 kg加硫酸钾5 kg;结球期追施高钾型复合肥(N:P:K=15:7:21)15~20 kg或适量水溶性冲施肥,并叶面喷施0.2%磷酸二氢钾和氨基酸水溶肥。在缺钙、硼等土壤上,可选用含钙、硼的叶面肥进行叶面喷施,植株叶片正反面均喷施均匀。距植株根部12~15 cm、深度10 cm处用追肥器追施。

三、技术应用效果

在基于选用抗病优质高产品种、免疫诱抗壮苗培育技术、化肥减施增施有机肥、配合应用土壤改良剂生物炭等化肥减施增效技术研究推广上,取得了良好的效果。

(1)该技术可减少化肥用量 10%~20%,大白菜平均增产 10%;促进大白菜根系生长,根干鲜重增加 30%;可显著增加大白菜可溶性糖 30% 和维生素 C 含量 56%。

(2)改善土壤的理化性质。土壤的 pH 提高了 1.7,土壤脲酶活性提高 54.05%、蔗糖酶活性提高了 50.40%,大白菜根际土壤有机质、全氮、全磷、全钾、有效磷和速效钾含量较常规施肥显著提高 81.53%、13.27%、27.54%、8.98%、67.37% 和 168.70%。

(3)提高根际土壤细菌多样性和丰富度。土壤中的主要有益菌属 *Arthrobacter*(节杆菌属)、*Sphingomonas*(鞘氨醇单胞菌属)和 *Bacillus*(芽孢杆菌属)的含量增加,土壤有机质含量、通气性、养分可利用性提高,相应改变了土壤微生物群落结构。生物炭多孔及表面吸附性为微生物的生命活动提供了良好的栖息环境,有益微生物得以保护,种群结构更加多样化。

第三节 甘蓝生产化肥减施增效技术案例

甘蓝是太白高山种植的主要蔬菜,"太白甘蓝"获得国家地理标志保护登记,每年种植面积在 3.5 万亩以上,为周边大中城市优质农产品的供应提供了保障。太白县每年甘蓝种植 1~2 茬,从 3 月中旬开始至 10 月中旬结束。但由于种植蔬菜时间长,品种单一,管理粗放,施肥量大,病虫害发生严重。农业技术部门着力从耕地质量保护与提升、农业面源污染防治、农产品品质提升等多方面不断探索绿色高效生产方式。而化肥减施增效项目的实施,从栽培制度、施肥量及配比、施肥方式、农技农艺融合等方面综合进行了优化调整,化肥减量工作取得了明显成效。

下面是太白县咀头镇塘口村甘蓝种植大户杨××甘蓝生产化肥减施增效案例。

一、土壤情况

1. 土壤基本情况

核心试验地位于太白县咀头镇塘口村,表层土壤 0~20 cm 的 pH 为 6.6、有机质 22.8 g/kg、碱解氮 158.6 mg/kg、有效磷 34.4 mg/kg、速效钾 169 mg/kg,耕地地力从全县来看,属高肥力水平。生产基地田块能灌溉、可排涝。

2. 品种选择

品种优先选用抗病品种,如先甘 336、威丰、威霸、久致、中甘 15 等品种。

二、化肥减施方案

技术要点包含轮作倒茬、配方施肥、漂浮育苗、机械深施等方法的应用。

(一)施肥总量推荐

甘蓝在幼苗期、莲座期和结球期吸肥动态与大白菜相同,目标产量为 4 000 kg,需要吸收氮:14~18 kg,磷:6~8 kg,钾:12~16 kg。此外,还需吸收钙、镁、硼等多种微量元素。结球期是大量吸收养分的时期,此阶段吸的收氮、磷、钾、钙占全生育期吸收总量的 80%。

(二)化肥减施技术

1. 田块选择

甘蓝喜微酸性至中性土壤,选择前茬作物为非十字花科的地块。前茬作物收获后及时清洁田园。若前茬作物是玉米,可将秸秆还田,土壤机耕深翻,冬季经过充分冻垡和晒垡。

2. 基肥

甘蓝施肥以增施有机肥,减施氮肥,氮磷钾合理配施为原则。定植前 1 周左右整地施肥,每亩施商品有机肥 400 kg,与土壤一起整细耙平。待墒情适宜,结合机械施肥,起垄覆膜,垄高 15 cm,专用配方肥(N:P:K = 17:8:10)50 kg 沟施于垄中央位置,施肥深度 15~20 cm,此法既可保证定植后不烧苗,又可保证养分充分供给。

3. 追肥

进入莲座期,结合中耕除草适时追肥,每亩追施专用配方肥(N:P:K = 17:8:

10)30 kg,用追肥器追施于距甘蓝根部 12~15 cm,深度 10 cm。结球期,追施专用配方肥(N:P:K=17:8:10)30 kg,方法同莲座期追肥相同,适当减少水分供应。甘蓝生长旺期,为防止干烧心症状,此时应及时补充钙素。为此,可选择含钙叶面肥叶面喷施。

三、技术应用效果

未应用化肥减量增效技术前,种植甘蓝每亩施三元复合肥(N:P:K=18:18:18)60 kg、尿素 20 kg。复合肥及尿素全部做基肥一次施入,施肥方式为撒施,N:P:K=1:0.54:0.54。应用化肥减施增效技术后,增加了有机肥用量,配合栽培制度的改变、施肥种类及方式等的改进措施,氮用量减少 1.3 kg,磷用量减少 2 kg,钾用量增加 0.2 kg,氮:磷:钾=1:0.47:0.59,化肥纯用量总计减少 3.1 kg,甘蓝每亩平均产量增加 5%,每亩生产成本降低 60~80 元。

第四节 结球生菜生产化肥减施增效技术案例

由于十字花科蔬菜根肿病的危害,2012 年以来,结球生菜已发展为太白高山蔬菜产区主要的倒茬蔬菜种类。

咀头镇拐里村北沟小组结球生菜种植大户杜××从 2010 年开始种植结球生菜,每年种植面积 7~10 亩。2019 年以来配合太白县农业技术推广服务中心开展结球生菜化肥减量试验。通过对不同施肥量结球生菜产量和经济效益的对比,目前,已筛选出合理配方并应用到结球生菜生产中。

一、基本情况

1. 土壤基本情况

核心试验地位于太白县咀头镇拐里村,表层土壤 0~20 cm 的 pH 为 7.0、有机质 19.6 g/kg、碱解氮 150.4 mg/kg、有效磷 20.3 mg/kg、速效钾 138 mg/kg,耕地地力从全县来看,属中肥力水平。生产基地田块能灌溉、可排涝。

2. 品种选择

品种优先选用抗病品种,如万胜 118、射手 101、元首、喜绿 101 等优良品种。

二、化肥减施方案

技术要点包含轮作倒茬、配方施肥、漂浮育苗、机械深施等方法的应用。

(一)施肥总量推荐

结球生菜对营养要求较高,对氮素要求尤为重要,生长期还需要足够的钾元素以保证品质。在当地生产条件下,亩产量 1 500 kg,氮、磷、钾推荐施肥量分别是 10.2~13.6 kg、6~6.4 kg、7.2~8.0 kg。

(二)化肥减量技术

1. 田块选择

结球生菜为浅根系,选择沙壤土和轻度黏重的土壤、pH 为微酸性的土壤对其根系生长最为有利。种植前后茬应尽量与同科作物,如莴笋、菊苣等蔬菜错开,防止多茬连作。

2. 施肥

结球生菜生长期短,栽培可一次施足基肥,不再追肥,每亩至少施有机肥 200~250 kg。机械覆膜时将蔬菜专用配方肥(N:P:K = 17:8:10)80 kg 条状施于地膜中心位置。定植时最好两行间错档栽植,株距 30 cm,每亩定植 5 000 株左右。

三、技术应用效果

未应用化肥减施增效技术前,施肥以高浓度复合肥和尿素为主。应用化肥减施增效技术后,以结球生菜需肥特性为依据,合理调整氮、磷、钾比例,氮量每亩至少减少 4 kg。一次施肥保证养分供应,减少人力投入,每亩可减少肥料和人工成本 80 元。同时,结球生菜亩产量较之前增产 150 kg,按常年平均价格水平 1.5 元/kg 计算,产值增加 225 元,化肥减量技术每亩总体节本增效 305 元。

第五节　甜玉米生产化肥减施增效技术案例

近年来,甜玉米市场需求量大,太白高山地区是甜玉米的适生区,又是与十字花科蔬菜很好的倒茬作物之一,种植面积逐年扩大。甜玉米收获后秸秆还田可有效增加土壤有机质含量,在一定程度上起到了改良土壤的作用。甜玉米和蔬菜生产有效结合,减少了化肥用量,节约了生产成本。下面是太白县农业技术推广服务中心2020—2021年在咀头镇方才关村甜玉米生产大户彭××田间做的化肥减施增效技术案例。

一、基本情况

1. 土壤基本情况

核心试验地位于太白县咀头镇方才关村,表层土壤0~20 cm的pH为6.3、有机质20.3 g/kg、碱解氮147.8 mg/kg、有效磷22.9 mg/kg、速效钾145 mg/kg,耕地地力从全县来看,属中肥力水平。

2. 品种选择

太白县种植的甜玉米品种主要有金冠218、正甜89、米哥、泰阳花系列。本案例中种植品种是金冠218。

二、化肥减施方案

技术要点包含一膜两茬、配方施肥、穴盘育苗、机械深施等方法的应用。

(一)施肥总量推荐

甜玉米施肥遵循以基肥为主、追肥为辅;以有机肥为主、化肥为辅的原则,在当地生产条件下,氮、磷、钾推荐施肥量分别是15.6~18.8 kg、6~6.4 kg、7.2~8.0 kg。

(二)化肥减施技术

1. 田块准备

采用一膜两茬栽培技术,在同一生长季内,前茬作物是生菜,采收完后将杂草、尾菜连同根部一起清理出菜田,利用原地膜移栽甜玉米。

2. 施肥

定植时带土移栽,密度每亩 3 000 株左右。移栽后浇定植水,空出的生菜定植穴用土掩埋。移栽后 1 周左右及时施肥,每亩施三元复合肥(N:P:K = 18:18:18)40 kg,用施肥器穴施于距植株 15 cm 处,尽量深施。拔节期中耕除草 1 次,使土壤疏松,增加透气性,同时每亩追施尿素 8 kg,大喇叭口期趁雨追施尿素 12 kg。

三、技术应用效果

未应用化肥减量增效技术前,一个生长季仅种植一茬甜玉米,每亩施三元复合肥 50 kg、尿素 15 kg 作为基肥施入,大喇叭口期追施尿素 10 kg。应用化肥减施增效技术后,增加了种植茬次,甜玉米追肥于拔节和大喇叭口期需肥关键时期进行。氮用量减少 4.1 kg,磷和钾分别减少 1.8 kg,化肥纯用量总计减少 7.7 kg。在此情况下,甜玉米产量与往年基本持平,仅肥料成本就节约 52 元,生产成本明显降低。

第十四章　高山蔬菜生产机械化

第一节　高山蔬菜生产机械化概况

一、高山蔬菜生产机械化现状

(一)耕整环节

基本实现了机械化作业,包括施肥、深耕、碎土、开沟、起垄、整形、覆膜等作业环节。蔬菜耕整地作业技术和其他农作物作业技术差异不大,普遍使用常规的大田作业机具。由于蔬菜耕整作业质量远比一般粮食作物要求高,所以在土壤细碎度和畦垄平整度上需满足蔬菜作业质量的要求,但生产实践中仍存在着耕整地专业化、标准化程度不够等问题。目前主要应用的机具种类有旋耕机、微耕机、开沟机和起垄机等。

(二)育苗环节

机械化育苗播种尚未广泛推广应用,目前主要在蔬菜生产企业中使用。以穴盘精量播种设备为主,用于小籽粒种子播种,以穴盘育苗、漂浮育苗为主。其播种均匀、效率高、出苗整齐。但多为进口产品,产品价格高,使用成本高。部分龙头企业结合自己的实际,研制或改进引进的穴盘精量播种设备,其设备的效率、精度、稳定性和使用效果表现良好。

(三)移栽环节

由于蔬菜移栽机械对育苗、整地、移栽各环节的技术配套要求高,所以各环节要在一定技术规范和标准范围内,做到相互配合、相互适应。播种育苗要保证漏播少、出苗整齐均匀、小苗壮;整地要求平整、土壤细碎、合理土壤耕层结构;种植农艺要规范,育苗方式与机械移栽配套,整地标准、质量高。近几年,为提高机械移栽在蔬菜生产中的应用,各农机生产厂家和农机农技部门举办了包含蔬菜机械精量播种、机械整地、机械移栽环节的蔬菜生产机械化现场会,并探索满足当地蔬菜机械化种植的新模式,在推广蔬菜种植机械化技术方面,积累了一定的经验,但和蔬菜种植企业和种植户的期望相比,还有不小的差距。目前,蔬菜移栽机械一是价格高,使用成本高;二是作业效率、稳定性、适应性、耐久性有待提高;三是畦垄尺寸和作业质量与移栽机械不配套、不适应。因而,目前机械移栽在蔬菜生产中基本处于试验试用,购买蔬菜移栽机械的大多数是有一定规模的企业种植户,使用面积小,效果欠佳。

(四)灌溉与植保环节

灌溉与植保环节机械化水平相对较高。目前普遍采用喷灌或滴灌等方式,一些生产基地甚至基本上实现了水肥一体化,既节水、省劳力,又具有保持水土的优点。植保方面,电动式或背负式喷雾机使用率较高,植保无人机在蔬菜种植企业的使用率也较高;太阳能诱虫灯是近年来推进最快的绿色防控措施之一,可以极大地降低农药的使用量,以确保蔬菜的品质不受严重影响。

(五)收获和采后环节

收获作为劳动强度最大的作业环节,约占蔬菜整个生产作业量的40%。蔬菜收获机械由于机具价格高昂,机具更复杂,适应性、可靠性要求更高,所以目前基本依靠人工,机械化收获基本处于空白。蔬菜采后清洗、分级、干燥、包装等环节机械化应用也较少,还处于起步阶段,但前景广阔。

(六)尾菜处理及废旧地膜回收利用环节

对尾菜堆肥、直接还田等肥料化处理利用,目前仅停留在技术研究层面;废旧地膜回收主要还是依靠人工捡拾。

二、影响高山蔬菜生产机械化主要制约因素

(一)蔬菜种类多,适用机械少

由于高山蔬菜种类多,种植习惯差异较大,加之种植模式也不统一,因而对农机具要求较高,但目前市场上缺乏先进、可靠、适用的机械化装备。

(二)蔬菜种植空间分散,基地建设欠规范

一家一户的传统种植地块小,分散式经营使农业机械化机具投入成本高、使用率低,从而影响了农户购机的积极性;加之蔬菜标准化园区空间小、不规范,也不利于机械化技术试验示范开展及推广应用。

(三)农机农艺不融合,机具配套不够

蔬菜种类繁多,种植环节多,农艺复杂,而机械化生产则要求各环节间应当有机衔接,这对农机农艺相互融合提出了较高要求。目前,全国范围内可供选择的高山蔬菜生产机具品种非常少;即使引进,由于栽培农艺、地理气候环境、土壤特性的不同,引进的机具往往"水土不服",需要不断进行试验、改制,才能使机具具有本土适应性。

(四)政策扶持力度不够,社会化农机服务欠缺

目前农机购置补贴范围内蔬菜类农机产品很少,菜农无力承担高昂的购机费用,导致购机积极性低。加之蔬菜机械化生产专业程度较低,社会化服务格局尚未形成,因此,高山蔬菜机械化生产在我国还有较长的一段路要走。

三、推进高山蔬菜生产机械化的措施与建议

(一)提高农机农艺相互融合水平

加快蔬菜机械化应用,需要从农机农艺两方面入手,坚持农机与农艺相融合,建立农机与农艺同步机制,实现高产与高效协同发展。农机生产企业要加强与农艺部门的沟通,农艺部门在选育新品种、开发新技术时,要充分考虑机械化的需求,规范农艺技术,从而提高农机的区域适应性。农机推广部门在引进机具时也要充分考虑蔬菜生产的农艺要求,使农机能够符合农艺的要求。

(二)开展多部门横向协作

蔬菜产业是一个系统工程,需要多部门联动才能健康发展。其中蔬菜机械的快速发展应该处于首要位置。但由于国内蔬菜机械化仍处于市场培育期,种植习惯和农艺在短期内难以统一。为此,蔬菜生产机械化推广工作应该结合本地情况,走"农机农艺互相靠近+确定优势品种按需引进研发+由收获环节倒推作业

标准+试点试验示范"的模式,逐步实现蔬菜机械的引进、消化和吸收,加快国产化农机的历程。

(三)完善蔬菜机械化配套设施

针对高山蔬菜产业发展和规模化蔬菜种植需要,以及对蔬菜生产新技术新装备的迫切需求,要加快蔬菜生产机械化技术装备的引进,并加强蔬菜生产机械化装备的合理配备。重点是引进蔬菜智能化、精细化生产技术与装备以及叶类、根茎类、茄果类等蔬菜标准化育苗、苗床精整、精量播种、高速定植机械化生产关键设备;要引进先进的育苗精量播种机、水肥精量施用系统以及甘蓝、白菜等叶菜类、胡萝卜等根茎类收获装备,形成蔬菜苗床精细整地复式作用、高山蔬菜精量播种、机械收获等成套装备,以提高高山蔬菜生产的机械化水平。

(四)瞄准优势品种重点突破

在新机具推广工作上应结合蔬菜产地具体情况,选择1~2个适合本地种植的优势品种为着力点,找准主要技术短板,以技术成熟的机具为推广重点,通过现场展示演示、宣传、培训活动,让专业合作社、蔬菜生产大户和蔬菜种植户了解机械化对提高生产率、减轻劳动强度、提高效益方面的作用,通过"试点+基地+演示+培训"方式,循序渐进地开展技术推广。

(五)积极推进专业化社会化服务

针对目前蔬菜种植普遍存在的经营规模小、品种杂、农户投资力度弱、技术能力不足、生产效益差等难题,积极培育蔬菜生产社会化服务经营主体,在耗费人工大、标准化程度高的育苗、耕地、做畦、直播、移栽、植保等生产环节,开展社会化服务试点工作。社会化服务一方面可以提高作业标准化程度,另一方面还可以提高机具利用率,发挥机械化作业在降低生产成本方面的优势。

(六)加大政策激励扶持

一是适当扩大农机购置补贴范围,筛选一批质量过关、价格合理、售后服务有保证的蔬菜生产机具进入补贴目录,降低菜农购机的经济压力,提高菜农的购机积极性。二是扶持一批蔬菜生产专业合作社或服务组织,加强蔬菜生产机械化的专业程度,提升农业机械化水平。三是加快蔬菜标准园区的建设,通过蔬菜标准园区来带动周围蔬菜生产机械化的发展。

第二节 耕整地技术与机具

耕整地机械装备主要用于耕地起垄、松土开沟、杂草掩埋、施肥播种等作业,既有单项作业机具,如开沟机、起垄机、施肥机等,也有复合型作业机具。复合型作业机具能一次完成多项作业,具有作业效率高、生产成本低等优点。

一、1GLZQ-110 型悬挂式起垄机

(一)产品特点

上海达汇农业机械设备有限公司生产。对土壤进行旋耕碎土作业,挤压泥土,形成农艺要求的垄面,对垄底和沟进行镇压平整(图14-1)。

图 14-1　1GLZQ-110 型悬挂式起垄机

(二)主要性能参数

(1)配套动力:40~50 kW;(2)工作幅宽:1.1 m;(3)生产效率:0.1~0.56 hm^2/h;(4)起垄方式:辊筒镇压式;(5)镇压方式:液压镇压。

二、1GFL-V2 型旋耕施肥起垄机

(一)产品特点

河南豪丰农业装备有限公司生产。集旋耕、施肥、起垄为一体,采用旋耕破土

的方式,双圆盘式成型结构配合专利型标准垄型成型器,有效保证蔬菜高垄要求(图14-2);施肥系统采用地轮同步驱动装置,保证排肥量与拖拉机的前进速度同步,下肥均匀;双搅龙式肥箱配合搅龙式新型结构排肥器,保证了蔬菜施肥的准确性。

图14-2　1GFL-V2型旋耕施肥起垄机

(二)主要性能参数

(1)机体尺寸(长×宽×高):2 217 mm×2 540 mm×1 336 mm;(2)机体重量:810 kg;(3)配套动力:66.2~73.5 kW;(3)起垄行数:2行;(3)施肥条数:2条;(4)肥料箱容积:159 L;(5)挂接方式:三点悬挂;(6)工作效率:0.5~1.1 m^2/h。

三、1GQ-145型灭茬旋耕机

(一)产品特点

上海康博实业有限公司生产。能将玉米、茄子、辣椒等枝干直接粉碎灭茬还田,将土块粉碎细腻,在打地的同时还可以整平菜地,使后期种植收获机械可以配套使用(图14-3)。

(二)主要性能参数

(1)配套动力:25.7~36.8 kW;(2)工作幅宽:145 cm;(3)耕深:20~25 cm。

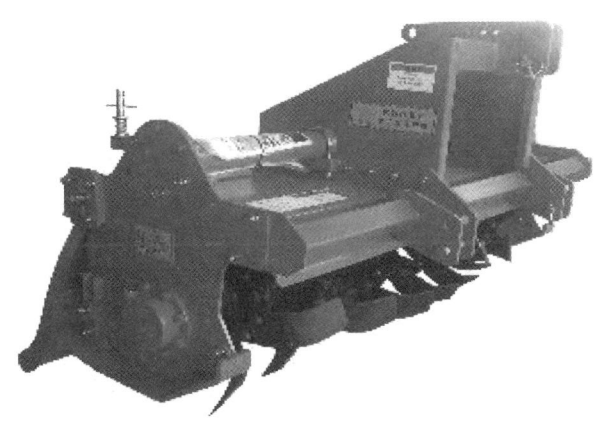

图 14-3 1GQ-145 型灭茬旋耕机

四、1MXLQ-120 型旋耕灭茬起垄全覆膜机

(一)产品特点

庆阳布谷鸟机械制造有限公司生产。一次性完成旋耕、灭茬、开沟、施肥、起垄、覆膜工作。具有结构紧凑、机动性好、布局合理、工作平稳、适应性强、维修简单等特点(图 14-4)。

图 14-4 1MXLQ-120 型旋耕灭茬起垄全覆膜机

(二)主要性能参数

(1)机械外形尺寸(长×宽×高):1 200 mm × 1 440 mm × 1 000 mm;(2)配套动力:13.2~22.1 kW;(3)结构型式:悬挂式(全膜双垄沟);(4)旋耕部分工作幅宽:100 cm;(5)起垄部分起垄装置型式:铁轮成型器镇压;(6)起垄部分小垄起垄

高度:100~150 mm;(7)起垄部分小垄起垄宽度:400 mm;(8)起垄部分大垄起垄高度:80~120 mm;(9)起垄部分大垄起垄宽度:700 mm;(10)施肥部分行距:40 cm;(11)施肥部分排肥器型式:大外槽轮式;(12)施肥部分肥箱尺寸(长×宽×高):1 100 mm×200 mm×180 mm;(13)施肥部分排肥管型式:塑料波纹软管;(14)施肥部分地轮直径/宽度:200 mm/60 mm;(15)铺膜部分单膜幅宽度:1 200 mm;(16)铺膜部分展膜型式:螺纹圆柱管。

五、YTLM-80型起垄覆膜机

(一)产品特点

无锡悦田农业机械科技有限公司生产。翻耕、起垄、铺管、覆膜一次性完成。垄型宽窄多种选择,高低可调,适用于多种蔬菜作物(图14-5)。

图14-5 YTLM-80型起垄覆膜机

(二)主要性能参数

(1)配套动力:22.1~36.8 kW;(2)垄面宽幅:75~85 cm;(3)起垄高度:10~20 cm;(4)传动方式:侧边齿轮传动。

第三节 播种技术与机具

播种是整个蔬菜生产过程中最重要的环节之一,也是最费时耗工的环节,有田间小颗粒播种、一般播种以及穴盘育苗播种等几种方式。田间播种可适用一次性开沟、播种、覆土、镇压型的多功能型播种机,以及适合于穴盘育苗使用的播种设备。

一、2BS-6型气力式蔬菜穴盘精密播种机

(一)产品特点

上海康博实业有限公司生产。具有装盘压穴—播种—覆土等功能;采用高精度步进电机输送穴盘,速度精准可调,配合装盘机的输送速度,保持连续运行,且速度平稳;高精度电子滚筒控制系统,确保种子能精确点播到穴孔中。适用0.3~3.0 mm之间圆形或扁形种子(图14-6)。

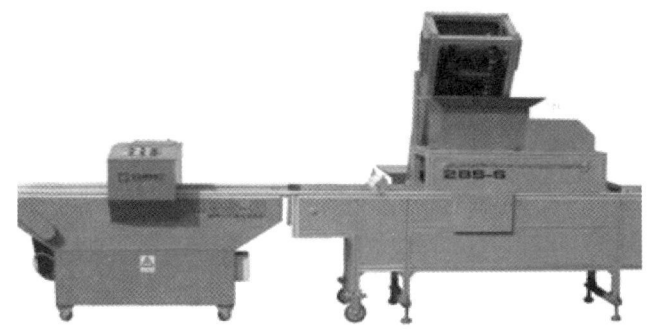

图14-6 2BS-6型气力式蔬菜穴盘精密播种机

(二)主要性能参数

(1)配套动力:3 kW;(2)电压:220 V;(3)压穴深度:5 mm;(4)生产效率:≥60盘/h;(5)播种器:105穴、72穴。(6)配套部件:含上土、搅拌、装盘压穴、播种、覆土、洒水等部件。

二、2BS-4型多功能穴盘点播机

(一)产品特点

宝鸡市鼎铎机械有限公司生产。采用负压吸种、正压播种、整盘对穴播种的工作原理,可方便完成穴盘育苗的基质土壤填埋、压坑、播种、覆土扫平、洒水湿润5道工序。更换不同挡位可适合5×10穴盘、6×12穴盘、7×15穴盘、8×16穴盘的播种,通过更换吸籽头,精确控制气压,可满足不同作物育苗精量播种的要求。该机突出的优点是负压吸种,窝眼引导充种,充种率高,整盘对穴盘可1穴1粒,性能稳定(图14-7)。适用十字花科、茄果类等蔬菜种子播种。

图14-7 2BS-4型多功能穴盘点播机

(二)主要性能参数

(1)机体尺寸(长×宽×高):1 880 mm×800 mm×1 230 mm;(2)机体重量:260 kg;(3)适用穴盘:5×10(50穴)、6×12(72穴)、7×15(105穴)和8×16(128穴);(4)工作电压:220 V;(4)总功率:1.5 kW;(5)工作效率:300~500盘/h。

三、2BS-JT13型精密蔬菜播种机

(一)产品特点

上海康博实业有限公司生产。播种方式为条播或穴播均可实现,精确程度可达到1穴1籽,或1穴多籽。作业时开沟、播种、覆土、压实一次完成,一次播种13

行,均匀高效,移动方便,适合绿叶蔬菜的精密播种(图14-8)。

图14-8 2BS-JT13型精密蔬菜播种机

(二)主要性能参数

(1)外形尺寸(长×宽×高):105 mm×1 300 mm×860 mm;(2)机体重量:110 kg;(3)汽油机功率:2.94 kW;(4)工作幅宽:1 100 mm;(5)播种行数:13 行(可调节);(6)株距:2.5~51 cm;(7)行距:9~110 cm;(8)播种深度:0~70 mm;(9)种子容器容量:800 mL。

四、RXF-628S型气吸蔬菜播种机

(一)产品特点

青岛大顺精锋工贸有限公司生产。采用气吸式精量播种,1穴1粒,免间苗,可实现单垄单行或单垄双行两种模式。播种的同时可铺设滴灌带,株行距精准可调节,具有仿形功能,随垄面起伏播种,保证播种深浅一致(图14-9)。适宜于萝卜、大白菜播种。

图14-9 RXF-628S型气吸蔬菜播种机

(二)主要性能参数

(1)配套动力:5.1 kW;(2)动力形式:自走式;(3)行数:2行;(4)行距:≥12 cm;(5)单籽率:≥98%;(6)滴灌带:1条。

第四节 移栽技术与机具

利用移栽装备可减少移栽劳动量,保证秧苗的整齐度,也便于收获装备的应用。全自动栽植是蔬菜移栽机械的发展方向。较为常见的有鸭嘴式、链夹式及导管式的移栽机。鸭嘴式移栽机直立度高,株距、深度稳定,不伤苗;链夹式易伤苗,但株距、深度稳定;导管式适合裸苗移栽。

一、2ZB-2型蔬菜移栽机

(一)产品特点

宝鸡市鼎铎机械有限公司生产。采用机电一体化设计,数字显示,油电混动技术驱动,具有绿色环保、株行距可调、栽植质量好、操作简单、行株距可无级调节、应用性广、效率高等优点(图14-10)。适合甘蓝、大白菜、辣椒、番茄、茄子等蔬菜裸苗、钵苗的露地、大棚、平畦、垄上、膜上移栽。

图 14-10 2ZB-2 型蔬菜移栽机

(二)主要性能参数

(1)机体尺寸(长×宽×高):2 200 mm×1 300 mm×1 560 mm;(2)机体重量:380 kg;(3)输出电压/蓄电池容量:48V/12A DC V/AH;(4)种植行数:2 行;(5)轮距调节:80~100 cm;(6)种植行距:25~50 cm;(7)种植高度:4~25 cm;(7)种植株距:10~60 cm;(8)株距调节方式:无级;(9)种植方法:侧开接苗盒式;(10)种植效率:2 000~8 000 株/h。

二、PF2R 型乘坐式全自动蔬菜移栽机

(一)产品特点

无锡洋马农机有限公司生产。可完成单畦两行、两畦两行、无畦两行条件下机具蔬菜移栽作业;机具完成取苗、开孔、落苗、覆土、镇压全自动蔬菜移栽;可用于标准化可卷曲专业育苗盘(图 14-11),适宜甘蓝、大白菜、花椰菜和青花菜等蔬菜移栽。

作业条件:适宜苗高在 40~100 mm、叶龄 3~4 叶、盘根良好的叶茎类蔬菜钵体苗;移栽泥面土块颗粒≤40 mm、作业面无杂草、土壤含水率<25%的起垄或平地移栽;育苗托盘尺寸(长×宽×高)为 590 mm×300 mm×44 mm,孔径与孔数分别为 30 mm/128 孔、25 mm/200 孔两种可卷曲标准盘。

图14-11 PF2R型乘坐式全自动蔬菜移栽机

(二)主要性能参数

(1)驱动方式:四轮驱动;(2)机体尺寸(长×宽×高):3 160 mm×1 795 mm×2 287 mm;(3)机体重量:639 kg;(4)发动机型号:MZ360,总排气量:0.375 mL,额定功率5.8(7.9) kW,转速2 800 r/min,油箱容量:10 L,种类启动方式:空气四冲程OHV发动机;(5)车轮:前轮,实心橡胶轮Φ600 mm×70 mm,后轮,AG轮胎Φ850 mm×190 mm;(6)轮距:前轮,1 200 mm×1 270 mm,后轮,1 200 mm×1 320 mm;(7)变速档数:前进2(插植1)、后退1XHMT无级变速;(8)移栽行数:2行;(9)行间距调整:450/500/550/600/650 mm;(10)移栽株距:260~800 mm;(11)升降控制:油压自动跟踪;(12)适用垄高:0~300 mm;(13)秧盘装载数:16块;(14)作业效率:2.5亩/h。

第五节 田间管理技术与机具

田间管理环节包括灌溉和植保等作业,可为蔬菜提供良好的生长环境,对蔬菜的生长起到促进和控制作用。目前水肥一体化的灌溉设备以及田间行走型植保机、无人植保机较为成熟,遥控式田间行走作业平台也可实现中耕除草、植保等田间作业。

一、3TG-4Q 型田园管理机

(一)产品特点

潍坊森海机械制造有限公司生产。其体积小、结构紧凑,特别适用于小块水田、旱田旋耕作业;扶手把高度 4 挡调节定位,左右 180°水平旋转定位;高低挡作业,操作灵活方便;采用双轴驱动,前轴作业、后轴行走,安全可靠(图 14-12)。主要用于山区梯田、丘陵旱田、蔬菜瓜果大棚的旋耕及中耕除草。

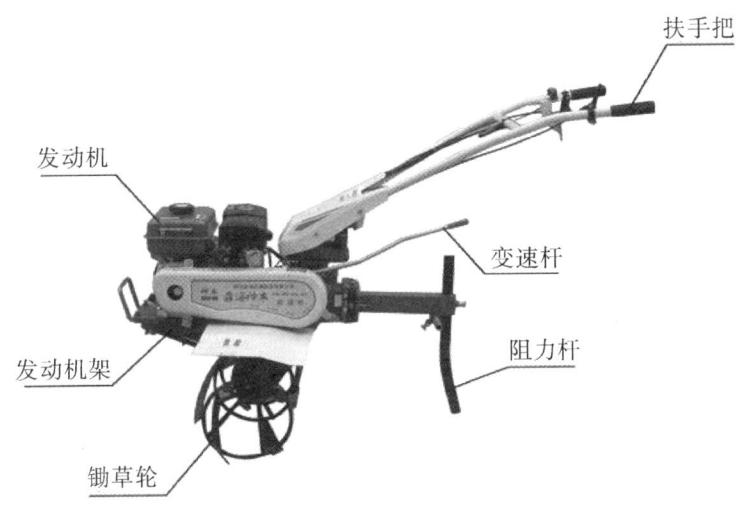

图 14-12　3TG-4Q 型田园管理机

(二)主要性能参数

(1)结构型式:双轮驱动;(2)外形尺寸(长×宽×高):1 550 mm×890 mm×970 mm;(3)机体重量:79 kg;(4)主传动方式:皮带+齿轮;(5)离合器型式:涨紧轮;(6)驱动轮型式:橡胶轮;(7)作业速度:≥1 km/h;(8)燃油种类:汽油;(9)燃油消耗量:≤12 kg/hm²;(10)工作幅宽:81 cm;(11)锄草深度:≥3 cm。

二、6HWF-20 型背负式喷雾喷粉机

(一)产品特点

南通市广益机电有限责任公司生产。功率大、射程远;结构风机,风力损耗小,风

机效率高;带有供药泵,喷量可调,药箱残留少;汽油机自带冷却风扇,冷却效果好(图14-13)。

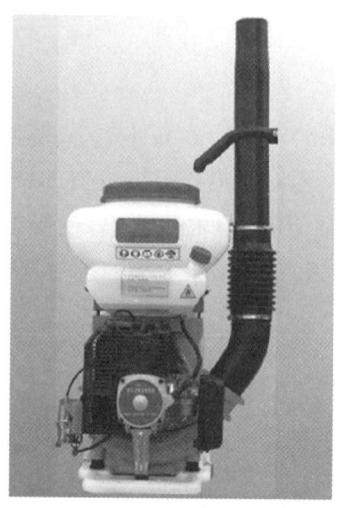

图14-13 6HWF-20型背负式喷雾喷粉机

(二)主要性能参数

(1)外型尺寸(长×宽×高):540 mm×470 mm×700 mm;(2)机体重量:14 kg;(3)药箱容积:12 L/20 L;(4)垂直射程:喷雾垂直射程≥18 m,喷粉≥25 m;(5)配套动力:1E54F汽油机;(6)排气量:92 mL;(7)标定功率:3.3 kW,转速6 500 r/min;(8)点火方式:无触点;(9)启动方式:反冲启动。

三、3WP-600(HV19V)型自走式喷杆喷雾机

(一)产品特点

洋马农机(中国)有限公司生产。国三排放、洋马三缸水冷直喷式柴油机,动力强劲;四轮驱动与四轮转向,具有良好走行性能,适应多种作物药液喷洒与施肥作业需要;适宜的底盘设计,满足作物不同时期高度的作业需要;泵芯、阀芯、喷头等核心部件采用耐腐蚀的陶瓷材料,稳定可靠;选配离心式撒肥机,油马达驱动,料斗液压式升降(图14-14)。

图 14-14　3WP-600(HV19V)型自走式喷杆喷雾机

(二)主要性能参数

(1)设备尺寸(长×宽×高):4 080 mm×2 020 mm×2 800 mm;(2)机体重量:1 224 kg;(3)发动机型号:3TNV70/DURVY;(4)标定功率:13.8(18.8)kW(ps);(5)驱动方式:四轮驱动;(6)车轮/轮距:Φ940 mm×120 mm;(7)变速挡数:前进3/后进1×副变速3挡;(8)配套泵型式:3缸活塞泵;(9)配套泵工作压力:0.5~3.0 MPa;(10)配套泵流量:60 L/min;(11)配套泵转速:1 000 r/min;(12)喷杆喷幅:11.9 m;(13)药液箱容量:600 L;(14)作业效率:63亩/h。

四、3WWDZ-10型植保无人机

(一)产品特点

沃得农业机械股份有限公司生产。可折叠机身,运输方便;包含多种作业模式,适用于任何复杂地块;装备高精度仿地雷达,多种农作物一键搞定;前后两部毫米波避障雷达,安全喷洒无后顾之忧;无印双水泵,作业效率更高,喷洒更精确;"傻瓜"式作业减少用户烦琐操作,功能齐全,简单快捷;动力部分采用大容量专用智能电池,有实时电压显示,可远程App在线查看,异常情况有及时报警功能(图14-15)。

图14-15　3WWDZ-10型植保无人机

（二）主要性能参数

（1）机身展开尺寸（长×宽×高）：1 850 mm×1 850 mm×600 mm（工作状态）；（2）机身折叠尺寸：700 mm×700 mm×550 mm；（3）整机重量：12.6 kg（不含电池）；（4）最大有效起飞重量：26.8 kg；（5）轴距：1 530 mm（四轴）；（6）喷幅宽度：4 m；（7）药箱容量：10 L；（8）动力电池：12S-14 000 mAh；（9）配置：集成飞控、智能电池、智能动力、三面仿地雷达、前后避障雷达、双水泵；（10）悬停时间：≥20 min（空载），≥10 min（满载）；（11）作业高度：1.5~3.5 m；（12）最大飞行角度：25°（姿态模式）；（13）最大飞行速度：10 m/s（GPS模式）；（14）水平定位精度：±15 m；（15）仿地雷达定高精度：±0.02 m；（16）定高范围：1~20 m；（17）避障感知范围：1~20 m；（18）作业效率：60~80亩/h。

五、LGF-3型灌溉施肥机

（一）产品特点

江苏绿港现代农业发展股份有限公司生产。可根据水质和作物的不同阶段，设定施肥方案；可一键式操作，根据蔬菜种类选择作物的生长阶段（图14-16）。

（二）主要性能参数

（1）额定功率：2.8 kW；（2）额定流量：3 m^3/h；（3）工作水压：150~300 kPa；（4）管道规格：Φ32 mm；（5）灌水器流量：1.5~12.0 L/h。

图 14-16　LGF-3 型灌溉施肥机

第六节　收获技术与机具

收获作为蔬菜种植中最重要,同样也是最耗时耗工的环节,现在仍然主要以人工收获为主,实现机械化收获将在很大程度上减少生产成本、提高生产效率。

一、RAPID T 型甘蓝收获机

(一)产品特点

吉福瑞农业机械成都有限公司生产。主要用于甘蓝类蔬菜收获作业。独立的液压系统,配有泵和电磁阀;前齿刀切割头,传感器调节切削深度;侧装货框装卸系统;后置踏足板和传送带,可置放收获箱(自备)(图 14-17)。该收获机的设计模式可以进行改装,适合甘蓝、大白菜、大青菜、莴笋等蔬菜的收获。

图 14-17 RAPID T 型甘蓝收获机

(二)主要性能参数

(1)机身展开尺寸(长×宽×高):6 500 mm×可变数据(可折叠)×17 mm;(2)净重:800 kg;(3)行数:1 行;(4)适应行距:≥30 cm;(5)轮距:165 cm;(6)轮胎压力:0.3 MPa;(7)配套动力:29.4 kW;(8)连接方式:3 点悬挂;(9)动力输出轴齿数:6 齿;(10)动力输出转速:540/1 000 (r/min);(11)最大允许操作人数:7 人;(12)前叉最大承重:200 kg。

二、4UM-120 型叶菜收获机

(一)产品特点

南通富来威农业装备有限公司生产。操作简便,切割、输送、行走、割台升降独立单元控制,割幅可根据农艺要求定制,割刀高度 0~10 cm 可调,对直立生长茎叶类蔬菜和倒伏茎叶类蔬菜均可收获。采用电力驱动,割刀食用油润滑、酒精消毒、绿色环保;无需人工捡拾,劳动强度低,作业效率高(图 14-18)。可用于鸡毛菜、小青菜、生菜、茼蒿、菠菜等叶菜类蔬菜的收获。

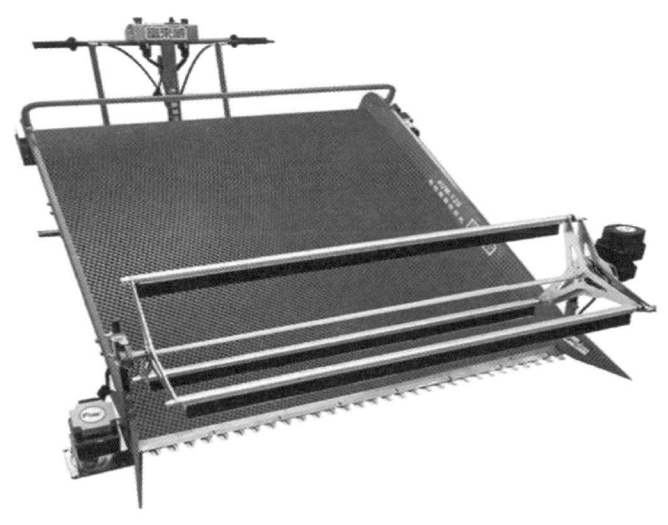

图 14-18 4UM-120 型叶菜收获机

(二)主要性能参数

(1)配套动力:48 V 50 A;(2)作业幅宽:1 200 mm;(3)割茬高度范围:0~100 mm;(4)输送带宽度:1 200 mm;(5)轮距:550 mm;(6)作业速度:0.2~0.4 m/s;(7)生产率:0.04~0.08 hm^2/h。

第七节 采后清洗、分级技术与机具

清洗是蔬菜采后加工的关键步骤之一,直接影响蔬菜产品质量。蔬菜的清洗主要是为了清除蔬菜表面的泥沙、虫卵等杂质,以及蔬菜表面的化学残留,为后续的直接食用或加工提供优质、干净的菜源。

一、6GQ-300-16 型清洗机

(一)产品特点

武汉华瑞吉祥机械发展有限公司生产。操作方便,清洗量大,耗能小,效率高,可连续清洗;刷辊材料经特殊工艺处理,经久耐用,耐磨性能好;箱体采用优质

不锈钢材料,渗碳级链轮,特种合金钢双链条传动;无级调速电机可根据萝卜清洗的难易度调节转速,双电机居机身两侧,便于维修更换,防水防潮,不易损坏;双倾斜波浪式毛发辊排列,可以防止蔬菜清洗时堆积边槽,从而影响萝卜顶部预留茎叶脱离或挤压损伤。是一款适合以贮藏根、块根类为主,同时可清洗其他物料的多功能型蔬菜清洗机(图14-19)。

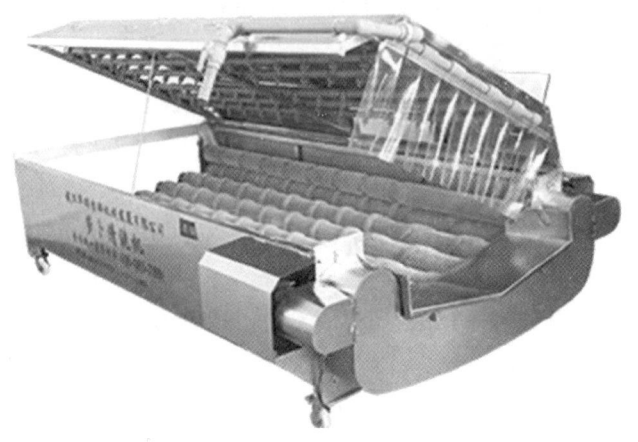

图14-19　6GQ-300-16型清洗机

(二)主要性能参数

(1)外形尺寸(长×宽×高):3 820 mm×2 150 mm×1 160 mm;(2)配套主机功率:2.205 kW;(3)配套水泵功率:3.0 kW;(4)工作电压:220/380 V;(5)清洗方式:毛刷水洗式;(6)整机重量:1 000 kg;(7)辊轴工作长度:300 cm;(7)辊轴根数:16根;(8)辊轴轴距:142 mm;(9)辊轴转数:40~200 r/min;(10)未清洗率:≤1%;(11)损伤率:≤0.1%;(12)工作效率:≥10 t/h;(13)吨料电耗:≤0.45 kW·h/t。

二、LP-600X型蔬菜自动分拣称重贴标包装机设备

(一)产品特点

佛山市揽德包装机械有限公司生产。输送滚轮结构,针对蔬菜类型,采用滚轮结构传送带,减少活动面板对蔬菜的摩擦阻力;挂膜装置采用下走膜方式进行卷膜输送;采用贴标装置对称重后的蔬菜进行统一贴标签处理,标签可以设置生产日期、产地等信息(图14-20)。适用于叶菜类和果蔬类蔬菜的分拣和包装。

图14-20　LP-600X型蔬菜自动分拣称重贴标包装机设备

(二)主要性能参数

(1)薄膜宽度:Max 600 mm;(2)制袋长度:160～500 mm;(3)制袋宽度:100～280 mm;(4)产品高度:Max 110 mm;(5)卷膜直径:Max 320 mm;(6)包装速度:30包/min;(7)电源规格:220 V,50/60 Hz,2.8 kW;(8)机器尺寸(长×宽×高):4 300 mm×920 mm×1 460 mm;(9)机器重量:680 kg。

四、LP-450X型新鲜玉米棒包装机

(一)产品特点

全伺服电器控制。采用手动投放物料,操作人员手动把需要包装的新鲜玉米棒放到包装机的传送带当中;输送带把玉米棒输送到包装机里面,经过制袋、充填、打码、封口、切断等一系列过程完成包装过程(图14-21)。该机只是一款将玉米棒进行袋装的机器,不能够进行真空包装。

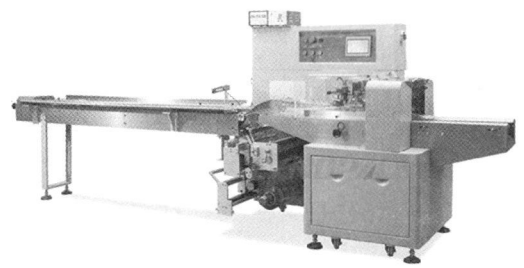

图14-21　LP-450X型新鲜玉米棒包装机

(二)主要性能参数

(1)包装材质:OPP/CPP/PE/BOPP/VMPET/PE 单层或复合膜;(2)制袋长度:150~450 mm;(3)制袋宽度:50~180 mm;(4)卷膜直径:Max 320 mm;(5)包装速度:40~60 包/min;(6)薄膜厚度:0.04~0.07 mm;(7)薄膜宽度:450 mm;(8)产品高度:80 mm;(9)电源规格:220 V,50 Hz,2.8 kW;(10)机器尺寸(长×宽×高):4 150 mm×820 mm×1 450 mm;(11)机器重量:650 kg。

主要参考文献

[1]薛亮,张真和,柴立平,等.关于"十四五"期间我国蔬菜产业发展的若干问题[J].中国蔬菜,2021(4):5-11.

[2]邱正明.我国高山蔬菜产业发展现状与产业技术需求[J].中国蔬菜,2017(7):9-12.

[3]邱正明,郭凤领,聂启军,等.我国高山蔬菜产业可持续发展对策[J].长江蔬菜,2006(11):1-4.

[4]别之龙,黄波.高山蔬菜发展的背景和可持续发展的建议[J].长江蔬菜,2006(11):5-6.

[5]熊世凤.高山蔬菜种植生产现状及可持续发展探讨[J].南方农业,2019,13(Z1):11-12.

[6]傅志军.秦岭及其以北黄土区土壤地带性特征[J].宝鸡文理学院学报(自然科学版),2007,27(1):78-80.

[7]徐小燕,刘庭付.蔬菜连作土壤改良技术[J].长江蔬菜,2019(10):71-73.

[8]赵书军,邱正明,徐大兵,等.高山蔬菜产区土壤障碍因子分析及消减技术[J].中国蔬菜,2018(9):86-89.

[9]矫振彪,邱正明,袁尚勇,等.高山蔬菜连作障碍综合防控技术[J].长江蔬菜,2018(23):6-8.

[10]张树林,李志清,母树宏,等.双茬积温不足生态区粮瓜菜两熟"双千"模式与经营技术的研究[J].河北农业科学,1996(4):1-5.

[11]王敏芳,段炼.蔬菜穴盘育苗及管理技术[J].中国园艺文摘,2011,27(11):138-140,122.

[12]程来斌,高丽红.主要蔬菜穴盘育苗技术参数、常见问题及对策[J].农业实用工程技术(温室园艺),2004(9):30-31.

[13]黄涛,王锡安,卫玉兰,等.蔬菜漂浮式工厂化育苗存在的主要问题及对

策[J].四川农业科技,2014(7):27-28.

[14]李慧楠,董军,王雅,等.抗根肿病大白菜品种抗性鉴定与性状评价[J].中国瓜菜,2020,33(7):39-43.

[15]陈曼,曾维银.高山甘蓝栽培技术[J].现代农业科技,2010(20):122-123.

[16]赵利民,程永安,李高宝,等.太白高山越夏耐抽薹萝卜品种比较试验[J].陕西农业科学.2012,58(2):68-70,77.

[17]李喜明.西葫芦畸形瓜形成原因及预防[J].现代农村科技,2021(6):44.

[18]范淑英,曲雪艳,王静,等.板栗南瓜生产中存在的主要问题及解决方法[J].中国种业,2006(9):58.

[19]陈志宏,卢玉福,朱万龙.高海拔冷凉区莴笋—娃娃菜高效栽培模式[J].中国蔬菜,2017(8):103-104.

[20]曾建华.西北地区生菜高产栽培技术[J].上海蔬菜,2013(2):27-28.

[21]肖晨,董军,王雅,等.太白高山地区结球生菜品种比较试验[J].长江蔬菜,2021(22):51-54.

[22]杨国霞,王耀.高寒.二阴山区莴笋蹲苗及开裂的成因与应对措施[J].农艺农技,2017(5):63-64.

[23]李霞,闫新国,何晓云,等.延安高山旱作番茄延后高产栽培技术[J].蔬菜,2012(2):17-18.

[24]郑世发.番茄栽培常易发生的问题及防治技术(三)[J].长江蔬菜,2011(11):44-46.

[25]郑世发.辣椒栽培常易发生的问题及解决办法(四)[J].长江蔬菜,2011(19):50-51.

[26]方运生,刘定和,何永鹏.高山地区大白菜—甜玉米一膜两用高效栽培技术及成效[J].现代农业科技,2014(11):95,97.

[27]何佳兴.高山夏季反季节芹菜栽培技术[J].中国蔬菜,2003(1):45-46.

[28]冯兰香.芹菜的重大生理性病害——黑心病[J].中国蔬菜,2012(23):25-28.

[29]周红伟,孔小平,魏廷珍,等.高海拔旱作地区大葱覆膜密植栽培模式研

究[J].青海农林科技,2021(1):40-43,47.

[30]丁芳兵,孙伟博,原雅玲,等.秦巴山区百合种质资源及开发利用[J].湖北农业科学,2017,56(15):2876-2879.

[31]陆佐洋.高山百合花种球复壮栽培技术[J].安徽农学通报,2010,16(9):222-223.

[32]杜敏霞,陈贵华.北方长日照地区栽培洋葱应注意的几个关键技术问题[J].内蒙古农业科技,2001(增刊):140-141.

[33]蔡岳宏,何珊,张志林,等.小菜蛾发生因素及绿色防控技术研究[J].湖北工程学院学报,2018,38(6):35-39.

[34]缪勇,高希武,马小蕊,等.3种生物农药对春甘蓝田菜青虫及节肢动物群落的影响[J].中国农学通报,2013,29(6):195-198.

[35]蒲玮.菜青虫生物学特性、杀虫植物筛选与活性研究[D].成都:四川大学,2003.

[36]孙喜霞.标准化设施农业病虫害物理防治技术[J].现代农业,2014(1):36.

[37]陶秀娟,闫丽,崔轶男,等.白菜主要病虫害识别及药剂防治[J].长江蔬菜,2021(1):56-60.

[38]王明友,宋卫东,王教领,等.物理防治技术在设施蔬菜生产中的应用[J].农业工程,2015,5(S1):18-20,48.

[39]邢泽农,辛鑫,刘亚忠,等.蔬菜斜纹夜蛾绿色防控技术浅谈[J].农业科技通讯,2019(7):341-342.

[40]张赛莉,宋洪元,任雪松,等.钙镁硫元素与甘蓝根肿病抗性关系的分析[J].西南大学学报(自然科学版),2016,38(9):41-45.

[41]赵利民,靳博红,万国娜,等."七字"措施防治十字花科蔬菜根肿病[J].陕西农业科学,2017,63(7):69-71.

[42]宋小慧,赵利民,陈红红,等.8种药剂防治大白菜根肿病田间药效试验比较[J].长江蔬菜,2014(16):63-65.

[43]张光荣,翟保磊.植物侵染性病害的症状表现及特征[J].河南农业,2021(28):22.

[44]姚森,杨其长,马伟,等.蔬菜全程机械化生产研究现状及发展趋势[J].中国蔬菜,2021(10):1-7.